# 横琴新区市政基础设施 BT 项目
# 关键技术汇编

中国二十冶集团有限公司　主编

同济大学 出版社
TONGJI UNIVERSITY PRESS

**图书在版编目(CIP)数据**

横琴新区市政基础设施 BT 项目关键技术汇编/中国二
十冶集团有限公司主编.--上海:同济大学出版社,2017.9
ISBN 978-7-5608-7100-4

Ⅰ.①横…　Ⅱ.①中…　Ⅲ.①设施建设—市政工程—
工程技术—珠海　Ⅳ.①TU99

中国版本图书馆 CIP 数据核字(2017)第 142686 号

## 横琴新区市政基础设施 BT 项目关键技术汇编

中国二十冶集团有限公司　主编

**责任编辑** 马继兰　　**责任校对** 徐春莲　　**封面设计** 陈益平

出版发行　同济大学出版社　　www.tongjipress.com.cn
　　　　　(地址:上海市四平路 1239 号　邮编:200092　电话:021-65985622)
经　　销　全国各地新华书店
印　　刷　上海同济印刷厂有限公司
开　　本　889mm×1 194mm　1/16
印　　张　14.25
字　　数　456 000
版　　次　2017 年 9 月第 1 版　　2017 年 9 月第 1 次印刷
书　　号　ISBN 978-7-5608-7100-4

定　　价　78.00 元

# 编写委员会

# 前 言

珠海横琴岛地处珠江口西岸,毗邻港澳,经港珠澳大桥直接连通粤港澳三地,地理位置得天独厚,是粤港澳三方合作的重要平台。根据 2009 年 8 月国务院正式批准实施的《横琴总体发展规划》,横琴新区定位为"一国两制"下探索粤港澳合作新模式的示范区、深化改革开放和科技创新的先行区、促进珠江口西岸地区产业升级的新平台,未来建设成为连通港澳、区域共建的"开放岛",经济繁荣、宜居宜业的"活力岛",知识密集、信息发达的"智能岛",资源节约、环境友好的"生态岛"。

2009 年 5 月 15 日,横琴新区管理委员会与中国二十冶集团有限公司经友好协商,签订了《珠海市横琴新区市政基础项目建设转让框架协议》,珠海市横琴新区市政基础设施(BT)项目建设正式拉开了序幕。

珠海横琴新区市政基础设施 BT 项目由两部分组成:一是市政道路及管网工程,其中主干道约 43 km,次干道约 21 km,快速路约 7 km,包括车行下穿地道 5 处,隧道 3 座(最长为 2.32 km),人行过街地道 23 座,桥梁两座,综合管沟约 33.4 km;二是海堤及环境工程,海堤总长约为 13.5 km。项目分成环岛北片主、次干路市政道路工程,滨海次干路堤岸和景观工程,非示范段主、次干路市政道路工程(一期工程)三个单项工程。建设期为 3 年(从竖向规划批准之日起算)。

其中,环岛北片主、次干路市政道路工程由 A#、B#、C#、E#、F#、G# 共 6 条路组成,包含道路工程、市政管线、综合管廊、道路照明、交通设施、安全监理、绿化等专项,全长约 31 km。非示范段主、次干路市政道路工程(一期工程)由环岛东路中段、环岛东路南段、中心南路、中心北路、环岛西路中段、环岛西路南段、横琴中路、DX-17 路、NB-25 路共 9 条路组成,包含道路工程、隧道工程、市政管线、综合管沟、道路照明、交通设施、安全监理、绿化等专项,全长约 41 km。

自项目开工建设,即以技术保证为前提、科技创新为手段,中国二十冶项目部日夜奋战,不断开拓进取,以打造精品工程为目标,短短几年,让横琴新区发生了翻天覆地的变化,得到广东省、珠海市、横琴新区及社会各界的一致好评,尤其横琴新区地下综合管廊的建设,为国家大规模推广城市地下管廊建设提供了可复制的建设经验,被作为典型在全国进行推广,为横琴乃至珠海带来了不可估量的社会效益。

为提升项目技术管理水平,为企业转型发展和后续工程建设提供经验借鉴,珠海中冶基础设施建设投资有限公司组织各参建单位编写了此书。它凝聚了横琴新区市政基础设施 BT 项目施工之精华,让读者感受到参建单位和施工人员的心血和汗水,让二十冶人兑现了"选择二十冶,就是选择了放心"的庄严承诺,它必将引领中国二十冶集团走向更加辉煌的明天!

编者

2016 年 12 月

横琴旧貌鸟瞰图

原地貌 1

原地貌 2

原环岛东路旧路

原环岛东路进岛口

芒洲山爆破

环岛东路边坡施工

围堰施工

吹填施工

塑料排水板施工

真空联合堆载预压

环岛东路山体爆破

建设中的环岛东路

综合管廊基坑支护

下穿地道施工

控沉疏桩软基处理

CFG桩软基处理

水稳摊铺

沥青摊铺

高边坡施工

隧道施工

长隆隧道

海堤

综合管廊结构施工

综合管廊防水施工

路灯照明

庭院灯

标志标牌

道路标线

下穿地道

桥梁观光带

景观绿化 1

景观绿化 2

景观绿化 3

景观绿化 4

中心南路综合管廊

环岛东路中段电力舱

综合管廊内景

综合管廊排水系统

综合管廊大直径管道

综合管廊防火门

环岛北路综合管廊监控中心

中心北路综合管廊监控中心

横琴现状鸟瞰图

前言

# 五、勘察测绘技术

# 六、海堤及隧道施工技术

# 七、项目历程与建设成果

# 一、软基础处理技术

# 欠固结软土路基处理综合技术

秦夏强　谢　非

（中国二十冶集团有限公司）

【摘　要】结合珠海横琴市政基础设施建设，针对深厚欠固结淤泥路基处理的难点和特点，通过工程试验和项目应用，在软土的设计、施工及实施效果等方面进行了深入的分析和探讨。

【关键词】含开山石深厚淤泥；欠固结软土；市政路基；CFG桩；PHC控沉疏桩；真空预压

## 0　引　言

在大规模的基础设施建设中，高速铁路、高速公路、市政道路、地铁等项目建设中遇到的软土地基问题越来越多，特别是在沿海地区，经常碰到深厚的淤泥软土层，如何选择最合适的软基处理方法往往是工程成败的关键。

珠海横琴新区市政基础设施BT项目建设包括主干道约43 km，次干道约21 km，快速路约7 km，堤岸工程约13.5 km，其中，下穿地道5处，人行过街地道23座，桥梁2座，综合管沟约33.4 km，主要路网布置图如图1所示。

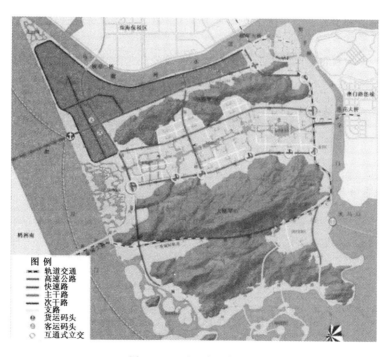

图1　BT项目路网布置图

## 1　地质条件

珠海横琴软土主要为深厚淤泥或淤泥质土，经过勘察和室内土工试验，平均厚度为25 m，最大厚度为41.2 m，土体软弱，它的特点是高含水量，高压缩性，高流变性，低强度，低透水性，欠固结性的"三高两低"的超软弱淤泥土，含水量一般在60%～80%以上，孔隙比大于2。同时，淤泥土体固结程度的超固结比$OCR = PC/PO < 1$，为典型的欠固结土。根据详勘报告、勘察探地雷达探测报告和现场试沉桩，部分路段

施工区域内存在大面积抛石,主要由中、微风化花岗岩组成,岩块大小不一,粒径 0.2～1.5 m,岩块间存有空洞,呈松散-稍密状,密实度不均,部分区域块石分布具连续性。块石层埋设深度 0～10 m,宽度 6～36.5 m,局部区域块石悬浮在淤泥层中。

## 2 实地环境条件

拟建设道路区域大部分均为滩涂和鱼塘。环岛北路、环岛东路现状老路上部地质为开山石,平均厚度超过 5 m,局部深达 10 m,下部为 20～30 m 的深厚软土地基。

在未经过处理的含老路开山石软土地基的陆续沉降监测表明,3 年沉降了 0.7～1.0 m,不处理无法满足市政道路的设计标准要求。

珠海地区位于珠江三角洲,地势较低,属于缺土地区,用土困难是珠海工程建设的难题,且进入横琴区只有唯一的环岛东路陆路通道。

## 3 软基处理的难点

### 3.1 深厚淤泥区修路如何控制工后沉降

经调查拟建区域周边已建成使用的道路沉降远大于规范要求的工后沉降标准,如果 BT 项目出现类似情况,将严重影响后期的回购。

### 3.2 深厚淤泥区域如何控制差异沉降

如何减少道路与管廊带、地下构筑物与两侧路基、淤泥与山体衔接段、新建淤泥路面与原有抛石路面、不同软基处理方式分界面等之间的差异沉降,确保行车舒适性,是软基处理的一大难题。

### 3.3 水域区域如何确保路基的稳定性

规划道路大部分位于深水鱼塘区域,高于现状周边地块的场地为 4～7.0 m。道路周边的防洪排涝系统尚未建成,珠海地区雨水丰富,降雨量大。如何确保道路建设和使用期间的路基稳定性,是关注要点之一。

## 4 软基处理设计要求及方案选择

### 4.1 设计需求

道路等级为城市主干路,市政主(次)干道工后沉降要求≤300(500)mm,同时需兼顾地下构筑物的差异沉降。环岛东路、环岛北路还需要考虑社会车辆的正常通行。

### 4.2 常用深厚软基处理方法

常用的处理深厚淤泥或淤泥质土的方法主要包括复合地基法和排水固结法,其主要优点见表1。

表 1　　复合地基法和排水固结法优缺点比较

| 分类 | 处理方法 | 优点 | 缺点 |
|---|---|---|---|
| 排水固结法 | 真空联合堆载预压法 | 处理过程中稳定性容易保证,工期相对堆载预压法较短,一般为 6～9 个月。处理后,软土物理力学性质得到提高,残余沉降小,能降低部分管线支护费用 | 软土层中有夹砂层时,容易漏气,施工中沉降量较大,对周边建筑物影响较大 |
| | 堆载预压法 | 处理一般需要 12 个月,软土物理力学性质得到提高,残余沉降小,能降低部分管线支护费用 | 需要大量土方,在处理淤泥施工过程中堆载路堤容易发生失稳,工期较长。施工中沉降量较大,对周边建筑物影响较大 |
| 桩体复合地基 | CFG 桩法 | 处理后,大部分路堤填土荷载由桩体承担,沉降量小,处理效果佳 | 处理深度超过 25 m 时,淤泥质量控制难度大 |

(续表)

| 分类 | 处理方法 | 优点 | 缺点 |
|------|---------|------|------|
| 桩体复合地基 | PHC控沉疏桩 | 处理过后,大部分路堤填土荷载由桩体承担,桩体质量易控制,桩间土性质得到一定的改善,沉降量小,处理效果佳 | 桩间距较大,埋深较大的管线基础需要单独处理 |
| | 水泥搅拌桩法 | 处理后,复合地基承载力提高,沉降量小,处理效果佳,不适宜块石区域施工 | 处理深度一般为15 m,施工过程中,质量不易控制 |
| | 高压旋喷法 | 处理后,复合地基承载力提高,沉降量小,处理效果佳。适宜于小空间加固 | 施工过程中,质量不易控制,价格较高 |

## 4.3 确定软基处理方案

### 4.3.1 不同处理深度的预压试验

真空联合堆载预压的计算方法有多种,不同计算方法的计算结果不尽相同。目前,真空联合堆载预压法处理30 m以上深厚淤泥的市政工程经验很少,软基处理的相关参数选取、插板合理深度及软基处理效果没有成功经验可以借鉴。为了进一步验证横琴地区真空联合堆载预压进行软基处理的适用性,明确软基处理合理的处理深度,现场选取了在淤泥深度为35～38 m的代表路段按照20 m,35.5 m,38.5 m三种不同的插板深度,分三种不同工况进行了真空联合堆载预压的试验,为相关设计参数选择、确定合理插板深度提供工程经验和依据。

1)物理力学指标对比分析

通过对加固前后土质的主要物理力学指标对比分析,采用20 m插板深度时,软基处理后15～20 m的淤泥改善为黏土,由流塑状态改善为软塑状态,物理力学指标均有改善和提高;采用35～38 m插板深度时,软基处理后25 m以内的淤泥由流塑状态改善为软塑状态,物理力学指标均有改善和提高。

表层土体加固效果比较好,随着深度的增加,附加应力逐渐衰减,土层强度提高幅度减小,深部25 m以下淤泥层改善效果不明显。

通过试验段对插板设备的工效分析及监测总结分析,在软土层厚度大于30 m时,插板宜控制在25 m以内。

2)孔压消散和插板深度的关系分析

通过监测的孔隙水压力的变化情况,结合工程试验工况特点,总结出孔隙水压力消散和插板深度关系如表2所示。

**表2**         **孔隙水压力消散和插板深度的关系**

| 试验段 | 塑料排水板深度 $h_1$/m | 孔压消散影响深度 $h_2'$/m | 深度差别 $\Delta = h_1 - h_2'$/m |
|-------|---------------------|------------------------|--------------------------------|
| G1 | 20 | 15 | 5 |
| G2 | 35.5 | 30 | 5.5 |
| G3 | 38.5 | 32 | 6.5 |

表2表明,采用真空联合堆载预压法进行软基处理时,软基处理的有效影响深度与塑料排水板的深度存在一定的深度偏差,这个偏差约为5 m。随着插板深度的增加,这个偏差还会不断地加大。

### 4.3.2 PHC控沉疏桩和CFG桩工艺试验及检测

淤泥质土PHC控沉疏桩和CFG桩,也进行了现场工艺试验桩和承载力检测,为设计、施工提供了合理参数。

### 4.3.3 横琴市政基础设施BT项目软基处理方法

在经过现场试验、工期、技术、经济对比分析的基础上,结合本区域的各路段的地质条件、周围管线的分布环境状况、交通组织的需要等因素,先后多次专家论证,确定了市政BT项目软基处理方法,具体如表3所示。

表 3　　　　　　　　　　　　　软基处理主要应用范围情况表

| 软基处理方式 | 应用路段 | 处理面积/万 m² | 设计方案 | 淤泥厚度/m | 应用原因 |
|---|---|---|---|---|---|
| 真空联合堆载预压法 | C#路 | 58 | 排水板打透淤泥层 | 15～20 | 对新近吹填、淤泥深厚、覆盖层较薄、不含块石或少含块石区域 |
| | | | 排水板未打透淤泥层最长 25 m | 20～38 | |
| | E#路 | 11 | 排水板未打透淤泥层最长 25 m | 25～32 | |
| | G#路 | 13 | 排水板未打透淤泥层最长 25 m | 21～33 | |
| | 中心北路 | 54 | 排水板打透淤泥层 | 7～25 | |
| | 中心南路 | 40 | 排水板打透淤泥层 | 7～25 | |
| | 横琴中路 | 21 | 排水板最长 25 m | 15～30 | |
| CFG 桩法 | 环岛东路 | 56 | 桩径 400 mm；桩正方形布置，间距 1 800 mm(路基)、2 000 mm(管廊带)；设置桩帽 800 mm×800 mm；桩基打穿淤泥层 | 12～32 | 块石软土地基路段，淤泥深度在 25 m 以内区域，便于快速翻交组织 |
| | 环岛北路 | 14.8 | 桩径 400 mm；桩正三角形布置间距 1 700 mm(路基)、2 000 mm(管廊带)；未设置桩帽；桩基打穿淤泥层 | 12～26 | |
| PHC 控沉疏桩 | 环岛北路 | 26.2 | 桩径 400 mm；桩正方形布置，间距 4 000 mm；设置桩帽 2 m×2 m；桩基未打穿淤泥层 | 20～30 | 密集块石软土地基路段，淤泥深度大于 25 m 区域，便于快速翻交组织 |

（1）首选方案为真空联合堆载法。示范段和非示范段大部分路段均采用真空联合堆载法进行软基处理，砂、土方设置临时码头，水上运输，解决土方紧缺的困难。真空联合堆载软基处理标准断面如图 2 所示。

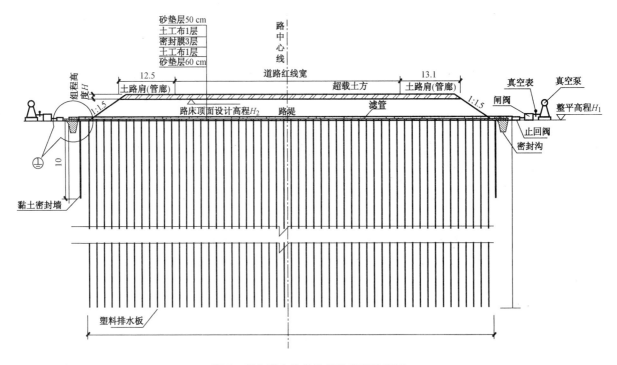

图 2　真空联合堆载软基处理标准断面

（2）含块石区域软土地基选择了 CFG 桩复合地基法。施工过程对局部开山石影响区域采取辅助移位和引孔工艺,推荐采用半幅施工工艺,能够快速解决社会车辆的交通组织问题。在环岛东路得到应用。具体桩长和间距经计算确定。CFG桩软基处理标准断面如图3所示。

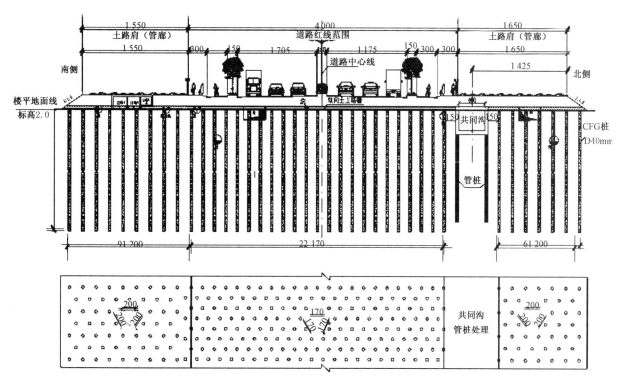

图3　CFG桩软基处理标准断面

(3)大块石集中深厚淤泥选择了PHC控沉疏桩处理。施工过程对局部密集大开山石影响区域采取辅助引孔工艺,能够快速翻交。在环岛北路得到应用。具体桩长和间距经计算确定。控沉疏桩软基处理断面如图4所示。

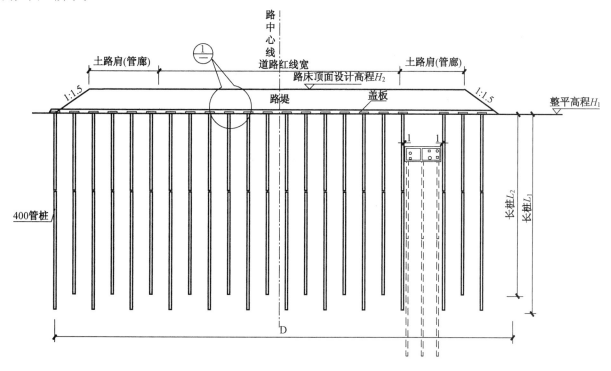

图4　控沉疏桩软基处理断面

#### 4.3.4 不同的形式的软基处理施工

考虑总体工期要求及总提交总组织安排,总体划分为示范区(A、B、C、D、E、F 六条道路)和非示范区(环岛东路、中心南路、中心北路、横琴中路、环岛北路、NB25、DX17 等)。

## 5 真空联合堆载预压软基处理

### 5.1 真空联合堆载预压合理的施工工艺及节点控制

#### 5.1.1 施工工艺及施工过程检测流程

施工工艺及施工过程检测流程如图 5 所示。

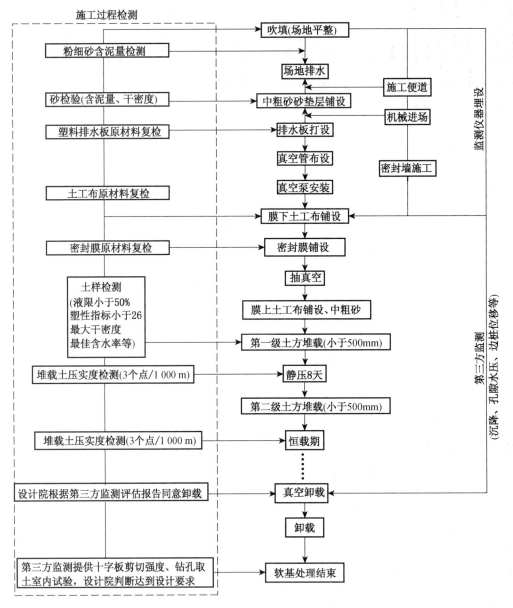

图 5　施工工艺及施工过程检测流程图

#### 5.1.2 堆载填土层施工过程控制

施工中通过将土摊铺,跟踪检测含水量,控制含水量在最佳含水量±2%之内后开始进行碾压。实时进行跟踪检测,填写记录表。经过现场压实度实测数据进行统计分析:

（1）碾压机械组合及遍数（取平均值）：用山推 R22M 振动压路机静压 1 遍，压实度达到 0.78；小振 2 遍，压实度达到 0.89；再大振 2 遍，压实度达到 0.93（大振 3 遍，压实度达到 0.94，大振 4 遍，压实度达到 0.95）；光面完成。满足规范要求。

（2）含水量不能偏大，稍小有利于压实。

（3）碾压遍数：静压 1 遍、小振 2 遍、大振 2～4 遍、光面 1 遍，能达到设计要求压实度。大振 5 遍以后，即碾压 9 遍以上，压实度增加减缓，具体关系图如图 6 所示。

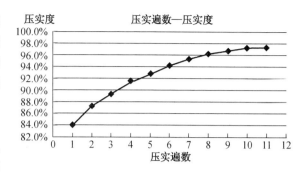

图 6　压实遍数与压实度曲线

## 5.2　真空联合堆载预压法路基处理 e-lg$p$ 曲线计算分析

结合现场试验研究和工程应用，重点对分层总和法沉降计算的方法进行了探讨，e-lg$p$ 曲线法对不同的工况和现场代表地质条件真空联合堆载预压试验成果，进行沉降计算（表 4）。通过以上计算结果和试验段数据、实际沉降的对比，探索得到 e-lg$p$ 曲线法适用于深厚欠固结淤泥土的沉降计算的 $S = S_1 + S_2 + S_3 + S_a$ 计算公式。$S_a$ 的沉降值根据经验确定，本项目取 0.2～0.4 m。

表 4　多种工况下真空预压试验计算结果　　　　　　　　　　　　　　单位：m

| 软土厚度 | 排水板长度 | 施工期沉降 | 15 年次固结沉降 | 15 年下卧层固结沉降 | 15 年工后沉降 | 实际施工期沉降 |
|---|---|---|---|---|---|---|
| 21 | 20 | 2.35 | 0.08 | 0.08 | 0.16 | 2.3 |
| 25 | 20 | 2.65 | 0.08 | 0.1 | 0.18 | 2.6 |
| 25 | 25 | 3.05 | 0.1 | 0.07 | 0.17 | 2.9 |
| 30 | 20 | 2.64 | 0.08 | 0.16 | 0.24 | 2.5 |
| 38 | 25 | 3.22 | 0.1 | 0.19 | 0.29 | 3.1 |
| 40 | 35 | 4.92 | 0.15 | 0.09 | 0.24 | 4.7 |

用上述 e-lg$p$ 曲线法计算时考虑了吹填砂的厚度和荷载作用，本工程场地内大部分为鱼塘，经吹填后，吹填砂的厚度在 2～4 m 之间，吹填砂的厚度和荷载对路基的沉降量有较大影响。计算排水板内淤泥厚度时，要用排水板长度减去吹填砂的厚度，计算附加应力时应考虑吹填砂部分的荷载。

# 6　复合桩基的软基处理

## 6.1　CFG 桩施工要求

本工程沉管挤密 CFG 桩 C15 桩径 0.4 m，部分路段采用正三角形布置，部分采用正四边形布置。不同路段及处理范围采用不同的桩间距。CFG 桩顶部宜铺设一层厚 500 mm 的中粗砂垫层，最大粒径不得超过 30 mm。桩顶标高为 2.0 m。桩长穿透淤泥层，且进入持力层不小于 1 m。单桩承载力达到 240 kN，要求道路红线复合地基承载力达到 125 kPa，管廊范围 100 kPa。

含开山石层辅助引孔措施：采取开挖换填、潜孔钻机引孔、高压旋喷引孔三种处理方案相结合的方式。考虑该路段块石地质情况的特殊性，CFG 桩工程采用振动沉管法进行施工。打桩设备采用 DZ60 和 DZ90 振动沉拔桩锤，配履带式悬挂式桩架。

## 6.2　控沉疏桩（PHC 管桩）

以 A# 路 AK3＋800～AK7＋092 段淤泥深度达 30 m 为例，软基处理采用 PHC 预应力混凝土管桩处理软基，PHC-A 400 型桩，正方形布置间距 4.0 m，桩顶标高为 1.0 m，桩顶设 2 m×2 m 桩帽，桩帽顶铺设碎石（60 cm）＋钢塑土工格栅垫层（两层）。施工为常规的静压桩机，施工时通过试桩试验，以控制桩长为主。

## 6.3 CFG 桩桩帽选择比较分析

以某处理断面为例,经复核计算得出:在 CFG 桩桩顶加桩帽后复合地基承载力提高 2.2 倍左右,总沉降量减少近 60%,桩间土形成土拱时要求的最小填土厚度减少近 52%,具体如表 5 所示。通过计算可以得出:CFG 桩桩顶设置桩帽的处理效果很明显。在设计处理过程时,结合环岛北路经验的基础上,环岛东路 CFG 桩处理设置了 1.0 m×1.0 m 桩帽。从最终竣工沉降表现上,道路运行舒适度上有了较大的改进。

表 5 复合桩基处理桩帽比较

| 桩的布置 | 桩帽设置 | 复合地基承载力/kPa | 工后沉降/cm | 总沉降/cm | 最小填土厚度/m |
|---|---|---|---|---|---|
| 正三角形布桩,间距 1.7 m | 无 | 170.93 | 14.65 | 20.93 | 1.21 |
| 正三角形布桩,间距 1.7 m | 桩帽 0.8 m×0.8 m×0.3 m | 373.14 | 4.52 | 8.22 | 0.58 |

# 7 CFG 桩施工方法及工艺控制

## 7.1 CFG 桩处理路基施工工艺

CFG 桩处理路基施工工艺如下:清理平整场地→放线布设孔位→吊机进场→振孔器就位→振动挤土成孔→提起振孔器倒入混凝土→振捣灌注混凝土→制桩至孔口→移位至下一点→清除桩头及土方开挖→中粗砂垫层摊铺碾压→路基处理交工面。

## 7.2 试验桩的情况

### 7.2.1 试桩范围

施工前选择性进行成桩试验,共选四组试验点,每组设 4 根 CFG 试验桩。采用振动沉管灌注桩机械施工,桩长为穿透③₁ 层 1.0 m,且总桩长不超过 36.0 m。CFG 桩桩径 0.4 m,间距 1.6 m×1.6 m,正四边形布置。

### 7.2.2 试桩结论

(1)在含块石层的淤泥质土层采用振动沉管灌注桩机械进行 CFG 施工可行,穿越块石有效桩长可达到 30 m,负荷桩基的承载力满足设计要求,但冲盈系数偏大。后改进混凝土的坍落度和拔管速率,充盈系数可控。

(2)混合料配比应严格执行设计和试验桩要求实施,碎石和石屑含杂质不大于 5%,并且不含有粒径大于 50 mm 颗粒。坍落度宜控制在 5~7 cm,成桩后桩顶浮浆厚度一般不超过 200 mm。

(3)用潜孔钻机进行引孔,正常情况下一个孔需要 1.5 h,速度快,效率高,可以对下部大于粒径 0.5 m 以上块石层进行有效击碎。若遇块石,无法沉管到设计的深度,可偏离 30 cm 重新造孔,原孔用黏土或块石回填。

## 7.3 垫层与土工格栅铺设

桩头处理完后,为了调整 CFG 桩和桩间土的共同作用和桩土应力比,在桩顶铺设一定厚度的垫层和土工格栅。垫层铺设应分层压实,全部处理范围均采用 18 t 振动压路机重叠轮迹碾压至少两遍。

## 7.4 充盈系数偏高分析与防治

### 7.4.1 充盈系数偏高分析

(1)由于本路段填筑层较厚,碾压不密实,拔管后,混凝土流入填筑层裂隙之中,造成混凝土流失。拔管时,由于筒内混凝土产生落差压力大于侧壁淤泥抗力,部分混凝土渗入到淤泥层内,造成混凝土充盈系数偏大。

(2)由于采用吊斗吊运混凝土,加之吊斗不够严密,出现混凝土遗漏。

### 7.4.2 充盈系数偏高的防治

(1)施工时尽可能沉管使之与桩长相对一致,可以有效降低吊斗吊运混凝土次数,减少混凝土流失。

（2）确定合适的混合料原材料、配合比及合理的作业参数。作业过程严格控制混凝土的坍落度及拔管速度。混凝土的坍落度宜控制在 50～70 mm。振动拔管：管内灌入混凝土高度需大于 1/3 管长，方可开始拔管，应有专人负责混凝土灌入量和拔管速度。

（3）施打顺序按从中间往两侧施工，隔桩跳打施工，跳打时间为混凝土强度达到设计强度 70% 后施工，成桩后为了保证沉桩的完整性，不允许机械扰动。

# 8 监测及处理效果

通过施工过程以及实际建成通车后第三方大量沉降观测数据分析表明：真空预压处理的区域，施工期淤泥排水固结沉降明显，通车后沉降均匀，处理效果明显，管线基坑开挖坑底不需加固处理，部分浅基坑可直接放坡开挖。采用的 CFG 桩配桩身扩大头（桩帽）的区域目前产生的沉降基本均匀，基本无路面开裂等现象，总体效果较好；采用的 CFG 桩无桩帽和 PHC 管桩处理间距较大的区域，局部路面前期存在不均匀沉降，但总体沉降量可控，沉降量曲线趋于平缓，满足设计工后沉降标准。各路段软基处理沉降情况及效果如表 6 所示。

**表 6　　各路段软基处理沉降情况及效果**

| 软基处理方式 | 应用路段 | 主要工程量 | 施工期沉降量/m | 工后沉降量/mm | 处理效果 | 竣工时间/年 |
|---|---|---|---|---|---|---|
| 真空联合堆载预压法 | C#路 | 排水板：1 354.1 万 m<br>砂垫层：20 万 m³<br>堆载土方：132 万 m³ | 1.6～2.2 | 5～45 | 工后沉降量可控，不均匀沉降不明显；下卧层淤泥改善效果明显，基坑开挖需坑底不需加固处理，部分基坑可直接放坡开挖 | 1 |
| | | | 2.0～3.2 | 12～65 | | |
| | E#路 | 排水板：163.8 万 m<br>砂垫层：1.9 万 m³<br>堆载土方：20.3 万 m³ | 2.0～2.5 | 13～31 | | 1 |
| | G#路 | 排水板：308.6 万 m<br>砂垫层：2.4 万 m³<br>堆载土方：36.7 万 m³ | 2.4～3.2 | 2～28 | | 1 |
| | 中心北路 | 排水板：1 206.7 万 m<br>砂垫层：26.2 万 m³<br>堆载土方：131.6 万 m³ | 0.9～2.7 | 8～20 | | 0.6 |
| | 中心南路 | 排水板：823.9 万 m<br>砂垫层：13.5 万 m³<br>堆载土方：126.1 万 m³ | 0.6～2.8 | 3～16 | | 0.3 |
| | 横琴中路 | 排水板：471.3 万 m<br>砂垫层：7 万 m³<br>堆载土方：59.8 万 m³ | 1.6～3.1 | 2～35 | | 0.6 |
| CFG 桩法 | 环岛东路 | CFG 桩：225.7 万 m<br>桩帽 C15 混凝土：2.6 万 m³<br>碎石垫层：15.4 万 m³ | 0.01～0.04 | 6～60<br>平均 30 | 设置桩帽不均匀沉降不明显，总体效果较好；基坑开挖需另作加固处理 | 2 |
| | 环岛北路 | CFG 桩：163 万 m<br>碎石垫层：11.4 万 m³ | 0.01～0.03 | 12～80<br>平均 40 | 未设桩帽，局部不均匀沉降较大；基坑开挖需另加固 | 2 |
| PHC 控沉疏桩 | 环岛北路 | PHC 桩：43.2 万 m<br>桩帽 C10 混凝土：2.1 万 m³<br>碎石垫层：15.7 万 m³ | 0.01～0.04 | 15～90<br>平均 50 | 控沉疏桩距大，未打穿淤泥层；局部工后不均匀沉降大；基坑开挖需另加固 | 2 |

# 9  结  论

本文结合本区域各路段的地质条件、管线分布环境状况、交通组织,在技术、经济、工期等分析对比的基础上,通过方案对比、试验及现场实测数据,得出了珠海市横琴区深厚淤泥的合理软基处理方法,解决了珠海市横琴区深厚软土路基处理过程中的设计、施工等技术难题,为类似软土地基处理提供了科学合理的成功案例。

(1)对含开山块石软土地基路段,采用CFG桩和PHC控沉疏桩等复合地基处理方法;对新近吹填、淤泥深厚、覆盖层较薄、不含块石或少含块石区域采用真空联合堆载排水固结法处理,大大方便后期市政管网的开挖作业,对消除差异沉降有利。

(2)横琴市政基础设施BT项目,通过合理选择软基处理技术,取得了较好的经济效益,仅真空预压与复合地基比较节约工程投资上亿元以上。

(3)通过对工程监测数据进行分析,参考珠三角地区类似工程经验,经征询勘察、设计、施工、监理、质监部门及相关专家意见,确定了真空预压卸载标准应以设计恒载时间、工后沉降量满足设计要求作为主要控制标准,排水固结度和沉降速率控制作为辅助控制标准。

**参考文献**

[1] 中华人民共和国交通部.真空预压加固软土地基技术规程:JTS 147-2—2009[S].北京:人民交通出版社,2009.

[2] 地基处理手册[M].3版.北京:中国建筑工业出版社,2008.

[3] 中国建筑行业标准.建筑地基处理技术规范:JGJ 79—2002[S].北京:中国建筑工业出版社,2002.

# 真空联合堆载预压法软基处理与插板深度的关系研究

许海岩[2]　谢　非[1]　王占东[1]　李修岩[2]

(1. 中国二十冶集团有限公司；2. 中国二十冶集团有限公司广东分公司)

**【摘　要】**真空联合堆载预压处理软基是比较成熟的施工工艺,但是在淤泥深度超过 25 m 区域采用真空联合堆载预压法处理在国内还是比较少见。本项目在 G# 路分 3 种不同工况进行软基真空联合堆载预压试验,通过试验和孔隙水压力监测数据的变化分析,总结出深厚淤泥区软基处理影响深度与插板深度的关系,供广大读者在今后的工程设计和施工中参考。

**【关键词】**真空联合堆载预压；深厚；试验；监测；影响深度；孔隙水压力

## 0　引　言

采用真空联合堆载预压法进行软基处理是目前比较成熟的施工工艺,但是在淤泥深度超过 25 m 区域采用真空联合堆载预压法进行路基处理在国内还是比较少见。本研究在横琴市政基础设施项目 G# 路分 3 种不同工况进行软基真空联合堆载预压试验,通过试验和孔隙水压力监测数据的变化分析等,总结出深厚淤泥区软基处理影响深度与插板深度的关系,供广大读者在今后的工程设计和施工中参考。

## 1　试验工况介绍

真空联合堆载预压试验主要分 3 种不同工况、不同的插板深度、不同堆载厚度,具体如下：

(1) GK2+200—GK2+300(G1)段塑料排水板深 20 m,排水板布置按照等边三角形布置间距 1 m,真空度保持在 80 kPa 以上,黏土密封墙长 10 m,堆载厚度 4.5 m(含 1 m 砂垫层),整个施工时间 235 天,恒载 150 天。

(2) GK2+344—GK2+444(G2)段塑料排水板深 35.5 m,穿透淤泥,排水板按照等边三角形布置,间距 1 m,真空度保持在 80 kPa 以上,黏土密封墙长 10 m,堆载厚度 5.5 m(含 1 m 砂垫层),整个施工时间 240 天,恒载 150 天。

(3) GK2+444—GK2+544(G3)段塑料排水板深 38.5 m,穿透淤泥,排水板布置按照等边三角形布置间距 1 m,真空度保持在 80 kPa 以上,黏土密封墙长 10 m,堆载厚度 6.5 m(含 1 m 砂垫层),整个施工时间 240 天,恒载 150 天。

## 2　试验区地质条件和特点

### 2.1　试验区地质条件

(1) 现场地貌:工程场地地形复杂,其中 GK2+200—GK2+444 段为原始人工填土层,填土厚度 2.5 m,堆积年限超过 10 年,淤泥深度约为 28 m;GK2+444—GK2+544 段为原始鱼塘,经吹填砂场平至设计标高 2.0 m 后进行处理,淤泥深度为 35～38 m。

(2) 地质剖面柱状图,如图 1 所示。

(3) 主要物理力学指标,如表 1 所示。

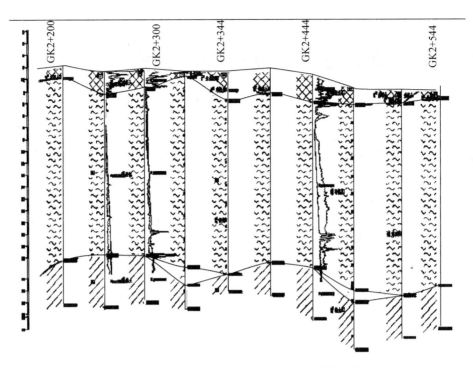

图 1　试验段 GK2＋200—GK2＋544 地质剖面图

表 1　　　　　　　　　　　　　　　　　主要物理力学指标

| 断面 | 孔隙比 $e$ | 压缩指数 $C_c$ | 压缩模量 $E_s$/MPa | 水平渗透系数(室内) $k_h$/($\times 10^{-6}$ cm/s) | 垂直水平渗透系数(室内) $k_v$/($\times 10^{-6}$ cm/s) | 先期固结压力 $P_c$/kPa |
|---|---|---|---|---|---|---|
| G1-3 | 1.731 | 0.5 | 1.75 | 0.34 | 0.32 | 60 |

## 2.2　试验区地质特点

所在场地填土层下淤泥深厚,具高含水率、高压缩性、大孔隙比、高灵敏度,强度低等特性,具流变、触变特征,易导致路基沉降和失稳。

## 3　试验过程和监测情况

### 3.1　试验段孔隙水压力计的埋设情况

本工程每个试验段均布置土体孔隙水压力计监测断面 2 个,共计监测点 20 组,其中 G1 段埋设监测点 8 组,G2 段埋设监测点 6 组,G3 段埋设监测点 6 组,每组埋设 3 个孔压测头,测头埋设深度分布为上部 3～10 m,中部 15～20 m,下部 22～36 m。监测断面具体布置如图 2 所示。

### 3.2　试验段分级加载情况

(1) GK2＋200—GK2＋300(G1)试验段,于 2010 年 5 月 12 日开始铺设砂垫层、打排水板作业,6 月 4 日进行抽真空作业,7 月 25 日完成第一级加载 1.5 m,8 月 31 日完成第二级加载 2 m,含 1 m 砂垫层共计加载 4.5 m,9 月 3 日进入恒载阶段,2011 年 2 月 3 日达到设计的恒压期。

(2) GK2＋344—GK2＋444(G2)试验段,于 6 月 7 日开始铺设砂垫层、打排水板作业,7 月 15 日进行抽真空作业,9 月 2 日完成第一级加载 1.5 m,10 月 30 日完成第二级加载 2 m,含 1 m 砂垫层共计加载 4.5 m,10 月 31 日进入恒载阶段,2011 年 3 月 31 日达到设计的恒压期。

(3) GK2＋444—GK2＋544(G3)试验段,于 5 月 12 日开始铺设砂垫层、打排水板作业,6 月 4 日进行抽真空作业,9 月 20 日完成第一级加载 1.5 m,10 月 22 日完成第二级加载 1.5 m,11 月 11 日完成第三级

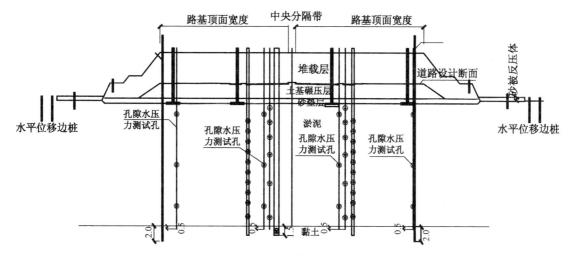

图 2　监测标准断面图

加载 2 m,含 1 m 砂垫层共计加载 6 m,进入恒载阶段,2011 年 4 月 11 日达到设计的恒压期。

### 3.3　监测的孔隙水压力变化情况

本工程试验过程中,委托第三方监测单位进行了全过程的监测。GK2＋200—GK2＋300(G1)试验段 3～6 m 深度平均孔压－19.7 kPa,比抽真空前减小 80.5 kPa;15 m 深度平均孔压 65.6 kPa,比抽真空前减小 123.7 kPa;18 m 平均孔压216.2 kPa,比抽真空前减小 32.3 kPa;27 m 平均孔压 310.7 kPa,比抽真空前减小5.1 kPa;15 m 深度范围内孔压随着膜下真空度的提高减小幅度明显,15 m 深度范围下部孔压减小幅度较小;路基中部的孔压减小明显,路基边缘的孔压减小次之。

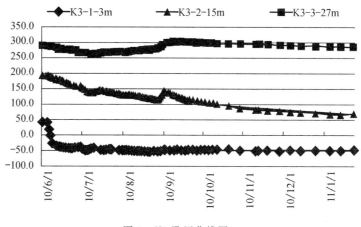

图 3　K3 孔压曲线图

以位于路基中部、比较有代表性的 K3、K8 孔压孔为例,孔压曲线如图 3、图 4 所示。

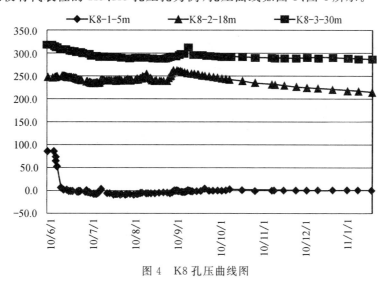

图 4　K8 孔压曲线图

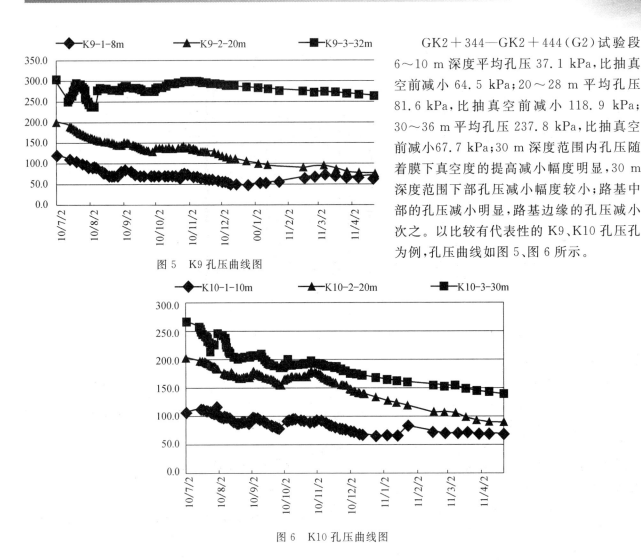

图 5　K9 孔压曲线图

图 6　K10 孔压曲线图

GK2＋344—GK2＋444（G2）试验段 6～10 m 深度平均孔压 37.1 kPa，比抽真空前减小 64.5 kPa；20～28 m 平均孔压 81.6 kPa，比抽真空前减小 118.9 kPa；30～36 m 平均孔压 237.8 kPa，比抽真空前减小67.7 kPa；30 m 深度范围内孔压随着膜下真空度的提高减小幅度明显，30 m 深度范围下部孔压减小幅度较小；路基中部的孔压减小明显，路基边缘的孔压减小次之。以比较有代表性的 K9、K10 孔压孔为例，孔压曲线如图 5、图 6 所示。

GK2＋444—GK2＋544（G3）试验段 8～10 m 深度平均孔压 −10.1 kPa，比抽真空前减小 78.1 kPa；15～20 m 深度平均孔压 95.8 kPa，比抽真空前减小 115.9 kPa；30～32 m 平均孔压 179.8 kPa，比抽真空前减小 115.0 kPa；32 m 深度范围内孔压随着膜下真空度的提高减小幅度明显，32 m 深度范围下部孔压减小幅度较小；路基中部的孔压减小明显，路基边缘的孔压减小次之。以比较有代表性的 K18、K19 孔压孔为例，孔压曲线如图 7、图 8 所示。

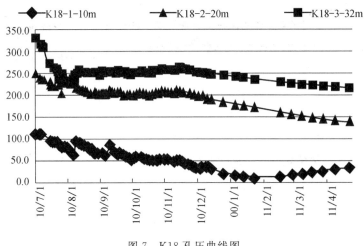

图 7　K18 孔压曲线图

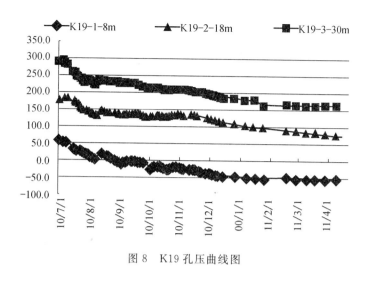

图8 K19孔压曲线图

## 4 孔压消散和插板深度的关系分析

通过以上监测的孔隙水压力的变化情况,结合本工程试验3种工况的特点,总结出孔隙水压力消散和插板深度的关系如表2所示。

表2 孔隙水压力消散和插板深度的关系表 单位:m

| 试验段 | 塑料排水板深度 $h$ | 孔压消散明显深度 $h'$ | 深度差别 $\Delta = h - h'$ |
|---|---|---|---|
| G1 | 20 | 15 | 5 |
| G2 | 35.5 | 30 | 5.5 |
| G3 | 38.5 | 32 | 6.5 |

表2表明,采用真空联合堆载预压法进行软基处理时,软基处理的有效深度与塑料排水板的深度存在一定的深度偏差,这个偏差约为5 m。随着插板深度的增加,这个偏差还会不断的加大。

## 5 结 论

通过本工程3个不同工况的试验段的监测情况表明,在深厚淤泥区域,采用真空联合堆载预压法进行软基处理时:

(1)随着插板深度的增加,软基处理的影响深度也随之增加。

(2)软基处理的影响深度小于插板的深度,这个偏差约为5 m。随着插板深度的增加,这个偏差还会不断的加大。

**参考文献**

[1] 中华人民共和国交通部. 真空预压加固软土地基技术规程:JTS 147-2—2009[S].北京:人民交通出版社,2009.

# 塑料排水板堆载预压法在软基处理中的应用

谢 非[1] 肖 策[3] 王占东[1] 许海岩[2] 姜云龙[3] 褚丝绪[3]

(1. 中国二十冶集团有限公司；2. 中国二十冶集团有限公司广东分公司；
3.天津二十冶建设有限公司)

**【摘 要】**本文介绍了塑料排水板堆载预压法在路基深厚软基处理中的应用,工程采用了分层堆载,并进行了施工监测,制定堆载速率的控制指标,可按监测数据科学合理、信息化地指导施工。工程实践表明,塑料排水板结合堆载预压法是一种行之有效的处理方法。最后,提出了一些工程应用经验,可供类似的工程应用借鉴参考。

**【关键词】**堆载预压；塑料排水板；分级分层堆载；沉降

## 1 工程概况

本工程为珠海横琴新区市政道路路基处理。原始地貌为海漫滩地貌,淤泥质软土平均层厚11～20 m。根据设计要求采用塑料排水板堆载预压法进行路基处理。

塑料排水板板长穿透淤泥层,排水板布置按照等边三角形布置,设计要求固结度达到90％以上,工后沉降小于30 cm。为更好指导设计和施工,选择了CK0＋600—CK0＋800代表性的路段进行试验。

## 2 地质概况

### 2.1 土层分布状况描述如下:

(1)冲填土(地层代号①$_{-4}$层):主要由粉细砂组成,夹杂少量黏性土。呈湿-饱和、松散状态。厚度为3.2～8.2 m。

(2)淤泥(地层代号③$_{-1}$层):灰色-深灰色,含有机质,具有腥臭味,土质均匀细腻,局部富集贝壳碎屑,呈饱和、流塑状态,厚度为10～25.40 m。

(3)淤泥混砂(地层代号③$_{-2}$层):灰色,土质松软,含有机质,夹中、细砂,含砂量在30％～60％不等。

(4)黏土(地层代号④$_{-1}$层):含少量高龄土,局部含20％左右砂粒,呈饱和、软塑-可塑状态,地基承载力允许值为160 kPa。厚度为1.6～3.2 m。

(5)黏土(地层代号④$_{-2}$层):浅灰色、灰黑色,含少量腐殖物,呈饱和、软塑状态,局部为流塑状态,地基承载力允许值为75 kPa。厚度为1.6～3.2 m。

### 2.2 水文条件

拟建场地北侧为珠海市横琴岛马骝洲水道,西侧为磨刀门水道,属西江水系。区内沟渠交错,与海水连通,地表水体丰富,受潮汐影响较大;台风季节最大潮时潮水可漫过围堤造成大面积水浸。场地地下水主要为孔隙潜水,主要受大气降水及地表水补给,水位变化因气候、季节而异。地下水稳定水位埋藏深度介于0～2.80 m之间,相当于标高-1.27～3.90 m,如图1所示。

## 3 软基处理设计方案

CK0＋600—CK0＋800段塑料排水板长约27 m(17 m),排水板布置按照等边三角形布置,间距1 m,堆载厚度5 m(4 m),整个施工时间150天,恒载102天,固结度达到90％后,总沉降量1.84 m,1.8 m,0.77 m。监测断面为CK0＋615,CK0＋660,CK0＋730,如图2所示。

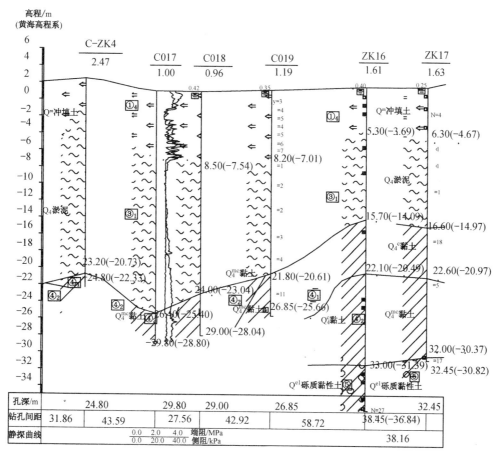

图 1　地质剖面图

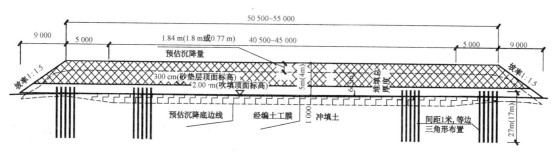

图 2　CK0＋600—CK0＋800 横断面图

## 4　塑料排水板堆载预压施工工艺

### 4.1　施工流程

施工范围内原始高程为 0.3 m 左右。根据设计要求先吹填砂至标高 2 m,抽排积水后再进行塑料排水板堆载预压施工。主要工艺流程:铺设土工布→铺设砂垫层→塑料排水板施工→监测设备埋设→盲沟及集水井施工→堆载土填筑→恒载→沉降、固结度等检测→卸载→交工面整平碾压。

### 4.2　施工注意事项

(1) 打设塑料排水板的过程中应严格控制排水板的打设深度、垂直度。在打设塑料排水板过程中及时做好清淤和排水。

(2) 土方堆载期间,要求分级分层进行堆载,分层厚度满足设计要求,每层土 3 遍轻振,4 遍重振,遇到雨季要求对堆载土进行排水、翻晒。

（3）每层碾压完毕后应按规范要求进行压实度的检测，出具合格报告后方进行下一层的填土。

（4）卸载标准：按《路基设计规范》（JTGD 30—2004）第 7.6.9 条执行，即：要求推算的工后沉降小于设计容许值，同时要求连续 2 个月观测的沉降量不超过 5 mm，方可卸载。

（5）卸载时，在交工面上保留 20 cm 虚土，采用 20 t 振动压路机碾压 6～8 遍，使交工面下 0～150 cm 范围内土层压实度满足设计要求。

（6）卸载至交工面后，集水井内采用砂性土回填密实。

### 4.3 设计与实际断面对照

设计与实际断面对照如图 3、图 4 所示。

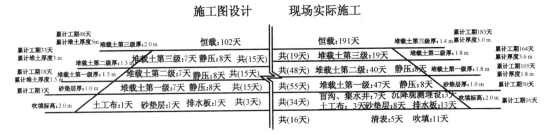

图 3　CK0＋600—CK0＋760（C1、C2 区）工况断面对照图

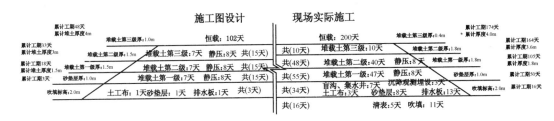

图 4　CK0＋760—CK0＋800（C3 区）工况断面对照图

施工期间为珠海市雨季，雨天较多，影响施工进度，堆载施工预计受影响 124 天时，工期 172 天；堆载土源含水量较大，需晾晒方可用于堆载。

### 4.4 软基处理施工技术控制指标

填筑速率控制指标：为了保证在填土加荷过程中边坡稳定，沉降速率、侧向位移必须控制在下述范围，任一项超出范围都必须暂停加载土，待变形趋于稳定并经有关人员认可后方可继续填土。

沉降板竖向沉降≤15 mm/d；边桩侧向变形≤5 mm/d；孔压超空隙水压力/荷载增量≤0.5。

## 5　监测数据分析

为了深入了解软土特性，用真实的监测数据来说明塑料排水板堆载预压法的实用性，同时为了保障软基处理的正常施工，埋设了孔隙水压力计、地表沉降板、水平位移观测桩，在施工时进行了孔隙水压力、地表沉降、水平位移、十字板抗剪强度对比测试等变形观测，观测期间根据观测数据指导工程施工。

### 5.1 沉降观测

为了有效地监测整个软基处理过程中的沉降量，对施工的每一道工序进行了沉降量的监测。于 5 月 24 日，设置 3 个沉降观测点。点 1 位于 CK0＋632，点 2 位于 CK0＋705，点 3 位于 CK0＋780。6 月 6 日堆土之前，平均沉降 102.4 mm。

试验段共布设 3 个监测断面，如图 5 所示。自 6 月 17 日开始进行第一级第 1 层堆载，6 月 20 日至22 日堆载第 2 层，7 月 4 日堆载第 3 层，7 月 9 日堆载第二级第 1 层，8 月 4 日堆载第二级第 2 层，8 月 24 日

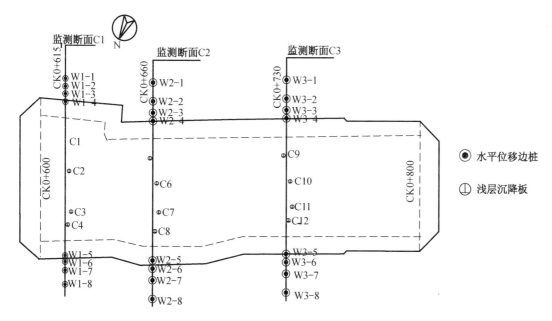

图 5　监测平面布置图

堆载第二级第 3 层,加载土厚度共约 3 m,9 月 2 日堆载第三级第一层,加载土层厚度共约 3.5 m。10 月 8 日堆载第三级完成,加载土层厚度共约(4 m)5 m,进入恒载期。

堆载之后由中冶武勘院监测,截止至 2011 年 4 月 17 日,沉降数据如表 1 所示。

表 1　　　　　　　　　　　　现场累计沉降量统计

| 检测断面 | 平均沉降/m | | 合计/m |
| --- | --- | --- | --- |
| | 插板之前 | 堆载、预压阶段 | |
| CK0+615 | 0.102 4 | 1.621 1 | 1.723 5 |
| CK0+660 | 0.102 4 | 1.727 0 | 1.829 4 |
| CK0+730 | 0.102 4 | 1.359 4 | 1.461 8 |
| 平均 | 0.102 4 | 1.569 2 | 1.671 6 |

从 2010 年 5 月 24 日至 2011 年 4 月 17 日历时 346 天,累计平均沉降量为 1 671.6 mm,平均日沉降量为 4.83 mm,恒载期平均日沉降量为 3.36 mm。

CK0+600—CK0+630(C1 区)施工图设计总沉降量为 1.84 m,各阶段沉降情况对比如表 2 所示。

表 2　　　　　　　　　　　　C1 区各阶段沉降情况对比表

| 项　目<br>工　况 | 施工图设计预测各阶段<br>累计沉降量/m | CK0+615 断面施工过程各阶段<br>累计沉降量/m |
| --- | --- | --- |
| 砂垫层、排水板施工 | 0.127 | 0.102 4 |
| 第一级堆载土施工 | 0.300 | 0.520 9 |
| 第二级堆载土施工 | 0.580 | 0.859 8 |
| 第三级堆载土施工 | 0.980 | 1.018 1 |
| 堆载土第三级累计沉降量占总沉降量比例 | 53.26% | 55.33% |
| 堆载土第三级实测累计沉降量占设计累计沉降量比例 | 103.98% | |

CK0+630—CK0+800(C2区)施工图设计理论总沉降为1.80 m,各阶段沉降情况对比如表3所示。

表3 C2区各阶段沉降情况对比表

| 项 目 工 况 | 施工图设计预测各阶段累计沉降量/m | CK0+660断面施工过程各阶段累计沉降量/m | CK0+730断面施工过程各阶段累计沉降量/m |
|---|---|---|---|
| 砂垫层、排水板施工 | 0.127 | 0.102 4 | 0.102 4 |
| 第一级堆载土施工 | 0.300 | 0.526 5 | 0.526 4 |
| 第二级堆载土施工 | 0.580 | 0.832 1 | 0.832 4 |
| 第三级堆载土施工 | 0.980 | 0.974 6 | 0.961 2 |
| 堆载土第三级累计沉降量占总沉降量比例 | 54.45% | 54.15% | 53.4% |
| 第三级实测累计沉降量占设计累计沉降量比例 | | 99.45% | 98.07% |

各个断面平均施工图设计理论总沉降量为1.82 m,各阶段沉降情况对比如表4所示。

表4 各阶段沉降情况对比表

| 项 目 工 况 | 施工图设计预测各阶段累计沉降量/m | 各断面施工过程各阶段累计沉降量/m |
|---|---|---|
| 砂垫层、排水板施工 | 0.127 | 0.102 4 |
| 第一级堆载土施工 | 0.300 | 0.539 9 |
| 第二级堆载土施工 | 0.580 | 0.888 5 |
| 第三级堆载土施工 | 0.980 | 1.062 0 |
| 堆载土第三级累计沉降量占总沉降量比例 | 53.85% | 58.36% |
| 堆载土第三级实测累计沉降量占设计累计沉降量比例 | 108.4% | |

施工过程的沉降总量大于施工图设计计算的沉降量。整理监测沉降数据,实测累计沉降曲线如图6所示。

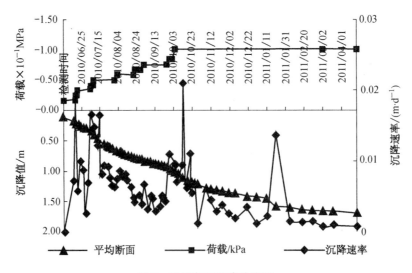

图6 平均断面沉降曲线图

从实测曲线可以看出,堆载土施工期间最大沉降速率发生在第一层上土期间,最大速率为19.4 mm/d,在后期的堆载土填筑过程中,每填筑一层土沉降速率均有所突变,待稳定后,沉降速率逐渐变缓,在 2010 年 10 月 5 日进入恒载期后,沉降速率在 10 月 14 日发生突变,最大值为 20.9 mm/d,进入恒载期后,沉降曲线逐渐平滑,并趋于定值,表明沉降规律比较合理,最大沉降速率超过堆载期间填筑速率的控制指标:竖向沉降小于 15 mm/d,但加固土体并未产生剪切变形破坏。这说明,设计要求的控制指标较为保守,可以适当增大填土速率控制指标。

## 5.2 位移观测

通过对位移观测的数据整理,可得 W1-5 测点累计位移最大,其累计位移曲线如图 7 所示。

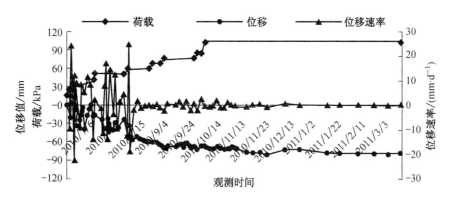

图 7 位移曲线图

由累计位移曲线可知,向内侧的边桩位移变化速率最大值 24.2 mm/d,向外侧的为 −22.1 mm/d,它们均发生在堆载土施工期间,进入恒载期后,边桩位移变化速率最大值为 1.87 mm/d,并在堆载后期,边桩位移逐渐减小,并趋近于零,这是因为堆载施工时,由于堆载土的加载,对土体产生竖向荷载,使土体产生侧向变形,在恒载期时,土体受到的荷载逐渐由加固土体承担,并发生排水固结,当土体排水固结达到一定程度后,土体强度增加,逐渐保持稳定。

同时从图中可以看出 6 月、7 月曲线震动较为频繁,位移值变化较大,此阶段为第一级堆载土施工时期,路基沉降速率在上土过程中变化较为剧烈;自 10 月 8 日起路基已进入恒载期,曲线较为平缓斜率较小,路基相对比较稳定。

## 5.3 孔隙水压力观测

### 5.3.1 监测要点

(1)主要目的:了解孔隙水压力增长与消散过程情况,了解土体的强度增长情况,控制堆载施工速度。

(2)孔隙水压力传感器的加工与埋设:埋设工作在插板完成后进行,采用钻机配合进行预埋,孔隙水压力传感器间距不小于 2.0 m 左右,每孔竖向布置孔压传感器 3 个,上中下各一个,埋设时保证传感器放置垂直,与传感器连接的电缆测线由保护管引出,随堆载高度增加而接长。

### 5.3.2 孔隙水压力监测结果分析

孔隙水压力观测孔在不同深度设置孔隙水压力传感器,观测时间从 2010 年 6 月 1 日至 2011 年 1 月 13 日。孔压曲线如图 8 所示。

由孔隙水压力监测结果分析表明:

(1)孔隙水压力大小受上覆荷载影响显著,各传感器孔压测值随传感器位置深度不同而不同,传感器埋置越深,孔压测值越大。

(2)每个传感器对应孔隙水压力变化与加载时间和大小的关系密切。每增加一级荷载,孔隙水压力值就有剧增现象,但随着淤泥的排水固结,孔隙水压力逐渐消减。下一级荷载施加时,前一级荷载作用下的孔压增量已有明显消减,软土得到固结,强度满足加载要求,最后一级荷载施加(即满载)后,经过稳定期的排水固结,孔压逐渐消散,孔压曲线趋于平稳,这时说明场地排水固结趋于完成。

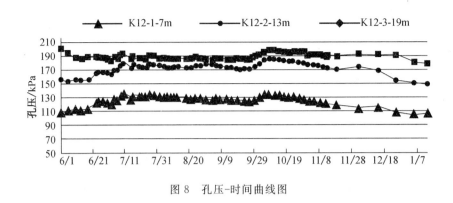

图8 孔压-时间曲线图

## 6 软土地基加固效果分析

### 6.1 软土路基加固前后的变化情况

C#路试验段CK0+600—CK0+800地基土主要物理力学性质指标对比统计如表5所示。

表5 土物理力学性质指标对比统计表

| 地层代号 | | ③−1 |
| --- | --- | --- |
| 试验项目 \ 地基土名称 | | 淤泥 |
| 天然含水量 $W$ /% | 预压前 | 53.5 |
| | 预压后 | 39.3 |
| | 变化幅度 | −26.5% |
| 重度 $\gamma$ /(kN·m⁻³) | 预压前 | 16.6 |
| | 预压后 | 18.1 |
| | 变化幅度 | +9.0% |
| 孔隙比 $e$ | 预压前 | 1.45 |
| | 预压后 | 0.91 |
| | 变化幅度 | −37.2% |
| 压缩模量 $E_{s100-200}$/MPa | 预压前 | 1.8 |
| | 预压后 | 2.8 |
| | 变化幅度 | +61.1% |

注:"+"表示增加,"−"表示减少。

### 6.2 加固效果分析

从上表可以看出试验段经过真空堆载预压后,③−1层淤泥含水率降低26.5%,重度增加9.0%,孔隙比减少37.2%,压缩模量$E_{s100-200}$(MPa)增加61.1%。地基土物理力学性质得到较大程度的提高。深部淤泥(10~20 m)经过排水板堆载预压后,地基土物理力学性质得到较明显的提高。随着深度加大,附加应力逐渐扩散,土层强度提高幅度逐步减小。

## 7 试验段施工总结

根据对施工中的数据整理,可得如下结论。

## 7.1 平均沉降

根据设计要求,填筑时平均沉降量应≤15 mm/d,超过时应延缓填筑速度。取 C6 测点 2010 年 9 月 29 日至 2010 年 10 月 8 日沉降数据,如表 6 所示。

表 6　　　　　　　　　　　　　　　　沉降数据统计表

| 日期 | 累计沉降量/m | 平均日沉降量/(mm·d$^{-1}$) | 累计位移量/m | 平均日位移量/(mm·d$^{-1}$) |
| --- | --- | --- | --- | --- |
| 2010 年 9 月 29 日 | 1.072 7 | | −37.7 | |
| | | 17.2 | | −0.7 |
| 2010 年 10 月 2 日 | 1.124 3 | | −39.9 | |
| | | 17.8 | | 3.4 |
| 2010 年 10 月 5 日 | 1.177 8 | | −29.2 | |
| | | 20.4 | | 5.2 |
| 2010 年 10 月 8 日 | 1.238 9 | | −13.6 | |

通过表 6 可得,2010 年 9 月 29 日至 2010 年 10 月 5 日,连续 6 天日平均沉降量为 17.2 mm/d,18.8 mm/d;日平均位移量为−0.7 mm/d,3.4 mm/d,均小于 5 mm/d,路基保持稳定。2010 年 10 月 5 日至 2010 年 10 月 8 日,连续 3 天日平均沉降量为 20.4 mm/d,超过 20 mm/d;日平均位移量为 5.2 mm/d,也大于 5 mm/d。故设计要求填筑时平均沉降量应≤15 mm/d 趋于保守,建议优化至 20 mm/d 较为合理,以便加快堆载土施工进度。

## 7.2 天气影响

根据土工标准击实试验可得堆载土最大干密度为 1.85 g/cm$^3$,最佳含水量为 13.0%;雨后现场实测堆载土含水率 17.8%,含水量偏大,需晾晒后方可达到设计压实度要求。

试验段堆载土填筑时间为 6 月、7 月、8 月、9 月,正是珠海市的雨季。其中雨天占总天数的 46.7%。堆载土设计工期为 45 d,实际施工工期为 125 d,约 80 d 受雨季影响,不能施工。

故堆载土雨季施工将严重影响施工进度,在安排设计、施工进度计划时,应结合当地天气情况考虑雨季的影响。

## 7.3 卸载标准

C# 路试验段开始设计恒载时间偏小,沉降速率不能满足 0.15 mm/d 的设计要求。恒载 200 d 后,沉降速率 0.9 mm/d,而根据过三点法、前岗法及双曲线法等多种计算方法推算主、次排水固结度以及工后沉降量的综合分析,现场排水固结度已经达 93.5%,工后残余沉降量为 107 mm,均已满足设计要求。为此,组织专家与设计、监测、施工等单位讨论,类似深厚淤泥土堆载预压法卸载标准宜为:满载预压达到 200 d 以上,地表沉降速率小于 1 mm/d,同时根据固结度推算工后残余沉降量满足设计标准。

工程试验实践表明,对深厚软基采用打设塑料排水板结合堆载预压法处理,是行之有效方法之一,为类似地质条件的预处理积累了宝贵的经验。

**参考文献**

[1] 龚晓南.地基处理手册[M].3 版.北京:中国建筑工业出版社,2008.

# 珠海横琴新区淤泥层排水固结参量 $\beta$ 值选取分析与建议

孙　海　李晓柱

（中冶集团武汉勘察研究院有限公司）

【摘　要】本文以珠海市横琴新区环岛北片主干路及滨海次干路市政道路工程为背景,选取淤泥层分布具有代表性的路段 $G^{\#}$ 路 $G_1$、$G_2$ 及 $G_3$ 段作为试验段,对珠海横琴真空联合堆载预压对软土力学特性改良进行试验研究,着重对该地区淤泥层排水固结参量 $\beta$ 值选取进行研究,详细介绍了 $\beta$ 值的 4 种计算方法及过程(公式计算法、三点法、孔压监测资料反算法及沉降差法拟合),并将计算的 $\beta$ 值应用在沉降速率法中,对预测的沉降曲线与实际监测曲线对比验证,发现三点法计算的 $\beta$ 值预测沉降曲线不稳定,具有偶然性;孔压监测资料反算计算的 $\beta$ 值预测沉降曲线中规中矩,具有离散性;公式计算法计算的 $\beta$ 值预测沉降曲线中规中矩,参数选取的实验手段和方法有一定局限性;沉降差法拟合 $\beta$ 值预测沉降曲线与实际监测曲线具有很好的吻合性,满载后与实际监测曲线吻合程度大于前几级加载时期,且稳定可靠,能反映和代表该地区淤泥层的实际固结特性,可为后期横琴大开发提供经验,对排水固结最终沉降预测及其他地区参量 $\beta$ 值选取具有一定借鉴意义。

【关键词】珠海横琴;排水固结;沉降预测

## 0　引　言

随着国家对珠海横琴新区的规划,市政基础建设已经进入实质性阶段,横琴岛是珠海市第一大岛,该岛位于珠海市南部,珠江口西侧,南濒南海,与澳门三岛隔河相望,最近处相距不到 200 m,根据勘察结果可以看出,表层地层主要由第四系海相沉积( $Q_4^m$ )层软土淤泥组成,厚度范围 1.6～41.2 m,平均厚度 22.1 m,整个场地软土厚度变化较大,天然含水量高,呈流塑状,强度低,压缩性高,抗剪强度低,渗透性小,具流变、触变特征,易导致路基失稳。

将真空预压法与堆载预压相结合的真空联合堆载预压法是目前在港口、道路工程的软基处理工程中利用最广泛的一种方法,既满足道路施工工艺的要求,又能节省工期,且能大幅提高软基加固的效果,而珠海横琴新区似采用该种方法来处理表层大面积软弱淤泥层;路基的工后沉降过大可能造成桥头跳车等危害,施工路面之前的剩余沉降应当小于允许工后沉降,如何可靠准确的预测出剩余沉降是一个难题,常用的沉降预测方法主要有双曲线法[1]、三点法[2]、沉降速率法[3]及沉降差法[4]、灰色理论法[5]以及由这些方法基础上改进的一些方法(如改进的双曲线模型[6])等,这些方法中,基本都用到的一个参量就是与固结系数有关的参量 $\beta$ (如三点法、沉降速率法及沉降差法等),$\beta$ 值选取合理性直接影响沉降预测的准确性,$\beta$ 值直接反映了地基固结的快慢,它不但包括固结系数,而且包括排水距离,各地区的 $\beta$ 值积累多了,它本身就是一个具有实用意义的经验指标,可以简便地用来估算该地区地基的固结度,但是如何合理选取该地区的 $\beta$ 值的研究文献较少,如文献[7]虽然提到了 $\beta$ 值计算的几种方法,但未分析各种计算方法推算 $\beta$ 值的合理性,因此本文以珠海市横琴新区环岛北片主干路( $A^{\#}$ 路、$B^{\#}$ 路、$F^{\#}$ 路)及滨海次干路( $C^{\#}$ 路、$E^{\#}$ 路 $G^{\#}$ 路)市政道路工程为背景,选取淤泥层分布具有代表性的路段 $G^{\#}$ 路 $G_1$、$G_2$ 及 $G_3$ 段作为试验段,对珠海横琴真空联合堆载预压对软土力学特性改良进行试验研究,着重分析 $\beta$ 值各种计算方法的合理性。

现场试验于 2010 年 5 月开始,至 2011 年 7 月结束。其中,$G_1$ 试验段监测点平面布置图如图 1 所示,$G_2$ 及 $G_3$ 试验段监测点布置与 $G_1$ 试验段类似,整个试验过程共进行孔隙水压力测试 5 690 次,分层沉降点观测 3 420 次,地下水位观测 3 160 次,地表沉降观测 1 924 次,深层沉降观测 459 次,真空度观测 1 129 次和土压力测试 457 次。

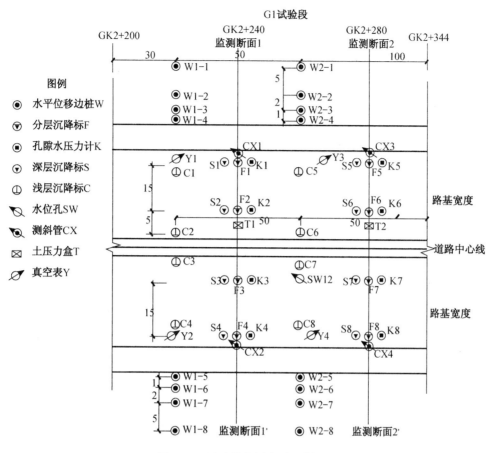

图 1　G1 试验段监测点平面布置图

# 1　排水固结参量 $\beta$ 值计算

由于工后沉降是决定软基处理成败的关键指标,因此施工期间最终沉降的预估十分重要。目前,常用的沉降预测方法都需要用到与固结系数有关的参量 $\beta$ 值, $\beta$ 值选取的合理性直接影响施工期及最终沉降预估的准确性, $\beta$ 值直接反映了该地区地基固结特性,但计算该参量的公式和方法各不相同,究竟那种方法推算出来的 $\beta$ 值更贴近于现场地层的实际固结特性,尚不清楚,因此,本文详细介绍了参量 $\beta$ 的计算的 4 种方法(公式计算法、三点法、孔压监测资料反算法及沉降差法拟合),分别对 $G_1$, $G_2$ 及 $G_3$ 试验段的 $\beta$ 值进行推算,其计算过程及结果如下。

## 1.1　公式计算法

根据竖井地基固结的非理想井的谢康和解近似计算公式(考虑井阻及涂抹效应)[2]:

$$\beta = \frac{8C_h}{Fd_e^2} + \frac{\pi^2 C_v}{4H^2} \tag{1}$$

$$F = F_n + N_w = F_n + F_s + F_r' \tag{2}$$

$$F_n = \frac{n^2}{n^2-1}\ln n - \frac{3n^2-1}{4n^2} \tag{3}$$

$$F_s = \left(\frac{K_h}{K_s} - 1\right)\ln\frac{d_s}{d_w} \tag{4}$$

$$F_r' = \pi\frac{K_h}{K_w}\left(\frac{H}{d_w}\right)^2 \tag{5}$$

式中，$C_v$ 竖向排水固结系数；$C_h$ 径向固结系数；$F$ 为综合影响参数；$F_n$ 为反映井径影响；$F_s$ 为反映涂抹扰动影响；$F_r'$ 为反映井阻影响；$d_e$ 为排水范围等效圆直径；$H$ 为土层的竖向排水距离；$n$ 为井径比（$n=d_e/d_w$）；$K_h$ 为原状土水平渗透系数；$K_s$ 为涂抹区土的水平向渗透系数；$K_w$ 为竖井渗透系数；$d_s$ 涂抹区直径；$d_w$ 排水井直径。

如表 1 所示为公式计算法的各参数，各参数选取根据现场地层、原位试验及室内试验统计分析得出，由于原位试验及室内试验可能受到人为因素及方法的精度等局限性限制，因此除排水距离外其他参数三个试验段未加区分，计算可得各试验段的 $\beta$ 值，如表 2 所示。

表 1　　　　　　　　　　　公式计算法求 $\beta$ 值各工段计算参数

| 工段 | $H/m$ | $d_w/cm$ | $d_s/cm$ | $d_e/cm$ | $K_h$ $/(\times 10^{-7} cm/s)$ | $K_s$ $/(\times 10^{-7} cm/s)$ | $K_w$ $/(cm/s)$ | $C_v$ $/(\times 10^{-3} cm^2/s)$ | $C_h$ $/(\times 10^{-3} cm^2/s)$ |
|---|---|---|---|---|---|---|---|---|---|
| $G_1$ 段 | 17 | | | | | | | | |
| $G_2$ 段 | 30 | 6.65 | 12.30 | 105 | 3.0 | 1.0 | 2.0 | 0.60 | 0.69 |
| $G_3$ 段 | 32 | | | | | | | | |

表 2　　　　　　　　　　　公式计算法得出的各试验段 $\beta$ 值

| 分组 | $G_1$ 试验段 | $G_2$ 试验段 | $G_3$ 试验段 |
|---|---|---|---|
| 平均值 $\beta/(d^{-1})$ | 0.012 6 | 0.015 4 | 0.013 7 |

## 1.2　三点法

各种排水条件下土层固结度的理论解[2]可以近似归纳为

$$\bar{U} = 1 - \alpha e^{-\beta t} \tag{6}$$

可根据实测沉降—时间曲线配合法，$\alpha$ 为理论值，$\beta$ 为待定的参数，可以从实测的沉降—时间（即 $s\text{-}t$ 曲线）选取荷载停止后的任意三个时间 $t_1$，$t_2$ 和 $t_3$，并使 $t_3-t_2=t_2-t_1$，并由式（6）可以写出三个方程，联立求得

$$\frac{1-\bar{U}_1}{1-\bar{U}_2} = \alpha e^{-\beta(t_2-t_1)} \tag{7}$$

$$\frac{1-\bar{U}_2}{1-\bar{U}_3} = \alpha e^{-\beta(t_3-t_2)} \tag{8}$$

又根据固结度定义

$$\bar{U} = \frac{s_t - s_d}{s_\infty - s_d} \tag{9}$$

可解得

$$e^{\beta(t_2-t_1)} = \frac{s_2 - s_1}{s_3 - s_2}$$

即

$$\beta = \frac{\ln \dfrac{s_2 - s_1}{s_3 - s_2}}{t_2 - t_1} \tag{10}$$

由式（10）可根据现场沉降监测数据选 3 个监测点推算出 $\beta$，为减小误差本文对每个试验段选取不同的三组（$s$，$t$）值进行计算，每组计算包括三个（$s$，$t$）数据，最终取平均值，共选取 27 个（$s$，$t$）数据，$G_1$、$G_2$ 及 $G_3$ 段的 $s\text{-}t$ 曲线及选取数据点如图 2 所示。

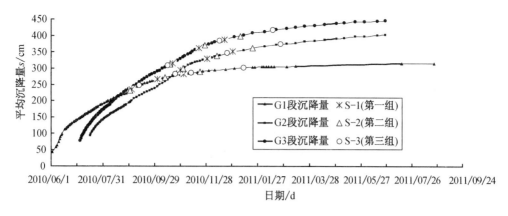

图 2　三点法计算 β 沉降－时间曲线选点示意图

在图 2 中 S-2 表示各试验段第二组的三个数据点,其他类推,得出的每段的 β 值如表 3 所示。

表 3　　　　　　　　　　　　　　　三点法推算各试验段 β 值

| 分组 | G₁ 试验段 | G₂ 试验段 | G₃ 试验段 |
|---|---|---|---|
| 1 | 0.020 6 | 0.013 3 | 0.020 0 |
| 2 | 0.020 6 | 0.010 8 | 0.018 4 |
| 3 | 0.014 1 | 0.014 0 | 0.014 9 |
| 平均值 $\beta/(\mathrm{d}^{-1})$ | 0.018 4 | 0.012 7 | 0.017 7 |

## 1.3　孔压监测资料反算

若有孔压监测资料,β 值可以通过前几级荷载下的孔压监测资料反算[7]。公式为

$$\frac{u_1}{u_2} = e^{-\beta(t_2 - t_1)} \tag{11}$$

即

$$\beta = \frac{\ln \dfrac{u_2}{u_1}}{t_2 - t_1} \tag{12}$$

式中,$t_1$,$t_2$ 为同一级荷载下间隔较远的两个时刻;$u_1$,$u_2$ 是对应的孔隙水压力,易取厚度较大的土层孔压监测资料,因此本文通过实际孔压监测资料对比分析,选取 $G_1$ 段的 K7 监测点数据、$G_2$ 段的 K10 监测点数据及 $G_3$ 段的 K20 监测点数据进行反算,统计得出的 β 值如表 4 所示。

表 4　　　　　　　　　　　　孔压监测资料反算求得各试验段 β 值

| 分组 | G₁ 试验段 | G₂ 试验段 | G₃ 试验段 |
|---|---|---|---|
| 平均值 $\beta/(\mathrm{d}^{-1})$ | 0.015 1 | 0.017 7 | 0.020 1 |

## 1.4　沉降差法线性拟合

沉降差法[4]可以同时利用各级荷载下的沉降观测数据和加载信息进行线性拟合,在填土满载之前通过迭代计算就能比较准确地预测地基的总沉降量。对于满载后的情况,则可以简化。运用满载后实测沉降数据就能通过线性拟合求出 β 值,不需了解加载过程,也不需作迭代计算。在等时间间隔情况下其基本表达式为

$$s_{(t_j + \Delta t)} - s_{t_j} = AB\left[1 - e^{-\beta \Delta t}\right] e^{-\beta(t_j - t_0)} \tag{13}$$

式中,$t_0$ 为满载后某时刻;$t_j$ 为第一级荷载增量施加后的任意时刻(一般取 $t_j > t_0$);$\Delta t$ 为时间间隔;$s_{t_j}$,$s_{(t_j + \Delta t)}$ 为对应的地基累计沉降量,其差值代表 $t_j$ 到($t_j + \Delta t$)时间段内的地基沉降差。

另 $C = A \cdot B \cdot (1 - e^{-\beta \Delta t})$，则式(13)可以简化为

$$\ln(s_{(t_j + \Delta t)} - s_{t_j}) = \ln C - \beta(t_j - t_0) \tag{14}$$

由式(14)可以看出，$\ln(s_{(t_j + \Delta t)} - s_{t_j})$ 和 $(t_j - t_0)$ 呈线性关系。根据实测监测数据，做线性拟合即可求出 $\beta$ 值。

根据现场 $G_1$、$G_2$ 及 $G_3$ 段现场沉降监测资料整理分析，对 $\ln(s_{(t_j + \Delta t)} - s_{t_j})$ 和 $(t_j - t_0)$ 进行线性拟合，各段线性拟合曲线如图3—图5所示，由图中线性拟合曲线的斜率即为 $\beta$ 值，拟合得出各试验段 $\beta$ 值表5所示。

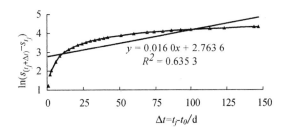

图3　$G_1$ 段沉降差法 $\ln(s_{(t_j + \Delta t)} - s_{t_j})$ 和 $(t_j - t_0)$ 线性拟合曲线

图4　$G_2$ 段沉降差法 $\ln(s_{(t_j + \Delta t)} - s_{t_j})$ 和 $(t_j - t_0)$ 线性拟合曲线

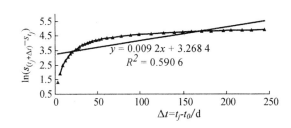

图5　$G_3$ 段沉降差法 $\ln(s_{(t_j + \Delta t)} - s_{t_j})$ 和 $(t_j - t_0)$ 线性拟合曲线

表5　　　　　　　　　　　　　　沉降差法线性拟合求得各试验段 $\beta$ 值

| 分组 | $G_1$ 试验段 | $G_2$ 试验段 | $G_3$ 试验段 |
| --- | --- | --- | --- |
| $\beta/(\mathrm{d}^{-1})$ | 0.016 0 | 0.019 8 | 0.009 2 |

## 2　排水固结参量 $\beta$ 的选取分析与建议

通过上述4种方法推算的 $G_1$、$G_2$ 及 $G_3$ 试验段的 $\beta$ 值如表2—表5所示，由于沉降速率法需要利用到该地区的参量 $\beta$ 值进行后期沉降预测，并且该方法预测效果较好[3][7-8]，所以，本文通过4种方法计算的 $\beta$ 值应用在沉降速率法，通过预测沉降曲线与实际监测曲线的对比验证，来判断哪种方法得出的 $\beta$ 值更符合该地区的排水固结特性，更合理。

### 2.1　四种方法计算 $\beta$ 值在沉降速率法中验证

刘吉福等[3]提出应用沉降速率法计算软土路堤剩余沉降，指出均质地基施加一级多级荷载时，沉降速率与剩余沉降满足以下关系式：

$$V_S = s_r \beta \tag{15}$$

式中，$s_r$ 为剩余沉降；$\beta$ 为与固结系数有关的参量。

根据上式，沉降速率与剩余沉降的关系与最终沉降、加载情况、地层结构等无关，只需根据沉降监测资料即可较可靠地确定剩余沉降。

沉降速率可根据双曲线法公式求得。在双曲线法公式中，设 $t' = t - t_0$，代表堆载完成后的时间，则有 $\mathrm{d}t' = \mathrm{d}(t - t_0) = \mathrm{d}t$。对公式求导，可得沉降速率表达式：

$$V_s = \frac{ds_t}{dt'} = \frac{a}{(a + bt')^2} \tag{16}$$

双曲线法假设填土堆载后以双曲线模式收敛,其公式为

$$\frac{t - t_0}{s_t - s_0} = a + b(t - t_0) \tag{17}$$

式中,$t_0$ 为初始时间,一般为填土结束时间;$s_0$ 为相应于 $t_0$ 时的沉降;$s_t$ 为 $t$ 时刻的沉降。绘制 $t - t_0$ 与 $\frac{t - t_0}{s_t - s_0}$ 关系曲线,用最小二乘法拟合即可得出参数 $a$、$b$ 值。

对 $G_1$、$G_2$ 及 $G_3$ 段的 $t - t_0$ 与 $\frac{t - t_0}{s_t - s_0}$ 关系拟合曲线可得每段对应计算的参数 $a$、$b$ 值如表 6 所示。

| 表 6 | 各试验段 $a$,$b$ 值参数表 | | |
|------|------|------|------|
| 分组 | $G_1$ 试验段 | $G_2$ 试验段 | $G_3$ 试验段 |
| $a$ | 0.156 6 | 0.146 4 | 0.208 2 |
| $b$ | 0.003 2 | 0.002 4 | 0.002 1 |

根据所计算的参数 $a$、$b$ 值以及通过上述 4 种方法(公式计算法、三点法、孔压监测资料反算法及沉降差法拟合)得出的 $\beta$ 值(表 2~表 5)利用沉降速率法对加载后的剩余沉降进行预测。每段的预测曲线如图 6~图 8 所示。

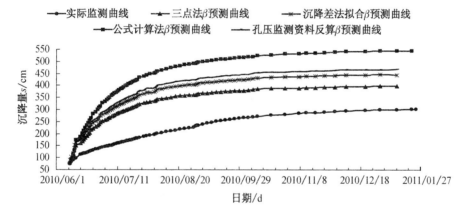

图 6 $G_1$ 段沉降速率法(4 种计算方法计算 $\beta$)预测 $s$-$t$ 曲线与实际监测对比曲线

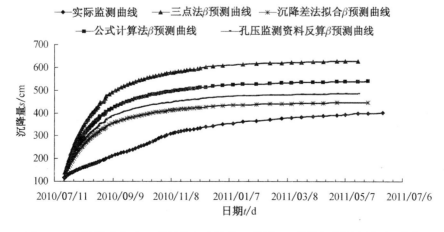

图 7 $G_2$ 段沉降速率法(4 种计算方法计算 $\beta$)预测 $s$-$t$ 曲线与实际监测对比曲线

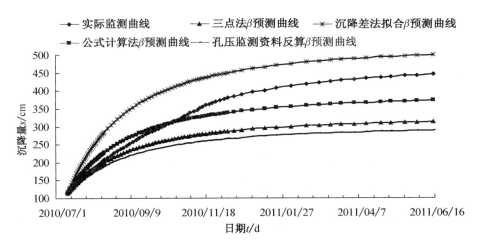

图 8　$G_3$ 段沉降速率法(四种计算方法计算 $\beta$)预测 $s$-$t$ 曲线与实际监测对比曲线

由图 6 可以看出,$G_1$ 试验段三点法 $\beta$ 预测的 $s$-$t$ 曲线与实际监测曲线最为接近,其次是沉降差法拟合、孔压监测资料反算法及公式计算法;如图 7 所示,$G_2$ 试验段沉降差法拟合 $\beta$ 预测的 $s$-$t$ 曲线与实际监测曲线最为接近,其次是孔压监测资料反算法、公式计算法及三点法;如图 8 所示,$G_3$ 试验段沉降差法拟合 $\beta$ 预测的 $s$-$t$ 曲线与实际监测曲线最为接近,且预测沉降曲线与实际监测曲线走向趋势基本一致,其次是公式计算法、三点法及孔压监测资料反算法。由此可见,沉降差法拟合计算 $\beta$ 预测的曲线与实际曲线较为吻合,三点法拟合计算 $\beta$ 预测的曲线不稳定,具有偶然性,孔压监测资料反算及公式计算法计算的 $\beta$ 预测沉降曲线中规中矩。

## 2.2　排水固结参量 $\beta$ 值选取分析及建议

三点法计算的 $\beta$ 值预测曲线不稳定,如 $G_1$ 段预测的监测曲线与实际监测曲线的吻合性较好,但是对 $G_2$ 段及 $G_3$ 段预测曲线与实际监测曲线偏差较大,沉降差法线性拟合得出 $\beta$ 值预测曲线较稳定,且走势与实际监测曲线基本一致,如 $G_2$ 段及 $G_3$ 段预测曲线与实际监测曲线比较吻合,虽然 $G_1$ 段预测曲线吻合程度不如三点法,但三点法与沉降差法两者误差较小,仍具有很好的吻合趋势;由文献[9]推导的沉降差法的简化形式也可以看出,沉降差法的简化形式与三点法都是建立在太沙基一维固结理论的基础上,沉降差法的简化形式可以推导出三点法的基本表达式,三点法是巧妙地利用了三个时刻的地基沉降数据,求得地基固结参数 $\beta$ 值,计算简便,但是因为只选择 3 个数据点,计算结果容易受到偶然因素的影响,而沉降差法则是对满载后一段时间内的一系列地基沉降数据作线性拟合,求得参数 $\beta$ 值,其计算结果比较稳定。沉降差法拟合得出 $\beta$ 值预测的沉降曲线,在满载后与实际监测曲线吻合程度大于前几级加载时期,即满载后预测的沉降量与实际监测的沉降量的误差变得越来越小,如 $G_1$ 段在日期 2010/10/1、$G_2$ 段在日期 2010/10/23 及 $G_3$ 段在日期 2010/10/14 有明显的拐点,向更贴近于实际监测曲线的趋势发展,这是由于沉降差法拟合 $\beta$ 值是由满载后的沉降监测曲线拟合的原因,因此可以根据满载后一段时间的沉降监测资料对最终沉降进行预测,且结果具有很高的准确性。

在实际淤泥层预压固结排水法工程中,沉降观测资料是最容易实施而且也是最可靠的观测数据,该数据精度也是较高,应用沉降监测资料采用三点法和沉降差法去预测沉降曲线,在实际工程中更常用、更可靠,两者精度应该差不多,关键在于选取的已有沉降数据是否恰当,如果都选用实测沉降曲线中满载预压拐点以后趋于稳定段的沉降数据,不论用三点法还是沉降差法,结果应该相近。

孔压监测资料反算 $\beta$ 预测的沉降曲线中规中矩,如 $G_2$ 段孔压监测资料反算 $\beta$ 预测的监测曲线与实际监测曲线有一定吻合趋势,但 $G_1$ 段、$G_3$ 段偏差较大,从 $\beta$ 值的推算过程也可以看出,是选取大量现场的实际孔压监测离散点,最终取统计结果,其值具有一定可靠性,但是同样是不具有稳定性,且在孔压实际监测过程中,孔压探头和测量仪器本身的精度也会产生很大的误差,因此实际工程中该方法用得不多,若利用该方法必须有足够多且准确的孔压监测资料,并对其进行统计分析。

采用公式计算法计算的 $\beta$ 值预测曲线中规中矩,如 $G_3$ 段公式计算法计算的 $\beta$ 值预测的监测曲线与实际监测曲线有一定吻合趋势,但 $G_1$ 段、$G_2$ 段偏差较大,虽然在公式中考虑了井阻和涂抹的影响,但是有些参数的选取由于试验手段和方法有一定局限性,受人为因素影响大,如何准确地确定涂抹区直径,涂抹区渗透系数等一系列参数,以及其影响机理均是目前仍尚待解决的问题,因此得出的 $\beta$ 值固然不能很好地反映试验区域内的排水固结特性,若试验区域可以提供准确有经验的计算参数,或者前期在无监测资料时对该区域的 $\beta$ 值及沉降预估设计可以参考该方法。

综上所述,根据在本地区选取的具有代表性的三个试验段进行的真空联合堆载预压排水试验结果,进行计算对比验证,建议在沉降预测中应选取沉降差法拟合 $\beta$ 值作为淤泥层固结参数,该参数能反映和代表该地区淤泥层的实际固结特性。

## 3　结　论

本文以珠海市横琴新区环岛北片市政道路工程为背景,根据对该地区淤泥层真空联合堆载预压排水固结试验的研究,通过与实际监测资料的对比分析,对选取合理的排水固结参量 $\beta$ 值进行分析和建议。

（1）总结了排水固结参量 $\beta$ 值四种计算方法(公式计算法、三点法、孔压监测资料反算法及沉降差法拟合),并利用各试验段试验结果资料进行计算,并将计算的 $\beta$ 值应用在沉降速率法中,把预测沉降曲线与实际监测沉降曲线进行对比,分析了各种计算方法适用性及产生误差的原因。

（2）通过与实际监测曲线对比分析,发现三点法计算的 $\beta$ 值预测沉降曲线不稳定,具有偶然性;孔压监测资料反算的 $\beta$ 值预测沉降曲线中规中矩,受孔压探头及测量仪器本身精度原因,数据具有离散型;公式计算法计算的 $\beta$ 值预测沉降曲线中规中矩,参数选取的实验手段和方法有一定局限性;沉降差法拟合 $\beta$ 值推算的预测沉降曲线与实际监测曲线具有很好的吻合性,满载后与实际监测曲线吻合程度大于前几级加载时期,且稳定可靠,能反映和代表该地区淤泥层的实际固结特性。

**参考文献**

［1］中华人民共和国行业标准.公路软土地基路堤设计与施工技术规范:JTJ 017—96[S].北京:人民交通出版社,1997.

［2］龚晓南.地基处理手册[M].北京:中国建筑工业出版,2008.

［3］刘吉福,陈新华.应用沉降速率法计算软土路堤剩余沉降[J].岩土工程学报,2003,25(2):233-235.

［4］黄广军.分级加载条件下提早预测地基沉降的沉降差法[J].岩土工程学报,2007,29(6):811-818.

［5］秦亚琼,魏丽敏.不等时距GM(1,1)模型预测地基沉降研究[J].武汉理工大学学报(交通与科学工程版),2008,32(1):135-137.

［6］何良德,姜晔.双曲型曲线模型在路基沉降预测中的应用[J].河海大学学报(自然科学版),2009,37(2):201-205.

［7］杨晶,楼晓明,黄江枫,等.常见沉降预测方法在软基堆载预压实例中的应用比较[J].工程勘察,2008,3:18-21.

［8］钟才根,兰宏亮,张序,等.高速公路软基路提沉降速率控制[J].华东公路,2002,136(3):42-44.

［9］黄广军.沉降差法在恒载阶段的软土地基沉降预测中的应用[J].岩土工程界,2007,10(7):43-51.

# 真空联合堆载预压法两种真空度观测方式的应用

李修岩

(中国二十冶集团有限公司广东分公司)

【摘　要】真空联合堆载预压法已在我国道路工程软基处理中得到广泛的应用,此工艺在施工过程中的各项监测工作对于整体软基处理的效果有着最基本的指导意义,本文主要针对真空联合堆载处理区域两种不同的真空度的监测方法作出专门分析。

【关键词】真空联合堆载预压法；施工监测；真空度观测

## 0　引　言

真空联合堆载预压法已在我国道路工程软基处理中得到广泛的应用,此工艺具有控制项目投资总额、施工工序简明易操作、工后沉降和差异沉降处理效果明显等一系列特点。

在施工中,地表、分层沉降、边桩位移、孔隙水压力、真空度等各项关键数据的监测工作非常重要,可以客观的反映现场实际施工的处理效果,控制堆载土填筑速率,保障路堤施工期安全,推算固结度以及工后沉降,确定软基处理卸载时间和路面结构施工时间。

本文参照的横琴市政基础设施 BT 项目市政道路工程软基处理的具体实例,存在路基下淤泥层特别深厚、淤泥质含水量高的特点,工后沉降和差异沉降较难控制。设计图纸主要采用真空联合堆载预压法进行处理,其中处理的深度及处理后的控制工后沉降量的效果为设计方案的重点、难点。而监测工作中的不同深度真空度可以从侧面反映出软基处理的有效深度,同时为推算固结度和工后沉降量等关键指标提供依据。本文重点就真空联合堆载处理区域不同深度的真空度的两种监测方法,在不同路段的实际应用展开论述。

## 1　真空度测头和孔隙水压力计在不同路段的实际应用

### 1.1　监测方法简介

#### 1.1.1　真空度测头直接观测真空度

本方法观测装置一般由真空度测头、PVC 软管和真空表组成,真空度测头是由一段 PVC 管表面打眼成网状,并在外面由反滤土工布包裹,最后用铁丝绑扎结实,其结构如图 1 所示。

当真空度测头布置在淤泥水位线以上时,真空度测头的读数应该反映的是该处淤泥层中的真空度,当整体结构稳定时,测得的气压值同时就是周围淤泥的孔隙水压力。

#### 1.1.2　孔隙水压力计观测真空度

采用静力触探仪人工压入孔隙水压力计,单孔单只埋

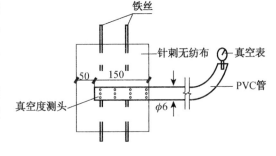

图 1　真空度测头结构

设,通过频率仪直接观测测点深度的孔隙水压力计的频率变化得出孔隙水压力。本观测方法需注意孔隙水压力计的电缆和接长管要随着填土的增高而提升或接长。

上述两种观测方法均需配合水位观测孔,结合路基淤泥层的水位的变化进行观测、记录。

根据文献[1]中理论,当测点埋设在路基淤泥层水位线以上时,真空度测头的读数即为该处孔隙水压力值；根据文献[2]中理论,当测点埋设在路基淤泥层水位线以下时,真空度测头的读数不完全反映该处孔隙水压力值,但是两者中间存在内在的联系,可以通过公式相互计算推导。本文对此不过多复述,直接引

用上述文献结论。

## 1.2 两种观测方法运用于不同路段的具体分析

现在就横琴市政基础设施 BT 项目示范段市政道路工程采用了两种观测方法的 3 条地质情况典型的路段展开论述。

### 1.2.1 G# 路 K2＋444—K2＋544 段

G# 路里程桩号 K2＋444—K2＋544 段最早开工建设,采用真空联合堆载预压法进行处理并被选定为试验段工程。

本段地质情况为原始海漫滩地貌经人工回填形成的场地,经吹填砂场平至设计标高 2.0 m 后进行处理,淤泥深度为 35～38 m,插板深度 38.5 m。采用孔隙水压力计监测土中真空度。分别在 8 m,18 m,32 m 处埋设三个监测点,其 2010 年 7 月 1 日至 2011 年 4 月 1 日孔压曲线如图 2 所示。

本段三个孔隙水压力监测点在抽真空的 10 个月内读数正常,平均各点孔压比抽真空前减少 100 kPa。由此可利用相对应的孔压值换算出抽真空各个阶段不同深度软土地基中真空度的值。

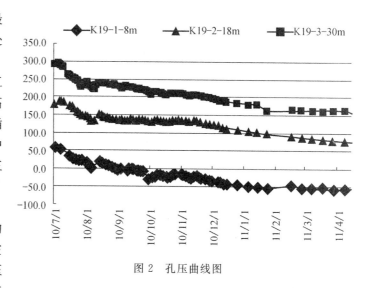

图 2 孔压曲线图

### 1.2.2 F# 路 K1＋600—K1＋740 段

本段地质情况为原始海漫滩地貌经人工回填形成的滩涂,经吹填砂场平至设计标高 2.0 m 后进行处理,淤泥深度为 24～26 m,插板深度 25 m。采用制作真空度测头内置排水板内插入软土地基监测真空度,分别为 3 m,6 m,9 m,15 m,18 m,25 m 处,共 6 个监测点。其 2011 年 6 月 5 日至 2012 年 4 月 16 日真空度-荷载曲线图如图 3 所示。

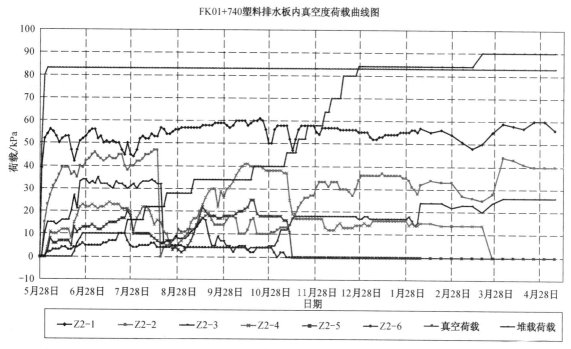

图 3 真空度-荷载曲线图

膜下真空度形成以后,真空度随深度的增加逐渐减少,传递到塑料排水板的深度最大为 25 m。抽真空前期各监测点数据整体稳定,略呈上升趋势。抽真空中后期,在第五个月陆续有监测点数据失效归零,真空度监测数据不能完整的反映软基处理过程中的排水板真空度变化情况。

### 1.2.3 C# 路 K3+150—K3+400 段

本段地质情况为原始海漫滩地貌经人工回填形成的鱼塘,经吹填砂场平至设计标高 2.0 m 后进行处理,淤泥深度为 15~18 m,插板深度 18 m。采用制作真空度测头内置排水板内插入软土地基监测真空度,在 CK3+400 位置。

在 CK3+400 位置中一组塑料排水板沿深度方向每 3 m 一个监测点,分别为 3 m,6 m,9 m,12 m,15 m,18 m 处,共 6 个监测点。其 2011 年 9 月 4 日至 2012 年 2 月 4 日真空度-荷载曲线图如图 4 所示。

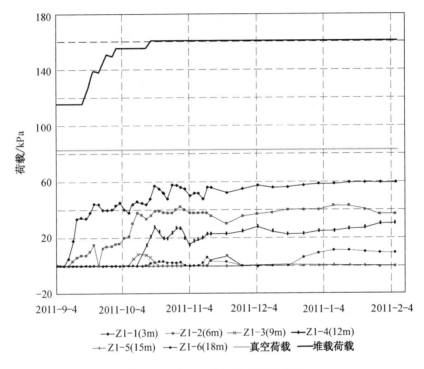

图 4　CK3+400 真空度-荷载曲线图

膜下真空度形成以后,真空度随深度的增加逐渐减少,传递到塑料排水板的深度最大为 15 m。在增加土荷载时,插水板真空度变化较为明显,但整体趋势为真空度整体呈上升趋势。真空度监测数据完整、连贯,为数据处理与分析提供良好的依据。

## 2　两种监测方法的实际监测效果分析

上述两种观测方法均需配合水位观测孔,结合路基淤泥层的水位的变化进行观测、记录。

G# 路 K2+444—K2+544 段由于采用了孔隙水压力计间接监测软土地基中不同深度的真空度,不受过程中沉降、水位等因素变化造成的影响,所以监测数据稳定、可靠。但是孔隙水压力计的价格及监测费用要比普通真空度测头监测高,因此选用此方法会造成监测总体费用偏高。

F# 路 K1+600—K1+740 段采用的普通真空度测头直接监测软土地基中不同深度的真空度,抽真空前期沉降量小,水位下降较低,监测数值可以真实的反映实际情况。随着后期荷载加大,沉降量和水位变化较大,可能造成对真空测头依附的排水板产生了较大扭曲变形、真空度测头堵塞等因素影响,监测数值为零,数据失效。

C# 路 K3+150—K3+400 同样采用普通真空度测头直接监测软土地基中不同深度的真空度,但是由于此段淤泥层较浅,真空处理过程中总沉降量、水位下降量较小,所以对真空度测头影响不大,监测数据可以真实反映对应深度软土地基中的真空度,同时此方法造价经济,过程监测简单。

## 3 结 论

通过以上分析,可以得到以下结论:

(1) 在超过 30 m 深的淤泥层中采用埋设孔隙水压力计监测软基真空度的方法是可行的。

(2) 在不超过 15 m 深的淤泥层中采用直接埋设真空度测头监测软基真空度的方法,造价经济,技术可行。

(3) 在超过 15 m 深的淤泥层中采用直接埋设真空度测头监测软基真空度的方法在真空处理前期可行,随着抽真空时间的持续会造成真空度测头的破坏,建议采用埋设孔隙水压力计监测软基真空度。

**参考文献**

[1] 岑仰润,愈建霖,龚晓南.真空排水预压工程中真空度的现场测试与分析[J].岩土力学,2003,24(4):603-605.

[2] 张功新,莫海鸿,董志良,等.真空预压中真空度与孔隙水压力的关系分析[J].岩土力学,2005,26(12).

# 真空联合堆载预压施工质量控制综合检测技术

许利捷　黄晓亮

（中国二十冶集团有限公司广东分公司）

【摘　要】本文在珠海市横琴新区市政 BT 项目的成功实践后，通过分析总结，提出了真空联合堆载预压过程中保证施工质量的综合检测技术。

【关键词】真空联合堆载预压；检测；质量控制

## 0　引　言

真空排水预压法加固软土地基的基本原理，最早是由瑞典皇家地质学院的杰尔曼教授（ellman）于 1952 年提出的，1958 年在美国费城机场跑道的扩建工程中首次成功应用了该技术。我国于 20 世纪 50 年代末对真空排水预压法进行了研究，但一直未能达到工程应用阶段，直到 1980 年交通部一航局科研所在塘沽新港进行了几次成功试验后，该技术才得以迅速推广应用。但该方法在施工控制、质量检验标准方面还不成熟，尽管从国内该项技术的应用看，其施工已经走在了设计的前面，但该技术的施工要求还远远没达到规范化、统一化，因此有必要对各施工环节中各主要质量控制点如何进行检测、检验进行探讨。

## 1　工程背景

横琴新区市政基础设施 BT 项目由中国中冶投资建设，总投资为 145 亿人民币，总建设期为 3 年，包括市政道路及管网项目、堤岸及环境工程项目两部分。主要建设横琴新区"两横、一纵、一环"的主干路网骨架、环岛北片的次干路及滨海次干路的堤岸工程。横琴新区市政基础设施 BT 项目作为横琴开发的"火车头"项目，是广东省重点工程之一，是横琴新区其他项目开发建设的基础。

横琴新区市政基础设施 BT 项目道路及构筑物软基处理大面积采用真空联合堆载预压，在现有滩涂、鱼塘区域修建市政道路，场地土层下均有深厚淤泥层，淤泥平均厚 25 m，最深在 35 m 以上，具高含水率、高压缩性、大孔隙比、高灵敏度、强度低等特性，具流变、触变特征，易导致路基沉降和失稳，除此之外局部路段区域内还有深 5～10 m 的块石，深厚淤泥及大量抛石区软基处理是本工程的难点。

## 2　综合检测技术

真空联合堆载预压工艺流程如图 1 所示。

真空联合堆载预压的施工质量需从设备、材料、工艺等方面来抓，采取合理的检测方法，提供准确、有效的检测指标，主要有以下几个方面，同时应根据真空联合堆载预压法的施工特点加强其过程管理。

### 2.1　关键设备

抽真空装置是真空联合堆载预压法的关键设备，其性能的优劣直接影响加固效果。抽真空装置由离心泵、射流喷嘴、循环水箱组成，离心泵是国家定型产品，一般没有大的技术问题，关键是射流喷嘴、真空吸管及设备间的性能匹配。抽真空设备必须在施工前进行空载试验.其真空压力应达到 96 kPa 以上方可使用，否则要重新调试或更换零部件。

真空表是反映膜下真空度最直观的表现，保证真空表正常运行、读数准确，是保证抽真空质量的关键环节，使用前应经标准计量部门检测合格，使用过程中应定期进行检查，及时替换。

### 2.2　原材料检验

真空联合堆载预压施工涉及的材料主要有中粗砂、塑料排水板、真空管网、密封膜、土工布等。

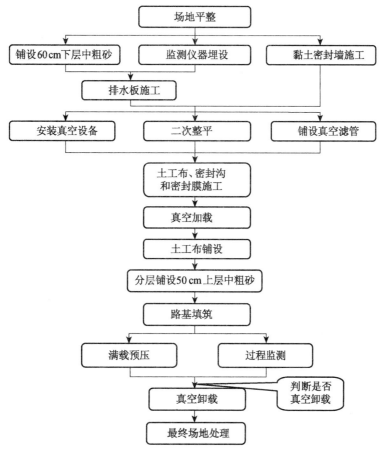

图 1 真空联合堆载预压工艺流程

中粗砂一般按每 5 000 $m^3$ 一个批次送检,砂的含泥量不能大于 3%、渗透系数不小于 $5×10^{-3}$ cm/s。

塑料排水板一般按 20 万 m 一个批次送检,塑料排水板采用 C 型整体塑料排水板,性能指标如表 1 所示,板芯材料不得掺再生塑料。

表 1                                       C 型排水板指标

| 项目 | | 单位 | 指标 | 条件 |
| --- | --- | --- | --- | --- |
| 纵向通水量 | | $cm^3/s$ | ≥50 | 侧压力 350 kPa |
| 滤膜渗透系数 | | cm/s | ≥$5×10^{-4}$ | 试件在水中浸泡 24 h |
| 滤膜等效孔径 | | mm | <0.075 | 以 $O_{98}$ 计 |
| 塑料排水板抗拉强度 | | kN/10 cm | ≥1.5 | 延伸率 10%时 |
| 滤膜抗拉强度 | 干态 | N/cm | ≥30 | 延伸率 10%时 |
| | 湿态 | N/cm | ≥25 | 延伸率 15%时;试件在水中浸泡 24 h |

真空管网包含主管及滤管,结合规范要求,一般工程项目检测频率按每批次进场中,各规格、尺寸分别送检一次,本项目主管为高强度塑料管,直径 Φ75 mm,壁厚 3.5～4.0 mm;滤管为高强度柔性塑料管,直径 Φ50 mm,壁厚 3.5～4.0 mm。

密封膜采用聚乙烯或聚氯乙烯薄膜,厚度 0.12 mm,一般按 10 000 $m^2$ 一个批次送检,密封膜符合表 2 规定要求。

表2                                              薄膜规定指标

| 最小抗拉强度/MPa | | 最小断裂伸长率 | 最小直角撕裂强度/(kN/m) | 厚度/mm |
|---|---|---|---|---|
| 纵向 | 横向 | 断裂 | | |
| 18.5 | 16.5 | 220% | 40 | 0.12±0.02 |

土工布采用 200 g/m² 无纺土工布,一般按 10 000 m² 一个批次送检,土工布符合表3规定要求。

表3                                              土工布规定指标

| 项目 | 单位 | 指标 | 备注 |
|---|---|---|---|
| 断裂强度 | kN/m | 10 | 纵横向 |
| CBR 顶破强力 | kN | 1.8 | |
| 撕破强力 | kN | 0.28 | |

## 2.3 工序成品检测

在打设排水板后、铺设密封膜前应检查膜下砂垫层厚度,厚度不满足要求的应补足,砂垫层应分层铺设并压实;膜上砂垫层铺设在土工布之上,分层用人工或小型机械小心铺设并压实,防止弄破密封膜。中粗砂厚度检测一般在验收时作为硬性验收条件,在各参建方及质量监督部门见证下现场进行,一般按纵向每 200 m 选取一个断面,各断面从左、中、右各选取一点挖开,现场测量,合格率超过 95% 即合格。

本项目黏土密封墙施工采用双轴深层搅拌机桩施工,采用四搅四喷的施工工艺。黏土浆用黏土与膨润土制作,黏土掺入量不小于 10%,膨润土掺入量不小于 10%,膨润土粒度为 100～300 目通过率大于 90%,泥浆比重为 1.3。使用前应通过配比试验确定配合比参数。密封墙施工完成后应制作试块进行检验,渗透系数应小于 $1 \times 10^{-5}$ cm/s;同时,按纵向每 50 m 选取一根桩进行抽芯试验,检验桩长及抗压强度是否满足设计要求。

堆载土填筑根据设计断面分层填筑、分层压实。分层的最大松铺厚度不应超过 30 cm;填筑至路床顶面最后一层的最小压实厚度,不应小于 8 cm。采用全幅水平分层填筑法施工,即按照横断面全幅分成水平层次逐层向上填筑。如原地面不平,应由最低处分层填起,每填一层,经过压实符合规定要求之后,再填上一层。压实度检测一般按 1 000 m² 选取三点,按照《公路工程技术标准》(JTG B01—2003)、《城市道路设计规范》(CJJ 37—90),为保证路堤路面具有足够的整体强度和稳定性以及抗变形的能力,按重型击实标准,路堤压实度必须满足表4的要求。

表4                                              路堤压实度标准

| 路面底面以下深度/cm | | 压实度/% |
|---|---|---|
| 上 路 床 | 0～30 | ≥95 |
| 下 路 床 | 30～80 | ≥95 |
| 上 路 堤 | 80～150 | ≥94 |
| 下 路 堤 | 150 以下 | ≥92 |
| 零填及路堑路床 | 0～80 | ≥95 |
| 超载部分土方 | | ≥95 |

# 3 其余相关注意事项

(1)材料必须按图纸和规范要求的质量指标采购进场、堆放,严禁材料被污染或混合堆放,过期产品严禁使用,工厂化生产的产品应有产品合格证,进场后应由监理工程师见证取样,送有相应检测资质的单位检测,检测合格后方可用于工程。

(2)塑料排水板、密封膜、无纺土工布、土工格栅等合成材料应贮存在不被阳光(或紫外线)直接照射和被雨水淋泡的地方,密封膜宜从生产厂家粘合成一整块后直接运至工地铺设,不得在工地存放。合成材料应根据工程进度和日用量按日取用。

(3)材料未经检验不得使用于本工程。

# 4 结 语

(1)真空联合堆载预压主要包括竖向排水体打设(塑料排水板)、横向排水体铺设(砂垫层)、真空管网埋设、土工布和密封膜铺设、密封沟开挖及回填、真空泵安装、抽真空、填筑加载等。

(2)随着真空联合堆载预压越来越广泛使用,如何通过有效的检测手段保证其施工质量越来越引起重视,本文通过真空联合堆载预压整体施工顺序,详细解析各工序质量控制要点,提出可行、有效的检测标准及方法,并通过横琴新区市政 BT 项目得到实践,取得显著效果,可推广应用到类似项目中。

**参考文献**

[1] 中华人民共和国建设部.城市道路设计规范:CJJ 37—90[S].北京:中国建筑工业出版社,2005.

[2] 中华人民共和国行业标准.公路路基设计规范:JTG D30—2015[S].北京:人民交通出版社,2015.

[3] 中华人民共和国交通运输部.公路路基施工技术规范:JTG F10—2006[S].北京:人民交通出版社,2006.

[4] 中华人民共和国交通部.公路工程技术标准:JTG B01—2003[S].北京:人民交通出版社,2004.

[5] 中华人民共和国交通部.公路土工合成材料应用规范:JTJ/T 019—98[S].北京:人民交通出版社,1999.

[6] 中华人民共和国交通部.公路土工合成材料试验规程:JTJ/T 060—98[S].北京:人民交通出版社,1999.

[7] 中华人民共和国住房和城乡建设部.建筑地基处理技术规范:JGJ 79—2002[S].北京:中国建筑工业出版社,2012.

[8] 中华人民共和国交通部.真空预压加固软土地基技术规程:JTS 147-2—2009[S].北京:人民交通出版社,2009.

[9] 中华人民共和国交通部.水运工程塑料排水板应用技术规程:JTS 206-1—2009[S].北京:人民交通出版社,2009.

# 软土路基处治真空系统局部再造技术浅析

张建民

（中国二十冶横琴项目部）

**【摘　要】**以真空联合超载预压工艺再造市政道路真空系统的工程实例为基础，通过对真空联合堆载施工工艺的总结，结合真空系统局部再造工程的特点，对真空管连接方法、密封墙、真空膜以及堆载的搭接技术进行改进。工程实践表明，真空系统再造是一种能有效修复填方土体滑移所导致的真空系统负压失效的有效方法。

**【关键词】**软土；真空系统；再造

## 0　引　言

珠三角分布大量第四系海相沉积($Q_4$)层，这类软土沉积时间短，具有高含水量、高孔隙比、低强度的特性，而且灵敏度较高[1]。软土厚度分布非常不均匀，位于珠江口的珠海市横琴新区软土厚度最高达 45 m 以上；软土中含有机质，具腥臭味，土质均匀、细腻，局部富集贝壳碎屑，呈饱和、流塑状态。真空预压处理在我国应用广泛，拿珠海市横琴新区来说，不管是市政道路、海堤还是澳门大学或长隆海洋公园配套实施均在不同程度地采用了真空预压处理技术。本文以横琴新区市政项目示范区市政道路某段真空系统局部再造的工程为实例，结合真空系统复原的特点，对真空管连接方法、密封墙、真空膜以及堆载的搭接技术作了深入分析和总结，希望为防治真空联合堆载处置软土路基过程中出现滑移等施工问题起到抛砖引玉的作用。

## 1　真空系统局部再造案例的缘由

### 1.1　地质勘察及设计概况

根据地质勘察及设计资料，该段存在下列地层：①人工填积层：素填土，褐色、灰褐色，主要由黏性土组成，含少量角砾、粉细砂及植物根茎。呈湿～饱和、松散状态，层厚 3～4.1 m；②淤泥：灰色～深灰色，含有机质，具腥臭味，土质均匀、细腻，局部富集贝壳碎屑，呈饱和、流塑状态。层厚 13～16.7 m；③黏土：浅灰色、灰黑色，含少量腐植物（植物根茎和木屑），偶夹钙质结核，呈饱和、软塑状态，局部为流塑。层厚 3～3.3 m；④花岗岩：强风化、中风化、弱风化岩石层。地基土层分布情况和物理性能如图1、表1所示。

该段软土厚度为 20.4～24 m 不等，设计填土高度 5.74～5.81 m，采用真空联合超载预压法处治，平均处治宽度 88.9 m，吹填牛皮砂至 2 m 标高，该密封区处治长度 260 m，超载高度 2 m；竖向排水采用塑料排水 C 型板，长度 22 m，间距 1 m，呈正方形布置；在牛皮砂上用 0.6 m 中粗砂垫层作为水平排水，在塑料排水板及真空装置完成后铺设一层 200 g/m² 无纺土工布（保护密封膜用），然后铺设密封膜（共 3 层）；路基填筑前先铺设一层 200 g/m² 无纺土工布后填筑 0.5 m 厚中粗砂（保护密封膜）。

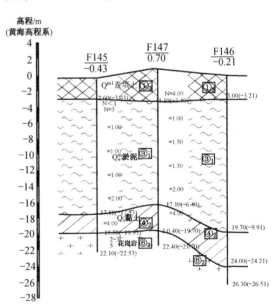

图 1　工程地质剖面图

表 1　各地层物理力学性质指标统计

| 地质时代代号 | 序号 | 土层名称 | 统计指标 | 天然状态指标 湿密度 $\rho_0$ (g/cm³) | 干密度 $\rho_d$ | 土粒比重 $G_s$ (%) | 含水率 $w$ | 孔隙比 $e$ (%) | 饱和度 $S_r$ (%) | 孔隙度 $n$ (%) | 稠度指标 液限 $\omega_L$ (%) | 塑限 $\omega_p$ | 塑性指数 $I_p$ | 液性指数 $I_L$ | 力学指标 固结指标 压缩系数 $a_{v1-2}$ (MPa⁻¹) | 压缩模量 $E_{s1-2}$ (MPa) | 直接快剪 粘聚力 $c$ (kPa) | 内摩擦角 $\varphi$ (°) |
|---|---|---|---|---|---|---|---|---|---|---|---|---|---|---|---|---|---|---|
| $Q_4^{ml}$ | ① | 人工填土 | 平均值 | 1.64 | 1.07 | 2.60 | 53.6 | 1.431 | 97.3 | 58.8 | 48.9 | 32.9 | 16.0 | 1.31 | 0.968 | 2.52 | 8.1 | 3.5 |
| | ②-1 | 淤泥 | 平均值 | 1.61 | 1.01 | 2.61 | 59.6 | 1.593 | 97.6 | 61.3 | 52.1 | 34.6 | 17.5 | 1.44 | 1.113 | 2.39 | 5.9 | 2.9 |
| | ②-2 | 粉质黏土 | 平均值 | 1.89 | 1.45 | 2.70 | 31.2 | 0.878 | 95.0 | 46.2 | 39.1 | 24.9 | 14.2 | 0.48 | 0.436 | 4.61 | 28.2 | 7.3 |
| | ②-3 | 淤泥质土 | 平均值 | 1.74 | 1.21 | 2.65 | 43.9 | 1.191 | 97.3 | 54.2 | 41.1 | 27.0 | 14.1 | 1.19 | 0.743 | 2.93 | 9.6 | 4.9 |
| $Q_4^{mc}$ | ②-4 | 粉质黏土 | 平均值 | 1.95 | 1.56 | 2.68 | 25.4 | 0.730 | 92.6 | 41.8 | 35.2 | 22.0 | 13.2 | 0.31 | 0.363 | 5.25 | 36.6 | 10.3 |
| | ②-5 | 中粗砂层 | 平均值 | 1.98 | 1.67 | 2.67 | 18.5 | 0.600 | 82.1 | 37.4 | 20.5 | 12.9 | 7.6 | 0.74 | 0.278 | 6.22 | 16.9 | 9.5 |
| | ②-6 | 砾砂层 | 平均值 | 1.91 | 1.58 | 2.64 | 21.0 | 0.672 | 82.4 | 40.2 | 21.2 | 13.3 | 7.9 | 0.97 | 0.425 | 3.94 | 29.5 | 12.8 |
| | ②-7 | 粉质黏土 | 平均值 | 1.89 | 1.50 | 2.69 | 26.5 | 0.814 | 86.7 | 44.1 | 39.3 | 24.9 | 14.3 | 0.29 | 0.384 | 4.91 | 19.5 | 22.6 |
| $Q_3^{al}$ | ③ | 砾质黏性土 | 平均值 | 1.87 | 1.49 | 2.68 | 26.1 | 0.819 | 85.3 | 44.6 | 39.0 | 25.5 | 13.5 | 0.13 | 0.439 | 4.31 | | |

路基填料采用山皮土,分层填筑、分层压实,分层厚度不应超过 0.3 m。

## 1.2 真空系统局部再造施工前后说明

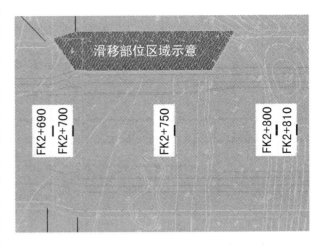

图 2　线路左侧滑移

该段位于原海塘区域,水下地面高低错落,局部高差较大,水深在 1.0～2.5 m,海砂吹填高度在 1.2～4.20 m,线路左侧(图 2)路基围堰处水底淤泥表面高差达 3 m 以上(图 3)。

本段软基处理于 2010 年 11 月 12 日开始进行施工,12 月 22 日开始抽真空,12 月 27 日达到稳压 80 kPa 以上的路基加载要求,2011 年 1 月 1 日开始膜上中粗砂填筑,1 月 25 日开始分层填筑堆载土方。7 月 5 日施工队在进行 K2+690—K2+775 区段路堤土摊平、碾压(该段最后一层填土)作业时,因电源系统大面积的停电,下午 3 时 K2+716—K2+775 区段左侧(道路东南方)路堤顶距外边沿 5 m 左右发生突沉,现场作业面形成一处滑坍体,7 月 8 日上午 10:00 时膜下真空压力从 80 kPa 下降至 40 kPa。

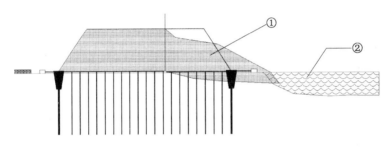

图 3　表面高差示意图

处理方案的比选:传统的真空联合堆载预压法出现滑移、失稳、真空度缺失等情况时,一般采取失稳范围所在的真空处理区段全方位的重新处理。如采用堆载预压、复合桩基础、重新进行真空联合堆载预压等方法进行处理,这样工期长、成本高。而本工程选取的是在滑移部位进行真空系统局部再创的方法进行处理(表 2)。

表 2　　　　　　　　　　　　　　处理方法的工期经济比选

| 方案选择 | 工期/月 | 经济成本/万元 | 备注 |
|---|---|---|---|
| 该密封段堆载预压处理 | 12 | 1 000 | |
| 该密封段复合地基处理 | 5 | 1 900 | |
| 该密封段真空联合堆载预压处理 | 10 | 1 500 | |
| 该密封段真空系统局部再造处理 | 7 | 200 | |

## 2　真空系统局部再造技术施工工艺探索及实施

### 2.1　施工难点及施工工艺

为了进行真空再造系统的施工组织,滑移土体及接合面土体的卸载和左侧外围反压体的设置是展开系统再造的前提,同时施工的难点还有真空管的连接方法、黏土密封墙、密封膜以及堆载土施工的搭接技术等。

道路左侧鱼塘进行填石反压确保剪切破坏部分下卧层土体保持稳定,同时对近6 m厚度的土方进行分级卸载。填石反压注意了从道路吹填边向外侧分层填筑,通过计算填石至3 m标高,土方卸载时从中间向两边进行,同时分级放坡卸载,坡比按照1∶1.5,平台留置2 m宽如图4所示。

由于土体滑移后纵横向排水体系均已被破坏无法传递真空度,因此需重新打设塑料排水板,塑料排水板间距1 m,长度20 m,呈正方形布置。

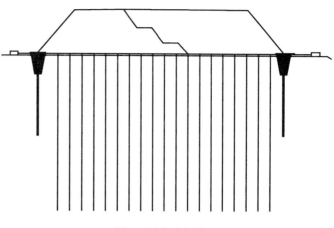

图4 平台示意图

横向真空滤管与原真空滤管的连接难度大,施工时先找出真空滤管破损的位置,因此土方卸载时必须满足真空管的连接以及施工工作面的需要,在破损位置处往道路内50 cm进行切割,所有新旧真空滤管连接处使用钢丝橡胶管长度60 cm连接并扎紧(图5),真空滤管应均匀打孔后($\phi$6,间距100 mm,交错打孔)外包200 g/m² 土工布。

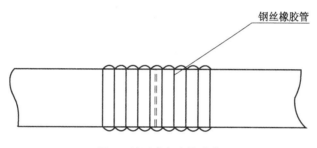

钢丝橡胶管

图5 新旧真空滤管连接

黏土密封墙两头断裂破损处向外侧加宽打设两排新的黏土密封墙,与原密封墙宽度方向搭接20 cm,长度方向搭接3.6 m,由于场地条件限制采用单轴搅拌桩机,钻头直径70 cm,往外扩打的双排黏土密封墙用钢板铺设以便机械站位施工,纵横向搭接20 cm,深度10 m穿过透水层。黏土密封墙施工效果好坏将直接影响真空系统再造的成败,施工过程中,严格按原设计图纸及施工验收规范要求进行施工,黏土和膨润土的掺量均不小于10%,泥浆比重控制在1.3以上,每制一罐浆测其比重;采用四喷四搅工艺,提升速度控制在1.0 m/min以内;黏土密封墙施工完毕后进行现场取样检测渗透系数,渗透系数应不大于$1\times10^{-5}$ cm/s。为防止在抽真空过程中黏土密封墙失水后而出现开裂,造成密封区域漏气,必须在开始抽真空时用水对黏土密封墙养护。

密封膜是真空系统局部再造施工中的密封关键材料,是真空系统局部再造是否成功的关键之一。由于密封膜易出现损坏、漏气,其隐蔽性非常强,不易查找。因此不仅要严把材料关,施工过程中还必须加强检查与看护。同时密封膜上200 g/m²的无纺土工布必须要完全遮盖住搭接部位的密封膜宽1 m以上,并且真空系统局部再造技术中密封膜搭接铺设施工时必须注意:

(1)密封膜覆盖:密封膜一般选择在工厂粘成整体,因此密封膜尺寸需计算好,在保证铺设密封膜时留有一定的松弛尺寸之外,需考虑人工压入黏土密封墙内1.5 m左右以及另外三边与原有密封膜的最少2 m搭接宽度。密封膜搭接处需要严格清洗干净,用密封强力胶水粘接。

(2)密封膜封闭后,抽真空一周之内,需经常检查密封膜的密闭性特别是密封膜搭接处的漏气情况。当真空稳压80 kPa后最好利用真空系统抽出的水作为密封膜的保护,能有效地减小阳光紫外线对密封膜的侵害,同时可减少无关人员随意进入密封区域。

膜下真空度达到 80 kPa 连续试抽气 10 d 后,在确认各个关键部分均符合要求后即可进行堆载土施工。由于真空系统局部再造是在原有的基础上进行处理,因此整个处理区域的沉降量会比一般的真空联合堆载预压值小,但总体还是会有沉降不均现象。真空系统局部再造技术中填土加载施工时主要控制以下几点。

(1) 土料选择:用于路床以下的堆载土最好采用透水性较强砂性土,用透水性不良的土填筑路堤时应严格控制其含水量在最佳压实含水量±2%之内。

(2) 土方路堤应根据真空系统再造的区域分层填筑、分层压实。分层的最大松铺厚度不应超过 30 cm;填筑至路床顶面最后一层的最小压实厚度不应小于 8 cm。其中,重点应该注意每层与原有堆载填土的错台搭接最少宽度不小于 2 m,首层上下各加铺一层土工格栅确保真空系统再造与原有真空系统的稳定搭接性。施工高程和平面宽度值减小示意图如图 6 所示。

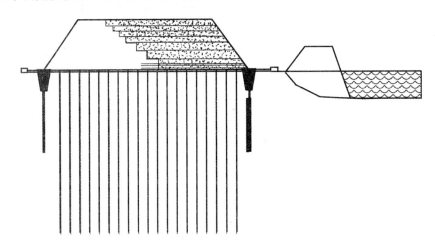

图 6  施工高程和平面宽度值减小示意图

(3) 一般真空系统堆载土均选用机械施工,在首层填土时必须选择小型作业机械,最大限度地减小机械对真空系统的影响。

(4) 真空系统再造与一般的真空联合堆载同样会存在土方加载过程各层填土后的施工高程和平面宽度值减小的趋势。在每层土方加载的过程中逐层加宽。

## 2.2  真空系统局部再造的实施

图 7  真空再造施工现场图

(1) 7 月 9 日开始在该段事发部位卸载土方,并于 7 月 10 日找到破损部位、范围,同时组织材料、机械进行修补如图 7 所示。

(2) 7 月 10 日至 7 月 23 日在损坏的范围内,按原设计重新进行塑料排水板,黏土密封墙,土工布,密封膜,主次滤管的施工(图 8—图 10)。

(3) 7 月 23 日晚开始试抽真空,于 7 月 27 日中午达到 80 kPa,8 月 6 日开始铺设膜上土工布并进行膜上 50 cm 中粗砂的施工,之后分层填土,并分层进行压实度试验,按设计每层 30 cm 进行堆载并做好搭接如图 11 所示。

图8 主次滤管施工现场图(一)

图9 主次滤管施工现场图(二)

图10 主次滤管施工现场图(三)

图11 压实度施工图

## 3 真空系统局部再造的监控措施

对于本段的监测方法为在滑移部位的中间(K2+745)外侧,增加一处测斜孔和相应的位移、沉降监测点,以便更为精细地监测填土过程的稳定参数,以防出现突变采取应对措施提供保证,监测频率如表3所示。

表3 监测频率表

| 观测项目 | 填筑期 | 预压期 | 卸载期 | 备注 |
|---|---|---|---|---|
| 路基沉降 | 2次/层(且≥1次/d) | 1次/7 d | 1次/3 d | |

同时施工时应严格按照图纸要求的监测频率进行位移、沉降工作的监测,及时的绘制了沉降曲线,预防异常如图12所示。地表沉降数据不但可以判断地基的稳定性,还可以指示沉降的发展趋势,预测工后沉降。

深层水平位移(侧斜)是了解土层不同深度侧向位移最直观的方法,对判断土体的稳定状态十分有效,由于本段为单侧滑坡,故在滑移侧开设一只测斜孔(图13)。

通过图13可以看出该滑移段经过土方卸载后抽真空前,位移基本趋于稳定状态,而在真空荷载作用下,地基土体只会发生向内的收缩变形。

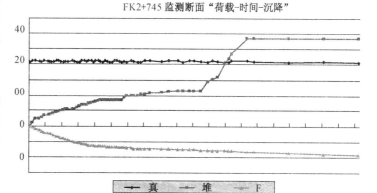

图12 监测断面"荷载-时间-沉降"曲线

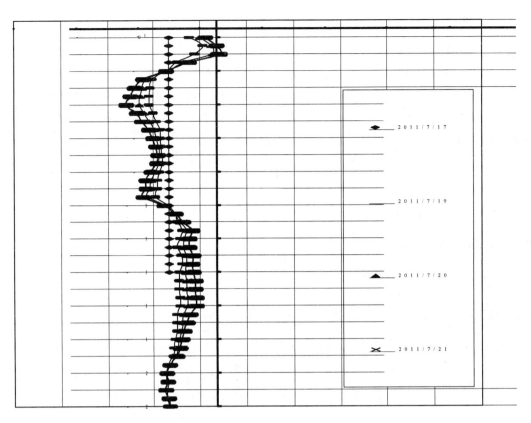

图 13　深层水平位移（测斜）成果图

该真空系统再造工程历时 7 个半月，最终圆满完成。

# 4　真空系统局部再造的处理效果

## 4.1　理论检验方法

为了检验路堤软基预压、加固的效果能否满足允许工后沉降和固结度的要求，利用现场实测沉降的资料，推算最终沉降值和固结度。对于最终沉降值和固结度的推算有：三点法、浅岗法、双曲线法等。本项目采用规范推进法[2]进行计算。

地基的最终沉降量根据实测沉降资料按下列公式推算。

$$S_t = S_0 + \frac{t}{\alpha + \beta t} \tag{1}$$

$$S_\infty = S_0 + \frac{1}{\beta} \tag{2}$$

式中，$S_t$ 为满载 $t$ 时间的实测沉降量（cm）；$S_0$ 为满载开始时的实测沉降量（cm）；$t$ 为满载预压时间 s 从满载时刻算起；$S_\infty$ 为最终沉降量（cm）；$\alpha$，$\beta$ 为待定系数，根据实测确定（图 14）。

地基的应变固结度可根据实际观测的沉降资料按下列公式推算

$$U = \frac{S_t}{S_\infty} \times 100\% \tag{3}$$

式中，$U$ 为 $t$ 时间地基应变固结度；$S_t$ 为 $t$ 时间的实测沉降量（cm）；$S_\infty$ 为最终沉降量（cm）。

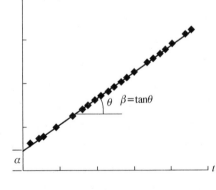

图 14　$\alpha$，$\beta$ 值确定示意图

#### 4.2 现场实测数据及结果

现场实测沉降曲线如图 15 所示。

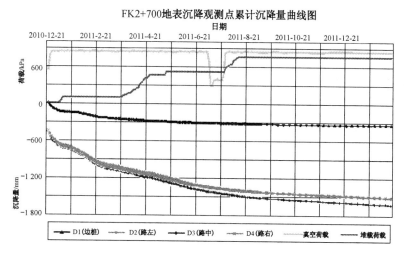

图 15　路基沉降-荷载-时间关系曲线

根据数据和计算公式得出的结果如表 4、表 5 所示。

**表 4　实测沉降量**

| 桩号 | 第一点 | | 第二点 | | 第三点 | | 备注 |
|---|---|---|---|---|---|---|---|
| | 时间 | 沉降值 | 时间 | 沉降值 | 时间 | 沉降值 | |
| K2+700 | 2011-11-28 | 2 623.8 | 2012-1-2 | 2 692.3 | 2012-2-6 | 2 743.3 | 三点顺序为左、中、右 |

**表 5　沉降实测值推算结果与设计值比较表**

| 桩号 | 沉降量/m | | | 固结度 $S_t/S_\infty$ | 工后沉降量/m |
|---|---|---|---|---|---|
| | 设计值 | 当前值 $S_t$ | 推算的 $S_\infty$ | | |
| K2+700 | 2.666 | 2.743 | 2.892 | 94.9% | 0.149 |

通过以上数据和计算结果分析,本段真空系统局部再造技术是成功的。该段真空系统局部再造于 2011 年 7 月 9 日开始原有土方卸载,7 月 23 日晚开始抽真空,并于 10 月 21 日达到满载进入恒压。2012 年 2 月 15 日根据该段真空系统局部再造所处的区段最近 15 d 现场监测数据,达到了连续 15 d 沉降速率小于 2 mm/d[3],通过实测沉降曲线进行推算满足 15 年工后沉降小于 30 cm 和固结度 90% 的设计要求,恒载时间截止至 2012 年 2 月 15 日共计 117 d 满足设计要求的(90+30)d 要求,2 月底提交了真空卸载申请。监理单位于 3 月 2 日组织了有建设单位、市质量监督站、设计院、勘察单位、第三方监测单位以及施工单位参与的真空卸载验收会议,并同意进行真空卸载。

### 5　结　语

(1)真空系统局部再造是一种能有效处理软基滑移的方法,能够与原处理范围形成统一的整体,它有着造价低廉、加固快速、处理效果好等优势。

(2)进行真空系统再造施工组织时真空管、密封墙、密封膜以及土方加载的搭接工艺和技术直接影响着真空系统局部再造技术的成败。

(3)发生软基局部滑移趋势时加密监测频率和及时处理至关重要,能够有效地减少损失,弥补滑移扩大。

（4）采用真空联合堆载预压法处理软基施工时一定要对地质条件进行充分的分析和认知,且应当对周边环境仔细观察。

**参考文献**

［1］龚晓南,徐日庆,郑尔康.高速公路软弱地基处理理论与实践［M］.上海:上海大学出版社,1988.

［2］中华人民共和国交通部.真空预压加固软土地基技术规程:JTS 147-2—2009［S］.北京:人民交通出版社,2009.

# 二、深基坑支护技术

# 沉井在污水泵站施工中的技术应用

颜为明[1]　许海岩[1]　王庆石[2]

（1. 中国二十冶集团有限公司广东分公司；2. 天津二十冶建设有限公司）

**【摘　要】**介绍沉井结构设计制作过程和下沉过程中纠偏控制，总结沉井施工技术方法，作为一个典型软弱地基条件下污水泵站沉井工程，对沿海地区同类型工程施工具有一定的参考和借鉴意义。

**【关键词】**软基处理；沉井；制作；下沉；纠偏控制；封底

## 1　地质情况及周边环境

污水泵站位于横琴岛环岛北路 AK3＋180 南侧，是珠海市横琴新区市政基础设施 BT 项目子单位工程。施工场地周边地势空旷，无地下管线，30 m 范围内无建筑物。淤泥层深厚（达 14 m），地层按自上而下的顺序依次为素填土（2.5～3.0 m，代号①原老路基填筑有较多块石）、淤泥（－3～－16 m，代号②）、淤泥混砂（－16～－18 m，代号③）、砾质性黏土（－17～－19 m，代号④）、花岗岩（－19 m 以下，代号⑤），地质条件复杂是本工程最为显著的特点，施工难度较大。

施工场地除污水泵站外的附近其他区域地基大部分采用直径 400 mm CFG 桩进行软基处理，设计桩身强度为 C15，成正三角形布置，间距 1.6 m，桩身穿过淤泥层进入砾质性黏土层或全风化岩层不小于 0.5 m，桩长约为 24 m，桩顶标高为＋2 m，上设 300 mm 厚级配砂石褥垫层加双向土工格栅。复合地基承载力为 110 kPa，泵房范围周边采用高压旋喷桩作为施工帷幕，泵房范围内采用承载高压旋喷桩进行地基处理，复合地基承载力为 250 kPa。

## 2　沉井设计与制作

### 2.1　污水泵房沉井结构概述

泵房和格栅间是污水处理厂收集管网工程泵站的主要部分，沉井施工是污水泵站工程的重点和难点。泵房和格栅间是联体沉井结构，沉井平面为矩形，泵房部分尺寸为 14.25 m×12.75 m，井壁厚 550～800 mm。电机房部分尺寸为 3.35 m×12.75 m，联体矩形总长为 17.6 m。沉井顶至刃脚的高度为 14.75 m。沉井横向有几道隔墙，把井内部分成几个小仓，其结构如图 1 所示。

沉井施工工艺流程如下：垫层基坑开挖→基础换砂→混凝土垫层施工→第一节模板钢筋施工→第一节沉井结构混凝土浇筑及养护（5 m）→拆除垫层、挖除砂基并下沉到位→完成第一节后再制作第二（5 m）、三节（3.95 m）→拆模拆架→浇筑封底混凝土（或水下浇筑→浇筑底板混凝土→3.9 m 深泵房制作）。

泵房沉井可分为三次浇筑和三次下沉到位。在沉井制作前先施工帷幕桩、

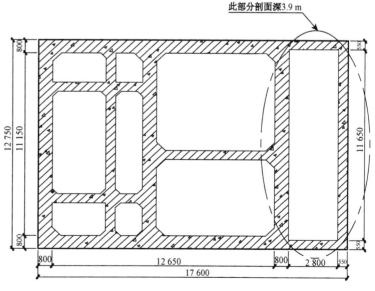

图 1　井内部分结构图

坑内高压旋喷承压桩和改善土体的石灰粉喷搅拌桩,然后再进行开挖,开挖启沉标高为2.0 m。当开挖达到设计深度后,在基坑底铺垫中粗砂垫层,厚为500 mm,然后开始浇筑C15刃脚底垫层,垫层厚为150 mm。因在新浇沉井第一节混凝土时,不允许沉降太多,取砂垫层承载力165 kN/m²。

## 2.2 混凝土垫层厚度计算

$$h = \frac{\dfrac{G_0}{R} - (b+n)}{2} \tag{1}$$

式中,$h$为混凝土垫层厚度(m);$G_0$为沉井第一节单位长度重量 kN/m,$G_0 = 8\,200$ kN/51.4 m$= 159.53$ kN/m,第一节为高5 m;$R$为砂垫层承载力设计值,取165 kN/m²;$b$为刃脚踏面宽度(m),0.6 m;$n$为刃脚斜面的水平投影宽度(m),0.15 m。

故
$$h = \frac{\dfrac{159.53}{165} - (0.6+0.15)}{2} = 0.108 \text{ m}$$

考虑沉井第一节混凝土不允许沉降太多,故取混凝土垫层厚0.15 m。

## 2.3 砂垫层厚度计算

计算原理:沉井荷重经过砂垫层扩散作用后,传至下卧层面上的应力小于地基土的承载力特征值,取地基土极限承载力 $p = 165$ kPa,砂垫层扩散角取45°。

沉井荷重 $G_0 = 156$ kN,混凝土垫层有效承力面积 $S = (2h+b) \times 1 = 1.1$ m²,砂垫层厚度为
$H = G_0 / (2h_s + 1)(2h_s + 0.6) = 49$ mm,当 $h_s = 0.5$ m时,承载力满足要求。

砂垫层是保证沉井在制作过程中的稳定性和不致下沉过大的关键,为避免沉井制作阶段和制作完成后,下沉前出现不均匀沉陷,施工中应注意:砂垫层的材料必须采用颗粒级配良好,质地坚硬的中砂或粗砂,砂中不得含其他杂质,含泥量控制在5%以内;砂垫层厚度0.5 m,在施工过程中,砂垫层应分层铺设,振密。每层虚铺15~20 cm,最佳含水量控制在25%~30%之内,采用平板振动器以一板压半板的方式来回振捣,在振捣过程中,要将振动器带住,让其自然振动,每层做完之后必须将水抽完方可回填下一层;砂垫层质量要求:砂垫层干容重1.5~1.6 kg/cm²(呈中密状态)。

## 2.4 混凝土承垫层设计

为节约工程施工费用,选择直接在砂垫层上铺筑混凝土垫层代替传统的承垫木。为了扩大沉井刃脚的支承面积,减轻对砂垫层或地基土的压力,省去刃脚下的底模板,便于沉井下沉,故在砂垫层上,铺筑C15素混凝土垫层150 mm厚,因为混凝土垫层太薄容易压碎,太厚则对不利于沉井下沉。

## 2.5 钢筋工程

钢筋接头:钢筋采用绑扎搭接和双面焊;钢筋绑扎按图纸要求施工,所有规格、尺寸、数量、间距必须核对准确;施工采用现场加工,主筋采用电焊搭接,底板、梁采用闪光对焊;柱主筋采用电渣压力焊焊接,钢筋直径φ14以下的可采用绑扎。钢筋绑扎完成后,应报监理工程师进行隐蔽验收,隐蔽验收合格后,方可进行立外模。

## 2.6 模板工程

墙板模作为模板工程重点,其关系到安全、质量及观感问题。先清理水平施工缝上的杂物,凿毛施工缝面上的混凝土,用高压水清洗。预制Φ14钢拉杆,长度=墙宽+500 mm,间距为500 mm×500 mm板模由侧板(用19 mm厚竹七夹板,或复合模板)、立档、横档、斜撑、斜拉杆等组成,中间拉杆应加焊3 mm×60 mm×60 mm的防水环,并在拆模后立即沿螺栓四周凿成30 mm深的凹坑,将螺栓两端割除,再用膨胀水泥砂浆堵实。

## 2.7 混凝土工程

混凝土浇筑要点:预留洞口两侧适当加长振捣时间,使模板底面混凝土浇注密实;混凝土采用商品混凝土、两台输送泵送料,分层对称施工,混凝土面保持同步均匀上升,以免造成地基不均匀下沉或产生倾斜,同时密切观测沉井沉降,以防止井壁产生裂缝;混凝土在浇注 12 h 后即进行浇水养护。施工缝的技术处理:对于施工缝的处理传统做法是留凹凸缝,不仅施工复杂而且防渗效果不理想,常常出现渗漏,而本工程中用 3 mm 钢板止水带环绕施工缝一圈,防渗漏效果更好。

# 3 沉井下沉施工

挖土采用反铲挖土机挖掘,将挖掘机吊进及吊出沉井内需要采用 50 t 汽车吊两个台班。挖土须分层、对称、均匀地进行,一般在沉井中间开始逐渐挖向四周,每层高 0.4～0.5 m,沿刃脚周围保留 0.5～1.5 m 宽的土堤,然后沿沉井壁,每 2～3 m 一段向刃脚方向逐层全面、对称、均匀的削薄土层,每次削 5～10 cm,当土层经不住刃脚的挤压而破裂,沉井便在自重作用下均匀垂直挤土下沉。为使沉井不产生过大倾斜,各仓土面高差应在 50 cm 以内。

## 3.1 沉井下沉参数计算

1) 相关参数

经石灰搅拌桩处理后的淤泥土单位摩阻力标准值为 $f = 20$ kPa。计算沉井的下沉稳定系数(按制高 13.95 m,下沉 11.35 m)。

2) 第一节沉井下沉完成浇筑时

井壁自重 $G_1 = 8\,200$ kN,沉井侧壁周长 $C = 51.4$ m,沉井井壁截面总面积 $S = 59.55$ m$^2$,$f_b' = 140 \times 2 = 280$ kN/m$^2$,$R_b = f_b' \times S = 280 \times 59.55 = 16\,674$ kN,即 $R_b > G_1$,反土力大于沉井自重。

(1) 下沉系数 $k_{st}$ 计算

$$k_{st} = \frac{G_k - F_t}{T_{fl}} \tag{2}$$

式中,$F_t$ 为下沉过程中地下水浮托力(kN),本工程采取排水下沉,$F_t$ 取值为 0;$T_{fl}$ 为井壁总摩阻力,按 $T_{fl} = 0.5 \times 0.7 f \times 51.4 \times 5 + f \times 51.4 \times 1.5 = 1\,799$ kN。

下沉系数

$$k_{st1} = \frac{G_k - F_t}{T_{fl}} = \frac{8\,200 - 0}{1\,799} = 4.56 > 1.05$$

(2) 下沉稳定系数 $k_{st2}$,验算

$$k_{st1}' = \frac{G_k - F_t}{T_{fl} + R_b} \tag{3}$$

刃脚下地基土极限承载力之和 $R_b = f_b \times S = 59.55 \times 200 = 11\,910$ kN。

$$k_{st1}' = \frac{G_k - F_t}{T_{fl} + R_b} = \frac{8\,200 - 0}{1\,799 + 11\,910} = 0.60 < 1.0$$

计算结果可知 $k_{st1}' < 1$,说明沉井停沉时能够稳定而不会发生超沉。

3) 第一节沉井下沉完成浇筑时

第一、二节井壁自重:$G_2 = 8\,200 + 7\,433 = 15\,633$ kN。

摩阻力 $T_{f2} = 1\,799$ kN。

(1) 下沉系数 $k_{st2}$ 计算:$k_{st2} = \dfrac{G_2 - F_t}{T_{f2}} = \dfrac{15\,633 - 0}{1\,799} = 8.69 > 1.05$,可以下沉。

（2）下沉稳定系数 $k_{st2}$ 验算：

刃脚下地基土极限承载力之和 $R_b = 11\ 910$ kN，

$$k'_{st2} = \frac{G_k - F_t}{T_{f2} + R_b} = \frac{15\ 633 - 0}{1\ 799 + 11\ 910} = 1.14 > 1.0$$

第二节接高稳定不满足要求，提高井内水位 4 m，经验算满足要求。

4）第二节下沉到位时

浮力 $F_{t3} = 0$

摩阻力 $T_{f3} = 0.5 \times (0.7f) \times 51.4 \times 5 + (0.7f) \times 51.4 \times (5 + 5 - 0.15 - 5 - 3.2) + f \times 51.4 \times 3.2 = 6\ 275$ kN

（1）下沉系数 $k_{st3}$ 计算：

$$k_{st3} = \frac{G_3 - F_t}{T_{f3}} = \frac{15\ 633 - 0}{6\ 275} = 2.49 > 1.05$$

（2）下沉稳定系数 $k_{st3}$ 验算：

刃脚下地基土极限承载力之和 $R_b = 11\ 910$ kN

$$k'_{st3} = \frac{G_k - F_t}{T_{f3} + R_b} = \frac{15\ 633 - 0}{6\ 275 + 11\ 910} = 0.86 < 1.0$$

此时已下沉至设计标高。

5）沉井整体抗浮验算

$G$ 为沉井自重（井壁自重、底板混凝土自重、封底混凝土自重、中隔墙、顶板自重及上部结构自重总和）33 061 kN。

$F_t$ 为浮力，$F_t = (12.15 + 0.8) \times (13.55 + 0.8) \times (4.3 + 7.25 + 0.6) \times 0.6 = 25\ 366$ kN

$K$ 为抗浮系数，$K = \dfrac{G}{F_t} = \dfrac{25\ 366}{33\ 061} = 1.30 > 1.05$

沉井满足抗浮要求。

### 3.2 采用排水法下沉

在刃脚四周挖排水明沟（300 mm×400 mm），设 3～4 口集水井，设水泵排水。另外，沉井施工前，在沉井井壁 1.5 m 外施工高压旋喷桩（D500 mm，桩间距 350 mm，桩间平面搭接 150 mm）连续墙作为止水帷幕，减少沉井在下沉过程对周围土体扰动影响和土体含水量，降低土体流动性，提高土层承载力。

### 3.3 刃脚下石灰搅拌桩软基处理

待刃脚部分混凝土强度达到 100%，井壁混凝土强度达到 70% 以上方可取土下沉。取土的顺序及深度是保证沉井下沉质量的关键，在沉井外边两侧各布置一台履带吊配双拌式抓土斗，由中间向两端对称均匀向刃脚处分层取土，以期沉井均匀下沉，防止偏斜。第一节下沉过程中因素土层中有较多块石（粒径一般 0.2～50 cm，块石最大粒径达 1.0 m 以上），刃脚不均衡受力，造成偏斜下沉。处理方法：用挖机清除小粒径块石，大粒径块石采用钻爆方法破碎后再清出井外。据上述计算分析可知，沉井下沉至淤泥土层后，因土层承载力差、摩擦系数小，下沉稳定性较差，极易发生突沉、沉速过快及倾斜等现象，施工预打直径 500 mm 石灰搅拌桩（桩顶标高 -2 m，桩底标高 -9.35 m，桩长 7.35 m，桩深 10.35 m），1 m×1 m 正交网格双排分布，对刃脚以上淤泥层土体进行加固处理后，复合地基承载力 $f_{spk} = R_a/S = 90/0.72 = 125$ kPa（沉井刃脚下方单桩受荷面积 $S$ 为 0.72 m²），从而使沉井在淤泥中下沉可控，避免上述不良现象。

## 4 沉井下沉过程中纠偏控制

（1）沉井在下沉过程中，要求将倾斜度控制在 1/100 以内，每次下沉深度不能超过 500 mm，发现沉

倾斜后,可使用如下方法纠正:

① 立即停止倾斜方向挖土,加快对面方向挖土,以防加剧倾斜,并按此纠正倾斜。

② 采取偏心压重方法纠偏,在井顶上压钢锭,钢锭重量根据具体情况经计算确定。

③ 在沉井较高一侧的井外壁插入数根管子,由此压入膨润土泥浆,使该侧井外壁摩阻力减少。

（2）沉井位移控制。沉井位移主要是由沉井倾斜引起的,沉井向某一方向倾斜被纠正后,必然引起沉井向相反方向产生位移,可以利用这一点,当沉井向某一侧位移后,在沉井下步下沉时,先挖此侧刃脚处的土,使沉井向此侧倾斜,然后挖相反侧刃脚的土纠正倾斜,如此循环一、二次可纠正沉井位移。

（3）沉井下沉最初 4 m 内要特别注意保持平面位置与垂直度正确,以免以后下沉不易调整。

（4）挖土必须分层进行,防止锅底挖的太深或刃脚处切土过快造成安全事故。

（5）沉井下沉中应加强位置、垂直度和标高(沉降值)的观测,每班至少测两次,接近设计标高时应加强观测,每两小时一次,并作好记录。

（6）沉井位移与倾斜计算及下沉偏差控制沉井刃脚平面位移 X 按下式计算:

$$X = a \pm eh/b = a \pm c \tag{4}$$

式中,b,h 为沉井的宽和高;e 为井顶处垂直于沉井中轴线的平面内,两个边缘点的高差;a 为井顶中心的位移量。

沉井的倾斜量: $\tan a = e/b$。

沉井沉降允许偏差如表1、表2所示。

**表 1** 　　　　　　　　　　　　　沉井下沉阶段允许偏差

| | 检查项目 | 允许偏差/mm | 检查数量 | | 检查方法 |
|---|---|---|---|---|---|
| | | | 范围 | 点数 | |
| 1 | 沉井四角高差 | 不大于下沉总深度的 1.5%～2.0%,且不大于 500 | 每座 | 取方井四角或圆井相互垂直处 | 水准仪测量(下沉阶段:不少于 2 次/8 h;终沉阶段:1 次/h) |
| 2 | 顶面中心位移 | 不大于下沉总深度的 1.5%,且不大于 300 | | 1 点 | 经纬仪测量(下沉阶段:不少于 1 次/8 h;终沉阶段:2 次/8 h) |

**表 2** 　　　　　　　　　　　　　沉井的终沉允许偏差

| | 检查项目 | 允许偏差/mm | 检查数量 | | 检查方法 |
|---|---|---|---|---|---|
| | | | 范围 | 点数 | |
| 1 | 下沉到位后,刃脚平面中心位置 | 不大于下沉总深度的 1%,下沉总深度小于 10 m 时应不大于 100 | 每座 | 取方井四角或圆井相互垂直处各 1 点 | 经纬仪 |
| 2 | 下沉到位后,沉井四角(圆形为相互垂直两直径与周围的交点)中任意两角的刃脚底面高差 | 不大于该两角间水平距离的 1%,且不大于 300;两角间水平距离小于 10 m 时应不大于 100 | | | 水准仪 |
| 3 | 刃脚平均高程 | 不大于 100;地层为软土层时可根据使用条件和施工条件确定 | | 取方井四角或圆井相互垂直处,共 4 点,取平均值 | 水准仪 |

注:下沉总高度,系指下沉前与下沉后刃脚高程之差。

（7）沉井下沉至设计高标 1 m 处,进入终沉阶段,需减降低取土锅底高度,减缓沉井下沉速度,完成沉井倾斜调整和位移纠偏。

（8）下沉过程中异常及处理方法:

沉井突沉的处理:沉井应该正常速度下沉,不要过快也不要过慢,要防止由于挖土过快或地质骤变,或下雨井内积水过多等使下沉失控,产生突沉,发生突沉不仅井壁受力不均容易开裂破坏,而且易造成质量安全事故。预防措施是:首先了解地质情况;其次控制挖土速度,再使用潜水泵,及时排除井内积水。一旦发生突沉,可立即在刃脚斜面回填土。

沉井不沉或超沉的处理:当沉井下沉不顺时要了解地质是否有异常情况,如无异常可考虑在沉井上压载,也可在沉井外用水冲刷,减少井壁摩阻力;当沉井下沉时有超过设计标高的趋势时,为防止超沉,除需在刃脚下垫块石和刃脚斜面下回填砂砾等措施以制止下沉外,在沉井制作之前,还可以预先在底板下注入水泥浆,其厚度为 3 m,顶部标高在刃脚踏面标高以上 50 cm,既起到防止超沉作用,又起到隔水封底作用。

## 5  沉井封底

沉井下沉到设计标高后,根据规范要求 24 h 累计下沉量不大于 10 mm,方可进行封底工作。坑底采用高压旋喷桩进行地基加固处理,沉井封底采用干封底,封底混凝土厚 1.5 m。预留洞封堵:采用砖墙厚度为370 mm,双面水泥砂浆抹灰,砌筑后填整平井四周场地。

## 6  沉井施工过程监测

沉井施工安全等级二级,沉井施工工期不超过一年,沉井施工工期周边场地地面荷载不大于 15 kPa。降监测:小于控制值时 2 次/天,超控制值时 4 次/天,超报警值时 8 次/天。

## 7  结  语

在软弱地基条件下实施沉井工程,极易产生突沉、偏沉和超沉现象。本工程在沉井外围设置高压旋喷桩连续墙作为止水帷幕,起到防渗和抗剪作用;忍脚下预打生石灰搅拌桩进行加固处理,提高地基承载力,实现了沉井下沉速度可控、避免出现过大倾斜和位置偏移,保证了工程质量。

**参考文献**

[1] 段良策,殷奇.沉井设计与施工[M].上海:同济大学出版社,2006.
[2] 张凤祥.沉井沉箱技术优化[M].北京:中国建筑工业出版社,2011.
[3] 邓海林.流塑状淤泥地层中沉井施工方法[J].城市建设,2010,12.
[4] 中华人民共和国建设部.建筑地基基础设计规范:GB 50007—2011[S].北京:中国建筑工业出版社,2012.
[5] 中华人民共和国建设部.建筑地基处理技术规范:JGJ 79—2012[S].北京:中国建筑工业出版社,2012.

# 土砂结合部泥水平衡法穿越障碍物顶管施工应用

谭志斌　冉　蛟　杨少武

（中国二十冶集团有限公司市政分公司）

**【摘　要】**泥水平衡顶管施工工艺，因其适用性强，应用范围广，是目前国内顶管施工较为普遍使用的一种施工工艺。此顶管工艺较为显著的特点是，在顶管过程中，可根据顶进工作面的土体压力和泥水压力的变化，能及时调整刀盘预设压力和顶进速度，以此来保持顶进工作面的压力平衡。本文所述施工工况，系在水域中深厚淤泥层上进行线性吹填，并经真空预压处理后，采用泥水平衡顶管工艺进行施工。在施工过程中，顶管行进路径基本上在已经压缩的粉细砂与淤泥层中穿梭，先后采用对泥浆实施动态管理、注浆加固、标记、避让障碍物、更换回填材质等措施，在复杂环境下，成功实施了顶管作业，取得了较为理想的效果。

**【关键词】**泥水平衡顶管；泥浆动态管理；切削土体；注浆加固；避让穿越障碍物

## 1　工程概述

本工程为珠海市横琴新区新建市政基础设施次干道路，在经过吹填、真空预压处理后的路基下，采用泥水平衡工艺进行顶管施工。由于新建道路施工前，原为水产品养殖区域，水底标高变化较大，淤泥厚度达20～30 m，路基采用粉细砂经线型吹填形成陆域后，两侧仍为深度达2～3 m的水域，进行软基处理施工时，填铺了厚达1.0 m的中粗砂及2.0～2.5 m厚的路基填土，软基在真空预压的作用下，沉降量为2 m左右，由于顶管设置深度为路面以下6.0～6.5 m，顶管行进路径基本上在已经压缩的粉细砂与淤泥层中穿梭（图1）。除此之外，顶管路径经过交叉路口时，需在先期已施工的管道仓和电力仓及其工程桩之间以及基坑围护灌注桩开凿后的缝隙中穿越，对顶管施工的精准度提出了极高的要求。因此，本次顶管施工属在复杂地况条件下进行。

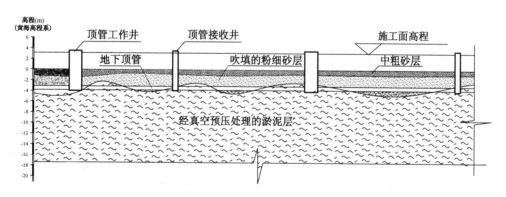

图1　地质工况示意图

## 2　工艺原理描述

泥水平衡顶管施工工艺的原理，其实质就是在进行顶管作业时，须保持顶进面土体压力和泥水压力与顶管机刀盘预设压力保持平衡。顶进过程中，刀盘按预先设定的压力紧贴在被切削的土体断面，在后方千斤顶顶力及刀盘旋转作用下，一方面刀盘旋转切削土体，另一方面向前推进维持土体压力的平衡，切削的土体被注入带有压力的水带出。如此往复循环地进行旋转切削土体、顶进、循环带出泥浆，即可完成顶管施工。

本文所述顶管行进路径,基本上在已经压缩的粉细砂与淤泥层中穿梭,顶进过程中土质时常发生变化,其中的粉细砂含水量较大,经刀盘切削后,较易被循环泥浆带出,此时顶进速度较快。而被压缩的淤泥层含水量则相对较小,刀盘切削后,相对粉细砂不易被泥浆带出,顶进速度相对较慢。因此,在顶进过程中,必须掌控好刀盘顶进的速度与泥浆循环速度的协调与配合。

## 3 工况分析及施工方案确定

根据现场实际情况,采用泥水平衡工艺进行顶管施工时的工况如下:

(1)顶管行进路径基本上在已经压缩的粉细砂与淤泥层结合部穿梭,地层的特点是,在顶进过程中,输送的泥水压力大于地下水压力,粉细砂层遇刀盘极易被切削带走,为防止泥水仓内压力损失,必须通过调节泥水的比重,促使其快速形成泥膜,此时需通过调节排泥泵的流量和压力来控制并适当加快刀盘的顶进速度;压缩的淤泥层处于地下淤泥层的上部,经真空预压处理后,含水率较低并具有一定强度,刀盘切削后形成泥浆较慢,此时需适当控制刀盘的顶进速度,降低泥水的比重,同时加大泥水的循环速度。因此顶管操作时,必须根据土体压力与泥水压力的变化,及时调节刀盘顶进速度与泥水压力、比重及循环速度的协调与配合。

(2)顶管路径经过交叉路口时,路径前方设有先期正在施工的管道仓和电力仓,根据设计施工图要求,顶管需从管道仓上部,电力仓下部及其工程桩之间的缝隙中穿越,除此之外,管道仓和电力仓基坑采用灌注桩围护,顶管将穿越基坑围护结构。

鉴于顶管行进路径穿越障碍物这一具体情况,现场研究确定了两个方案供选择。

方案一:抓紧时间将设置在顶管下部的管道仓施工完毕,提前将顶管穿越路径上灌注桩局部凿开,临时将基坑回填后再进行顶管施工,之后再将基坑二次开挖,对暴露的顶管实施保护后,再进行顶管上部的电力仓施工。

方案二:先施工管道仓和电力仓,并在基坑回填前,将顶管穿越路径上两侧围护灌注桩局部凿开,为后续顶管穿越创造条件,基坑回填后再进行顶管施工。

根据现场实际情况,针对上述两个方案,从工期、造价以及安全等方面进行比较、分析认为,如按方案一施工,将增加一次基坑挖填施工工序,对于处在关键线路上的管道仓和电力仓施工成本有所增加,工期要相应地延长。另外,在基坑施工过程中,提前将灌注桩局部截断,增加了基坑安全施工隐患,对于基坑的安全稳定极为不利。

按方案二施工,既不增加管道仓和电力仓施工工序,工期也不需顺延,同时对基坑安全没有影响,仅需将处于非关键线路上的顶管施工开始时间延迟约两周即可。因此确定按方案二施工。

## 4 施工应对措施及取得的效果

### 4.1 泥水作业实施动态管理

泥水管理是影响泥水平衡法顶管施工成败的关键环节。由于本工况顶管系在压缩的粉细砂层和淤泥层中交替穿梭,因此,在顶管过程中,对于粉细砂层和压缩的淤泥层,其泥浆作业管理必须有所区别,并注意以下几点:

(1)粉细砂层,①对于挖掘面上的泥水,通过调节进、排泥泵的流量和压力,保持顶进刀盘掘进面的稳定;②压入顶进掘进面的泥水必须是泥浆,其比重要根据情况控制在 1.05~1.20 之间,以便在掘进面上形成不透水的坚实泥膜;③泥浆必须因地制宜根据需要严格调配,砂层中如果渗透系数较大,除了掺加膨润土以外,为了防止泥浆逃逸,应适量掺加一定的增粘剂和防渗剂。

(2)淤泥层,在淤泥层中进行顶管掘进作业时,由于淤泥层相对稳定,在刀盘掘进搅拌过程中,泥水比重将会明显提高,因此,其输送到掘进面的泥水比重宜控制在 1.05 以下。

### 4.2 进出洞口加固

由于顶管行进路径基本在粉细砂层和淤泥层交替穿行,为了防止顶管在工作井、接收井进、出洞口处出现漏水带出泥砂,造成地面塌陷,在顶管前 7~10 d 对粉细砂层用水泥浆进行压密注浆加固,加固范围为洞口四周距管道外侧 2 m,洞口外侧顶进路径 5~6 m 范围内(图2)。

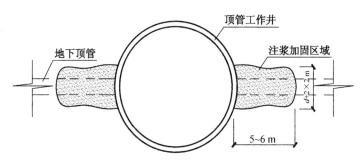

图 2　注浆加固示意图

## 4.3　标记、避让障碍物

顶管前方施工的管道仓和电力仓进行敞口顺做施工,给顶管施工安全避让地下障碍物创造了有利时机,因此,在管道仓和电力仓施工过程中及施工结束后,提前标定顶管行进路径上的桩基位置和管道仓及电力仓结构上顶面、下底面高程,以备顶管作业时避让障碍物。除此之外,基坑回填前将顶管行进路径上的基坑围护灌注桩凿除 1.6 m×1.6 m,以便顶管穿越。经现场实测管道仓结构顶面和电力仓结构底面高程距顶管外轮廓仅有 12~15 cm 空间,电力仓工程桩与顶管结构相碰 10 cm,因此实施顶管前,将顶管路径向北平移 20 cm 以避让工程桩(图3)。

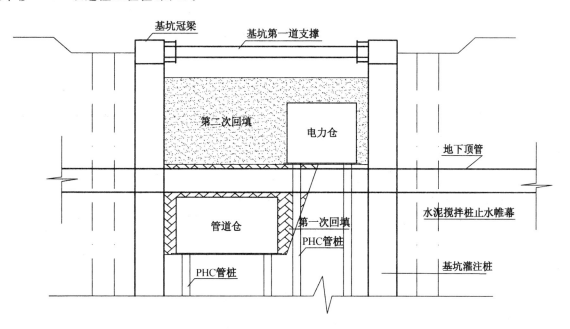

图 3　顶管避让结构示意图

## 4.4　基坑更换回填材料

顶管路径与管道仓和电力仓交汇部分位于道路平交道口,设计要求基坑采用中粗砂回填,但对于顶管施工来讲,在刀盘切削土体和带有压力的泥浆水浸泡作用下,刀盘周围砂体容易塌落,造成地面塌陷。因此,基坑改用粉质黏土封层回填夯实,尤其是空间狭窄处重点夯实。

## 4.5　加强顶管过程中对地面的沉降监测

由于顶管系在含水量较高的粉细砂层中进行,采用泥水平衡工艺施工,对顶管施工止水要求极高,顶管过程中一旦出现较为严重的漏水,地层中的粉细砂将在短时间内大量涌出,造成地面局部沉陷。除此之外,由于砂层中顶管,管壁的摩阻力较大,必须掌控好顶进速度与泥浆压力的配合,防止出现由于摩阻力过大,顶进速度过小,粉细砂被浆水带走,刀盘前方出现塌陷引起地面沉降。顶进过程中为了减小摩阻力,须通过压浆孔随时向管壁外及时注入触变泥浆,减小顶进时管外壁摩阻力,填充扰动土中空隙,控制地面沉降。顶管前除需对进出洞口注浆加固以外,还应加强对地下顶管行进路径的地面进行沉降监测,监测频次如表1所示。

表1            沉降监测

| 序  号 | 监测点位置 | 现场工况 | 监测频率 | 监测项目 |
|---|---|---|---|---|
| 1 | 工作井入洞口处(5 m) | 顶进中 | 1次/小时 | 地表沉降 |
| 2 | 顶管路径沿线地面(间隔2.0 m) | 顶进中 | 1次/小时 | 地表沉降 |
| 3 | 基坑入洞口前5 m | 顶进中 | 1次/小时 | 地表沉降 |
| 4 | 基坑出洞后5 m | 顶进中 | 1次/小时 | 地表沉降 |
| 5 | 接收井出洞口处(5 m) | 顶进前 | 1次/小时 | 地表沉降 |
| 6 | 出洞口处 | 顶进中 | 1次/小时 | 地表沉降 |

### 4.6　取得的效果

施工方案确定后,为了确保顶管施工顺利进行,通过在顶管过程中实施对泥浆的动态管理、注浆加固进出洞口、标记避让障碍物和更换回填材质等措施,使顶管施工顺利进行,穿越地下障碍物时,在不触碰工程结构的同时,精准地从地下结构的空隙中穿越,取得了较为理想的效果。

## 5　结　语

采用泥水平衡法在较为均质的地层中进行顶管施工,对于泥水的管理是较为便利的。但是,在遇有粉砂与淤泥交错复杂分布的地层,顶管施工必须对泥水实施动态管理。即在顶管过程中,根据地层的变化,及时调整进、排泥泵的流量和压力,保持顶进刀盘掘进面的稳定,同时应及时调整泥水的比重,以便形成稳定的掘进面。

在复杂地层进行顶管施工时,遇有地下障碍物,较为常用的处理方法是采取开天窗的方式进行处理,但是顶管施工在较为集中的已施工工程结构中穿越是较为棘手的,必须在施工前综合分析可遇性障碍物可能产生的危害,以便做好应对措施,如提前标定地下障碍物位置,对进出洞口提前进行注浆加固,为后续顶管施工能创造有利条件。

**参考文献**

[1] 方从启,王承德.顶管施工中的地面沉降及其估算[J].江苏理工大学学报,1998(4).

[2] 中国非开挖技术协会标准.顶管施工技术及验收规范[M].北京:人民交通出版社,2007.

[3] 余彬泉,陈传灿.顶管施工技术[M].北京:人民交通出版社,1998.

# 吊脚嵌岩灌注桩基坑支护与开挖技术

何　健　孔维一

（中国二十冶集团有限公司广东分公司）

**【摘　要】**沿海许多剥蚀残丘地貌地区，典型地质特点是上部覆盖较浅的流塑淤泥层，下卧全风化、中风化花岗岩，岩面起伏较大。针对该类地质条件下地下结构埋入基岩的深基坑，采用锚杆（索）等支护方式比较困难或成本较高，本文介绍了利用吊脚嵌岩灌注桩＋内支撑方式对基坑进行支护，提出了支护桩嵌岩深度和围岩厚度的计算方法，采用提前钻孔装药方式对坑内基岩进行静力破碎开挖技术。经工程实践证明，该理论和方法既确保基坑安全，又降低基坑支护及开挖的综合成本。

**【关键词】**流塑淤泥；花岗岩；裂隙；后注浆；静力破碎

## 0　引　言

广东沿海一些剥蚀残丘地貌地区，特点是上部为流塑淤泥层，含水率高、强度低、呈饱和流塑态，下部为全风化、中风化花岗岩，岩面起伏较大。该类地质条件下，对于一些地下结构需埋藏于基岩内的深基坑工程，通常采用钻孔灌注桩排桩围护方案。常用方案一：钻孔灌注桩＋内支撑，桩长超过开挖基底面，基坑偏于安全，但中风化基岩中冲孔灌注桩成孔困难，施工周期长，成本高；若采用灌注桩＋锚杆（索）支护形式，由于岩面起伏较大，锚杆（索）成本较高，且基岩凿、挖振动影响大，支护风险较高。本文结合工程实例，详细介绍了一种利用吊脚嵌岩灌注桩进行基坑围护，采用静力破碎开挖基坑的技术方法，其优点是减少围护桩嵌岩深度，缩短工期、减少成本，利用静力破碎无振动的开挖方式确保基坑安全。

## 1　工程概况

某地下综合管沟工程中有一段需穿过中风化花岗岩层，基坑开挖深度8 m，宽度10 m，基坑长度约50 m，其中开挖深度3～5 m以上为薄杂填土层及流塑淤泥层，基岩面为倾斜陡坡，基坑一侧3 m远处有一条高压电缆和一条国防光缆，需要重点保护。上部流塑淤泥含水率62%，土质均匀、细腻，含少量有机质，有腥臭味，呈饱和、流塑状态；下部为中风化花岗岩，主要矿物成分为石英、云母和长石，属于较硬岩-坚硬岩，岩体较完整，岩体质量等级3～4级，岩面坡度约18%。主要土工参数如表1所示。

表1　　　　　　　　　　　　主要土层土工参数

| 土层 | 天然重度/(kN·m⁻³) | 内摩擦角/(°) | 黏聚力/kPa |
|---|---|---|---|
| 流塑淤泥③₋₁ | 16.5 | 2.2 | 7 |
| 中风化花岗岩 | 25.5 | 25(结构面) | 45(结构面) |

如图1所示，若采用支护桩深超过基底的方案，则一侧冲孔桩需要穿过至少5 m以上花岗岩，另一侧至少穿过3 m厚花岗岩，成本高，工期长；若采用锚杆锚拉形式，则势必会延长基坑暴露时间增加安全隐患，且在低岩面一侧锚杆不适宜布设；若采用常规的机械凿岩和爆破方式开挖基坑，则面临开挖困难和安全隐患较大的风险。

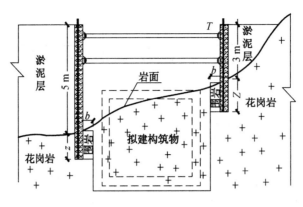

图 1  基坑支护断面

## 2  吊脚嵌岩灌注桩基坑支护与开挖技术

综合考虑后本基坑工程采用吊脚桩支护，静力破碎开挖的方案，其关键技术要点如下。

### 2.1  支护桩嵌岩深度和桩底围岩厚度确定

嵌岩围护桩嵌岩深度及桩底围岩厚度对基坑安全起决定性影响。支护桩受力变形后会对桩脚围岩产生压力，围岩所受应力呈曲线分布，如图 2 所示，最小嵌岩深度 $z$ 可按《砌体结构设计规范》中的公式计算，

$$z = 10\sqrt{\frac{d}{f}} \tag{1}$$

式中，$d$ 为支护桩直径，m；$f$ 为围岩抗压强度，kPa。

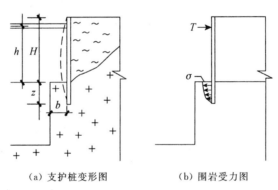

(a) 支护桩变形图        (b) 围岩受力图

图 2  围岩内力计算简图

当围岩处于极限平衡状态时，所受的最大压应力为 $\sigma_{max}$，围岩所受的极限压力为 $N$，

$$\sigma_{max} = \eta f \tag{2}$$

$$N = \zeta z_d \eta f \tag{3}$$

式中，$\eta$ 为局部受压强度增强系数；$\zeta$ 为应力图形的完整系数，取 0.7。

围岩截面应力和弯矩如图 3 所示，应力和弯矩都呈曲线分布，支护桩桩底部围岩截面弯矩最大。

为了简化计算，假设围岩截面应力呈三角形分布，则围岩最大弯矩

$$M_{max} = z^2 \sigma_{max}/3$$

围岩允许拉应力为 $[\sigma]$，围岩截面抗弯模量为 $W_z = ab^2/6$，取单位长度截面 (图 3(c)) 作为研究对象，令 $a = 1$ 得 $W_z = b^2/6$，为了使围岩处于安全工作状态，需满足：

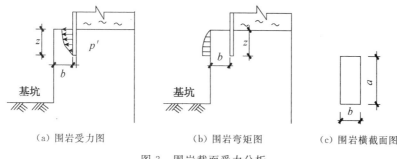

（a）围岩受力图　　　　（b）围岩弯矩图　　　　（c）围岩横截面图

图 3　围岩截面受力分析

$$W_z \geqslant \frac{M_{max}}{[\sigma]}$$

即

$$\frac{b^2}{6} \geqslant \frac{z^2 \sigma_{max}}{3[\sigma]}$$

得

$$b \geqslant \sqrt{\frac{2z^2 \sigma_{max}}{[\tau]}} \tag{4}$$

式中，$b$ 为围岩厚度，m；$\sigma_{max}$ 为围岩受的最大压应力，kPa；$z$ 为嵌固深度，m；$[\sigma]$ 为围岩允许拉应力，kPa。

根据上述方法计算出支护桩嵌固深度 $z$ 和围岩厚度 $d$ 后，利用郎肯土压力理论计算土压力大小，对支护桩进行抗倾覆验算。

## 2.2　桩脚嵌岩段围岩加固

由于岩面风化程度客观存在差异，同时受冲孔冲击影响，围护桩桩脚嵌岩段围岩可能存在裂隙，在基坑开挖至岩面以下时，裂隙处产生弯、拉应力集中，会加速围岩破坏。可采用后注浆的方式对围岩裂缝及嵌岩段桩周缝隙进行补强加固。

桩脚围岩加固可通过事先在灌注桩中预埋注浆管，采用后注水泥方法来实现。宜选择 $40~\mu m$ 以下，等级 52.5 以上高强水泥进行注浆，水灰比控制在 $0.5 \sim 0.6$，注浆压力 $0.8 \sim 4~MPa$。注浆可以在冲孔桩初凝后立刻进行，也可在基坑开挖至岩面后根据岩面裂隙情况选择性注浆。本工程是在冲孔桩混凝土初凝后按排桩间隔注浆，基底岩层开挖过程中桩脚稳定，效果比较理想。实际应用中应先进行试验验证注浆加固效果，注浆加固效果不明显时可采用在围岩顶打设锚杆增加围岩的允许拉应力。

## 2.3　坑内基岩静力破碎开挖

静力破碎是在岩石中打设药孔并灌注静力破碎剂，破碎剂发生化学反应体积膨胀，膨胀力一般可达到 $30 \sim 80~MPa$，使岩石在无噪声、无震动、无飞石和无毒气情况下破碎。坑内基岩静力破碎开挖基本方法步骤为预先排孔、分层破碎。

（1）预先排孔。为节约工期，在基坑围护灌注桩施工及养护期内，可同步对拟破碎岩层进行钻排孔。药孔的布置原则为：沿基坑纵向中心线布置一排初始孔，其他孔在基坑纵向中心线两边对称布置，中间孔径最大，向两边孔径逐渐减小，左右两边最外侧药孔紧贴围岩边线布置，孔径范围 $20 \sim 100~mm$，对于花岗岩层可选择 $80~mm$，$42~mm$，$20~mm$ 孔径，孔深为基坑深度，药孔纵、横向间距为 $6d \sim 7d$（$d$ 为孔径），呈梅花形布置。钻孔深度至基底，每施工完一个药孔后全孔深用砂灌孔封闭。

（2）分层破碎。基坑上部淤泥土层严格按照先撑后挖原则开挖，复查围护桩桩脚围岩，确认完整、无裂隙后可以对基坑岩层进行破碎开挖。总体原则是分层破碎：平面上由基坑两端向中间推进，由基坑中线向两侧推进；竖向分 $3 \sim 4$ 级由浅入深逐层破碎。

如图 4 所示破碎开挖步骤:第一步:清除 0# 和 1# 药孔内的部分砂,清除到第 I 级开挖面,给 1# 孔装破碎剂,装至 4/5 孔深度后用砂包封堵,静力破碎剂膨胀后岩石向 0# 孔临空面方向破裂,岩石破碎完毕后清除散落碎石;第二步:清除 0#、1# 和 2# 药孔内的砂,清除到第 II 级开挖面,往 1# 和 2# 药孔装破碎剂,装至 4/5 深度后用砂包封堵,胀裂完毕后清除散落碎石;依此类推第三、第四步分别完成第 III、第 IV 级岩面的破碎清挖工作。静力破碎完毕将基础岩面凿平,保证基础主体结构尺寸符合设计要求,然后原槽浇筑混凝土结构。

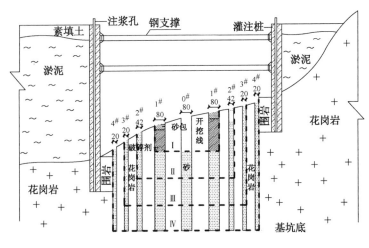

图 4  坑底基岩破碎断面图

## 3  结  语

(1) 利用规范中的公式计算支护桩嵌岩深度,再根据围岩在抗弯拉极限平衡状态下的内力计算围岩厚度是可以满足工程要求的。

(2) 当桩脚嵌岩段围岩存在或可能存在裂隙时,均会给基坑安全带来较大风险,可采用后注浆的方式对围岩裂缝及嵌岩段桩周缝隙进行补强加固。实际应用中应先进行试验验证注浆加固效果。

(3) 带内支撑,特别是吊脚桩支护基坑,坑内基岩开挖宜优先选用无振动的静力破碎开挖方法,即对基岩预先排孔、利用静胀力,对岩石逐层进行破碎。

**参考文献**

[1] 刘国彬,王卫东.基坑工程手册[M].北京:中国建筑工业出版社,2009.

[2] 钱七虎.岩土工程师手册[M].北京,人民交通出版社,2010.

[3] 徐涛,张明强."吊脚桩"在深基坑支护设计的应用[J].武汉勘察设计,2012,(3):50-53.

[4] 吕涛,赵明阶.受压岩石断裂准则研究[J].地下空间与工程学报,2010,6(5):969-974.

[5] 刘洋,何沛田,赵明阶.基于损伤断裂理论的岩石破坏机理研究[J].地下空间与工程学报,2006,2(6):1076-1080.

[6] 单辉祖.材料力学[M].2 版.北京:高等教育出版社,2004.

[7] 蒋维,邓建,李隐.基于对数正态分布的岩石损伤本构模型研究[J].地下空间与工程学报,2010,6(6):1190-1194.

[8] 苏国韶,符兴义,燕柳斌.流场作用下大型地下厂房围岩稳定性分析[J].地下空间与工程学报,2010,6(4):717-723.

[9] 王凯,何平.捆绑式抗滑桩与钻孔灌注排桩算例效果比较[J].地下空间与工程学报,2010,6(6):1260-1265.

[10] 王凯,郑颖人.钻孔灌注桩边坡支护变形规律研究[J].地下空间与工程学报,2007,3(4):642-646.

三、
综合管廊
施工技术

# 深厚软土区综合管廊过河方案选择与深基坑设计

许海岩[2]　谢　非[1]　肖　策[3]　苏亚鹏[2]

（1. 中国二十冶集团有限公司；2. 中国二十冶集团有限公司广东分公司；3. 天津二十冶有限公司）

**【摘　要】** 随着土地集约化程度的提高，为了充分利用地下空间，改善城市环境，综合管廊的建设越来越受到各地的青睐，在全国各个地区掀起了建设综合管廊的高潮①。本项目结合横琴新区的地质特点和建设综合管廊的工程实践，重点介绍深厚软土区综合管廊穿越河道的方案选择及深基坑工程设计，供读者参考和借鉴。

**【关键词】** 淤泥深厚；综合管廊；穿越河道；支撑；灌注桩；坑底加固

## 1　工程概况

珠海市横琴新区规划建设综合管廊共 33.4 km，沿着主要市政主干路布置成"日"字形。横琴原为大、小横琴岛组成，20 世纪 70 年代修筑东、西大堤后连成一体，两岛之间的十字水域遂变成了中心沟。环岛西路中段位于西堤大坝外侧，面临大海。原为海漫滩地貌及河道，经后期人工活动回填围垦形成陆域。因横琴新区开发，环岛西路中段大部分为吹填砂回填形成地面。环岛西路中段的综合管廊位于道路西侧管廊带，按照规划要求需穿越中心沟水道，如图 1 所示。

图 1　环岛西路中段综合管廊现场施工图

横琴岛中心沟以南的污水根据规划需通过污水倒虹管穿越中心沟后流至污水厂进行处理，规划污水倒虹管管径为 DN1 200，倒虹管线污水检查井规划井底标高 −2.70 m，出水检查井标高 −3.40 m，根据《室外排水设计规范》（GB 50014—2006）第 4.11.1 条的规定倒虹管不宜少于 2 条，因此本工程采用两根 DN800 污水倒虹管穿越中心沟。

中心沟宽度达 180 m，中心沟多年平均高潮位 1.04 m，中心沟规划底标高 −2.5 m，中心沟现状沟底凹凸不平，沟底标高 −2.5～−7.0 m，中心沟沟底地质条件较差，淤泥深 30～50 m。为了避免日后倒虹管下沉影响正常使用，倒虹管不宜采用顶管法施工，采用支护法进行管槽开挖施工。

为了便于综合管廊和污水管线的施工，将中心沟吹沙填至标高 2.50 m，再进行管槽支护、开挖施工。

① 地方参考资料：《广东省水文图集》（广东省水文总站，2003 年）；《广东省暴雨径流查算图表》（广东省水文总站，1991 年）.

## 1.1 主要地质条件

根据野外勘探结果,结合原位测试和室内土工试验成果综合分析,环岛西路中段在勘探深度范围内分布的地层有人工填积($Q_4^{ml}$)层、第四系湖塘相淤积层($Q_1$)、第四系海相沉积层($Q_4^m$)、第四系海陆交互相沉积层($Q_4^{mc}$)、残积层($Q_4^{el}$)和燕山期侵入花岗岩(r52-3)层。其中,第四系海相沉积层($Q_4^m$)是对项目实施产生最大影响的地层,其特性如表1所示。

表1 地层地质概况

| 序号 | 大层 | 亚层 | 特性 |
|---|---|---|---|
| | 第四系海相沉积($Q_4^m$)层 | 淤泥(地层代号③-1层) | 灰、深灰色,土质均匀、细腻,含少量有机质,局部富集贝壳碎屑。呈饱和、流塑状态 |
| | | 淤泥混砂(地层代号③-2层) | 灰色,土质松软,含少量有机质,夹中砂、细砂,含砂量在30%~45%之间不等,局部富集贝壳碎片。呈饱和、流塑状态 |
| | | 中粗砂(地层代号③-3层) | 灰色,主要矿物成份为石英,质纯,偶夹薄层黏性土。呈饱和,松散-稍密状态 |

本场地内填土层下均有深厚欠固结淤泥层③-1层,淤泥厚度约25 m,具高含水率、高压缩性、大孔隙比、高灵敏度,强度低等特性,具流变、触变特征。淤泥层的主要物理力学指标如表2所示。

表2 物理力学指标

| 天然含水率 ω (%) | 天然状态 r (kN/m³) | 饱和状态 r_sat (kN/m³) | 天然孔隙比 $e_0$ | 塑性指数 $I_p$ | 液性指数 $I_L$ | 压缩系数 $a_v$ (MPa⁻¹) | 压缩模量 $E_s$ (MPa) | 直剪快剪 内摩擦角 F (°) | 直剪快剪 凝聚力 C (kPa) | 直剪固快 内摩擦角 F (°) | 直剪固快 凝聚力 C (kPa) | 先期固结压力 $P_c$ (kPa) | 压缩指数 $C_c$ | 回弹指数 $C_s$ | 垂直向 $C_v$ | 水平向 $C_H$ | 原状 $Q_a$ (kPa) | 重塑 $Q_u$ (kPa) | 灵敏度 $S_t$ |
|---|---|---|---|---|---|---|---|---|---|---|---|---|---|---|---|---|---|---|---|
| 64.1 | 15.9 | 16.0 | 1.724 | 25.2 | 1.43 | 1.51 | 1.9 | 2.3 | 7 | 8 | 6 | 35.1 | 0.516 | 0.069 | 8.5 | 22.8 | 18.4 | 5.8 | 3.5 |

*($p$ 为 100~200 kPa；固结系数 $p=100\sim200$ kPa，单位 $10\sim4\ cm^2/s$)*

## 1.2 主要水文条件

主要水文条件如表3所示。

表3 水文条件

| 序号 | 水系统 | 特性 |
|---|---|---|
| 1 | 地下水 | 根据含水介质特征和地下水赋存条件,沿线地下水类型主要以第四系松散岩类孔隙潜水、孔隙承压水及基岩裂隙水为主 |
| 2 | 孔隙潜水 | 第四系松散岩类孔隙潜水主要赋存于①层填土中,富水性较弱~中等,主要受大气降水及地表水补给,水位变化因气候、季节而异 |
| 3 | 孔隙承压水 | 第四系松散岩类孔隙承压水主要赋存于中粗砂(地层代号④-3)、粉细砂(地层代号④-4)层中 |
| 4 | 基岩裂隙水 | 基岩裂隙水赋存于花岗岩风化裂隙带中,其分布受赋存岩体裂隙发育程度的影响较大,具明显的各向异性特点,在节理裂隙较发育的地段,其裂隙水相对丰富,且透水性较强 |

## 2 过河方案的选择和比较

根据市政专项规划环岛西路设计桥梁跨越中心沟,穿越中心沟的综合管廊布置于桥梁的西侧,同时规划的穿越中心沟的污水倒虹管位于跨中心沟桥梁的东侧。

环岛西路跨越中心沟的综合管廊规划设计为三仓式,结构净空尺寸要求为8.5 m×3.2 m,具体断面如图2所示。

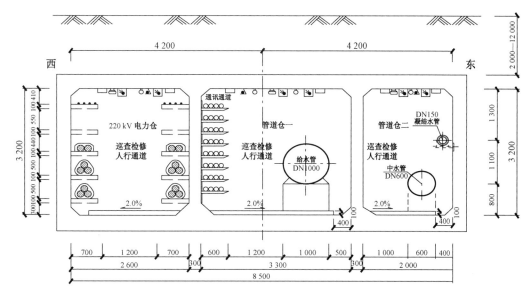

图 2　环岛西路中段综合管廊标准断面图

综合管廊建设前,考虑中心沟西堤是横琴重要的防洪排涝通道的要求,对综合管廊过河方案可采取的盾构穿越、沉箱法、海上围堰开挖法及造陆明挖法等多种方法进行经济和技术比较,最终选择采用迁改临时排水通道、进行中心沟河道临时吹填造陆后明开挖支护施工方法。

根据倒虹管及综合管廊都需穿越中心沟且需采用支护法进行开槽施工的实际情况,加之开挖深度较大,为了寻求较省且便于实施的工程方案,现对污水倒虹管是否与西侧的综合管廊共槽施工进行方案比较。

## 2.1　方案一

本方案完全按照专项规划的管位,将2根DN800污水倒虹管布置于跨中心沟桥梁的东侧,规划的综合管廊布置于桥梁的西侧,分别对它们进行深基坑支护后开槽施工。为了防止污水管日后沉降,在污水管下做钢筋混凝土平台(间距5 m),平台下打管桩,同时对污水倒虹管进行混凝土包封。倒虹管管槽围护桩为Φ1 200钻孔灌注桩+内撑进行支护,双排梅花型布置,综合管廊槽采用Φ1 200钻孔灌注桩+内撑进行支护,灌注桩桩长40 m。

本方案基坑支护费用7 091.70万元,管槽土方开挖回填费用189.38万元。

## 2.2　方案二

本方案将2根污水倒虹管改线至跨中心沟桥梁的西侧,与西侧的综合管廊共槽施工,只需作一个深基坑支护。倒虹管+综合管廊槽采用Φ1 200钻孔灌注桩+内撑进行支护,灌注桩桩长40 m。为了防止污水管日后沉降,在污水管下做钢筋混凝土平台(间距5 m),平台下打管桩,同时对污水倒虹管进行混凝土包封。

本方案基坑支护费用3 695.76万元,管槽土方开挖回填费用193.22万元。

## 2.3　方案三

本方案将2根污水倒虹管改线至跨中心沟桥梁的西侧,放置于综合管廊上方,与西侧的综合管廊共槽施工,由于污水管标高限制基坑深度加深,该方案只作一个深基坑支护。倒虹管+综合管廊槽采用Φ1 200钻孔灌注桩+内撑进行支护,灌注桩桩长40 m。

本方案基坑支护费用3 965.16万元,管槽土方开挖回填费用208.22万元。

## 2.4 方案比选

如表4所示。

**表4** 方案比选

| 方案 | 优 点 | 缺 点 |
|---|---|---|
| 方案一 | （1）不改变规划。分槽施工,不受交叉施工影响,倒虹管不受综合管廊施工进度影响,施工单纯,更容易保证施工工期。<br>（2）管线布置顺畅,不需弯折至西侧 | （1）需分别对倒虹管和综合管廊进行深基坑支护,需做2个深基坑支护。<br>（2）基坑支护费用高 |
| 方案二 | （1）倒虹管和综合管廊共槽进行支护、施工,只做一个深基坑支护,支护工作量减少。<br>（2）深基坑支护费用少 | （1）倒虹管和综合管廊在一个槽内施工,且有两个施工单位施工,相互影响较大,且倒虹管受综合管廊施工进度的影响,工期不容易保证。<br>（2）管线需弯折至西侧,管线布置不太顺畅。<br>（3）增加了污水管的长度50 m |
| 方案三 | （1）倒虹管和综合管廊共槽进行支护、施工,只做一个深基坑支护,支护工作量减少。<br>（2）深基坑支护费用少 | （1）倒虹管和综合管廊在一个槽内施工,且有两个施工单位施工,相互影响较大,且倒虹管受综合管廊施工进度的影响,工期不容易保证。<br>（2）管线需弯折至西侧,管线布置不太顺畅。<br>（3）较方案2增加了基坑深度。<br>（4）增加了污水管的长度50 m |

## 2.5 推荐方案

通过上面的比较,不难看出方案二投资省,较有优势,最终确定方案二作为实施方案,具体如图3所示。

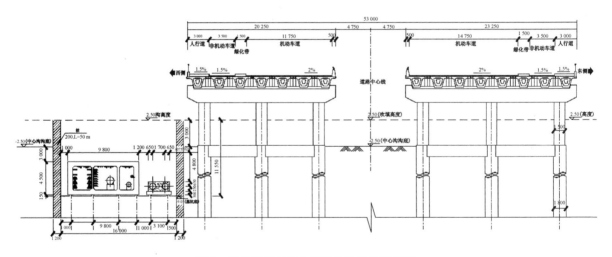

图3 综合管廊与污水管线共沟建设断面图

# 3 临时排洪渠的迁改和设计

## 3.1 临时排洪渠的迁改

环岛西路中段桥梁及其下地下管廊施工期间,根据施工组织,将对现状中心沟进行吹砂填埋处理,并在吹填之后再作基坑进行地下管廊的施工。施工期间,为确保排洪安全,根据临时排洪渠与中心沟的相对位置,可将临时排洪渠设计分为北侧设置和南侧设置两种方案。若在中心沟北侧设置临时排洪通道,将对桥梁预制场的进出带来影响,则必须于过临时排洪渠上架设便桥运输预制梁及其他施工材料。若在中心沟南侧设置临时排洪通道,则由于中心沟南侧淤泥较深,软基处理比较困难。

经过论证和比较,最终将临时排洪通道布置在西堤闸门以外的中心沟南侧,并在临时排洪渠道上设置临时施工便桥。同时,在渠道弯道段采用土工布围堰+石笼护坡进行防护减小洪水的直接冲刷,在临时渠道与道路交叉处结合道路吹填施工,用砂袋围堰形成临时渠道边。

具体水道迁改如图 4 所示。

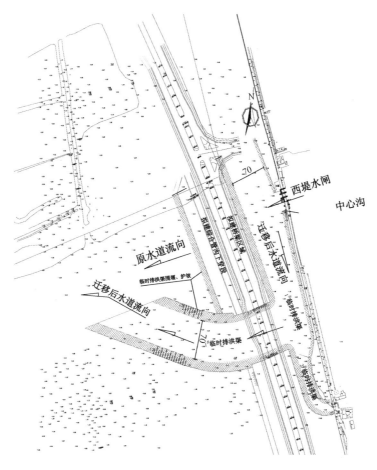

图 4    水道迁改示意图

桥梁两侧围堰的设置:桥梁东侧地下无管廊带,尽量将围堰靠近桥梁边设置,确保桥梁桩基正常施工即可,以最大限度增大西堤水闸出口处 1# 临时排洪渠道的宽度,确保洪水顺利下泄;桥梁西侧围堰结合综合管廊基坑施工,将围堰向西偏移,确保综合管廊基坑施工期间基坑支护桩不对围堰体造成破坏,可根据现场围堰底高程做适当调整。

围堰顶高程:为确保施工期间海潮不直接灌入基坑,围堰顶高程不得低于现状西堤顶管顶高程,同时采取防浪墙措施减小海潮对施工期间的影响。

## 3.2    临时排洪渠的水量核算及断面设计

横琴岛中心沟片区的洪水分别经东堤和西堤水闸排放入海,经计算,西堤水闸处 10 年一遇洪水流量为 280.78 $m^3/s$,汇流时间为 2.93 小时。

结合本工程西堤水闸外侧采用临时土渠作为施工期间防洪通道的特点,根据《水力计算手册》,土渠的设计流速宜控制在 0.6~0.9 m/s,最小不宜小于 0.3 m/s。

原设计闸内设计水位 2.3 m,开挖渠底高程-2.5 m,施工期间设计水位与防洪规划水位相同,为2.3 m高程。临时排水渠采用底宽 70 m,两侧 1:2 倒梯形断面形式,水位高程 2.3 m 时,过流断面为

382 m²,相应的流速为 0.74 m/s,两侧 1∶3 倒梯形断面形式,水位高程 2.3 m 时,过流断面为 405 m²,相应的流速为 0.70 m/s。

采用明渠均匀流公式进行计算,渠道纵坡仅为 $i=0.007\%$ 即可满足 280.78 m³/s 流量洪水正常下泄,洪水深 4.8 m。

具体断面设计如下:1# 排洪渠主要连接现状中心沟,为施工期间的主要排洪通道,起于环岛西路中段东侧规划道路交叉口处,沿道路南下 325 m 后向西穿过道路后再转向西北接入现状中心沟,全长 689.5 m,在道路东侧及穿越道路处,渠道两侧坡比 1∶2,边坡采用石笼连接进行防护,道路西侧渠道两侧坡比 1∶3,边坡采用石笼连接防护。1# 排洪渠起点渠底高程 -2.5 m,末端结合现状中心沟渠底确定为 -3.2 m,中间不设变坡,渠道纵坡为 $i=0.102\%$。

2# 排洪渠将现状水闸出口水流沿道路东侧向北接入 1# 排洪渠,底宽 15 m,两侧坡比 1∶2,并采用石笼连接进行防护,全长 190 m。2# 排洪渠起点渠底高程结合现状渠底高程为 -1.6 m,末端接顺至 1# 渠道,中间不设变坡,渠道纵坡为 $i=0.644\%$。

石笼所采用材料为不易被腐蚀材料编制而成,内填石料必须为不易软化,不宜被腐蚀的石材,饱和抗压强度不小于 30 MPa。

该两条排洪渠共开挖土方(含淤泥)21 万 m³,石笼防护 5.2 万 m³。

## 4 下穿水道综合管廊深基坑的设计

环岛西路中段位于西堤外侧,面临大海,受潮起潮落影响较大。中心沟下穿段(即 K0+600—K0+960 段)为原有中心沟,河床底标高约为 -2.5～-4.0 m,最深处为 -6.0 m,2010 年经筑岛围堰,吹填砂施工形成陆域至标高 +1.7 m,面层回填 80 cm 片石及黏土整平至标高 +2.5 m。该地段吹填砂下淤泥厚度可达 20～30 m,未进行软基预处理。由于综合管廊及桥梁施工同步进行形成交叉作业,场地狭小。周围无建筑物及地下管线等构筑物。

本基坑三面环水,形状为半岛状,基坑东侧为 1# 桥施工场地,70 m 以外为东侧水道,基坑西侧约 30 m 以外为水道,基坑南侧为桥台段抽真空处理区域。

根据地质勘查报告,该段地质情况为:0～0.8 m 为回填黏土层、0.8～6 m 为吹填砂层、6～30 m 为淤泥层,场地地下水丰富,主要受大气降水及地表水补给,水位变化受气候、季节因素影响较大。

### 4.1 深基坑支护设计

环岛西路中段综合管廊 K0+680—K0+960 段为下穿段,场地地面标高为 2.50 m,基坑垫层底标高为 -9.85 m,基坑开挖深度为 12.35 m。本段深基坑支护设计采用 Φ1200 围护钻孔桩@1400+Φ600 旋喷桩@400 止水+三道钢围檩内支撑支护方式,Φ1200 围护钻孔桩@1400 设计穿透淤泥,设计长度为 44.35 m,冠梁截面为 1 000 mm×1 200 mm,C30 混凝土;围护桩间采用双排 Φ600 旋喷桩@400 止水,旋喷桩长度为超过坑底 6 m,为 18.35 m 长;基坑开挖设置三道内支撑,第一道支撑设置为地面标高以下 -0.5 m,第二道支撑设置为地面标高以下 -5.2 m,第三道支撑设置为地面标高以下 -9.0 m,支撑采用 Φ600 钢管支撑,壁厚16 mm,支撑由活动、固定端头和中间节组成,各节由螺栓连接,每榀支撑安装完,采用 2 台千斤顶对挡土结构施加预应力,围檩采用双拼 45C 工字钢,坑底采用 Φ500 @350 搅拌桩进行格栅式加固,搅拌桩加固深度为基坑底下 6 m。基坑开挖过程中,在桩间喷射 C20 混凝土;基坑开挖到底,为确保坑底稳定,采取在坑底间距 2.8 m 抽槽 0.55 m×0.5 m,内设 45C 工字钢迅速顶紧两侧支护桩,并浇筑 C30 速凝混凝土。管廊底板施工完,及时施工底板与支护桩之间的 C20 混凝土支撑板,再拆除第三道支撑。具体基坑支护断面如图 5、图 6 所示。

### 4.2 支护设计计算

根据下穿水道综合管廊基坑的设计和现场实际情况,进行支护计算和布置,开挖到基坑底,详细计算结果如下工况详述:

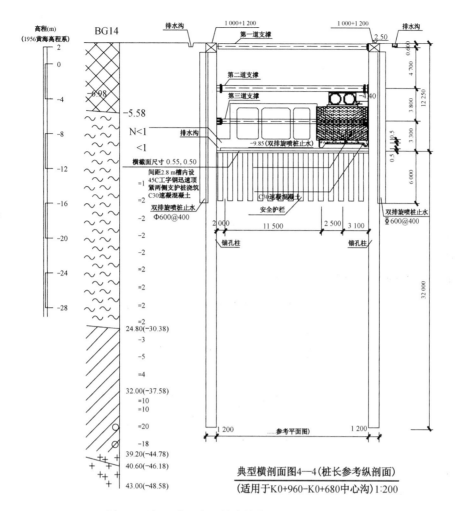

图 5　环岛西路下穿段综合管廊基坑支护断面图

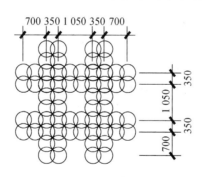

图 6　坑底搅拌桩加固示意图

工况 1:开挖(1.00 m)

注意:锚固力计算依据锚杆实际锚固长度计算。

| 序号 | 支锚类型 | 材料抗力(kN/m) | 锚固力(kN/m) |
|---|---|---|---|
| 1 | 内撑 | 0.000 | —— |
| 2 | 内撑 | 0.000 | —— |
| 3 | 内撑 | 0.000 | —— |

$$K_S = \frac{224\,347.455 + 0.000}{7\,574.661}$$

$K_S = 29.618 > 1.200$,满足规范要求。

工况 2:加撑 1(0.50 m)

注意:锚固力计算依据锚杆实际锚固长度计算。

| 序号 | 支锚类型 | 材料抗力(kN/m) | 锚固力(kN/m) |
|---|---|---|---|
| 1 | 内撑 | 383.333 | —— |
| 2 | 内撑 | 0.000 | —— |
| 3 | 内撑 | 0.000 | —— |

$$K_s = \frac{224\,347.455 + 15\,985.000}{7\,574.661}$$

$K_s = 31.728 > 1.200$,满足规范要求。

工况 3:开挖(6.20 m)

注意:锚固力计算依据锚杆实际锚固长度计算。

| 序号 | 支锚类型 | 材料抗力(kN/m) | 锚固力(kN/m) |
|---|---|---|---|
| 1 | 内撑 | 383.333 | —— |
| 2 | 内撑 | 0.000 | —— |
| 3 | 内撑 | 0.000 | —— |

$$K_s = \frac{148\,918.009 + 15\,985.000}{68\,410.589}$$

$K_s = 2.410 > 1.200$,满足规范要求。

工况 4:加撑 2(5.70 m)

注意:锚固力计算依据锚杆实际锚固长度计算。

| 序号 | 支锚类型 | 材料抗力(kN/m) | 锚固力(kN/m) |
|---|---|---|---|
| 1 | 内撑 | 383.333 | —— |
| 2 | 内撑 | 766.667 | —— |
| 3 | 内撑 | 0.000 | —— |

$$K_s = \frac{148\,918.009 + 43\,968.334}{68\,410.589}$$

$K_s = 2.819 > 1.200$,满足规范要求。

工况 5:开挖(9.50 m)

注意:锚固力计算依据锚杆实际锚固长度计算。

| 序号 | 支锚类型 | 材料抗力(kN/m) | 锚固力(kN/m) |
|---|---|---|---|
| 1 | 内撑 | 383.333 | —— |
| 2 | 内撑 | 766.667 | —— |
| 3 | 内撑 | 0.000 | —— |

$$K_s = \frac{111\,121.987 + 43\,968.334}{98\,537.689}$$

$K_s = 1.573 > 1.200$,满足规范要求。

工况 6:加撑 3(9.00 m)

注意:锚固力计算依据锚杆实际锚固长度计算。

| 序号 | 支锚类型 | 材料抗力(kN/m) | 锚固力(kN/m) |
|------|----------|----------------|---------------|
| 1 | 内撑 | 383.333 | —— |
| 2 | 内撑 | 766.667 | —— |
| 3 | 内撑 | 766.667 | —— |

$$K_s = \frac{111\,121.978 + 69\,421.668}{98\,537.689}$$

$K_s = 1.832 > 1.200$,满足规范要求。

工况 7:开挖(12.20 m)

注意:锚固力计算依据锚杆实际锚固长度计算。

| 序号 | 支锚类型 | 材料抗力(kN/m) | 锚固力(kN/m) |
|------|----------|----------------|---------------|
| 1 | 内撑 | 383.333 | —— |
| 2 | 内撑 | 766.667 | —— |
| 3 | 内撑 | 766.667 | —— |

$$K_s = \frac{86\,910.644 + 69\,421.668}{117\,723.832}$$

$K_s = 1.327 > 1.200$,满足规范要求。

工况 8:加刚性铰(11.60 m)

已存在刚性铰,不计算抗倾覆。

工况 9:拆撑 3(9.00 m)

已存在刚性铰,不计算抗倾覆。

通过以上计算分析,安全系数最小的工况号:工况 7,最小安全 $K_s = 1.327 > 1.200$,满足规范要求,其内力位移包络图如图 7 所示。

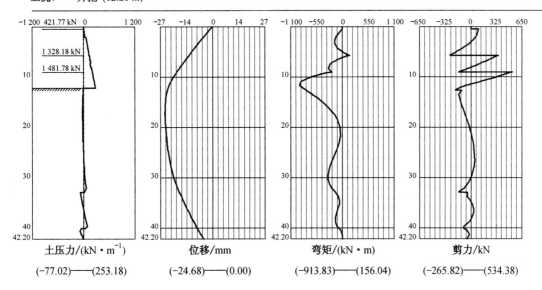

图 7  内力位移包络示意图

## 5 总结与结论

（1）通过创新改进，将跨越中心沟的综合管廊和污水管线共沟进行设计，变成一个深基坑，降低了施工难度，确保了工期，取得了较好的经济效益。

（2）通过进行中心沟水道的迁改，围海造陆，改善了深厚软土区域−12.2 m深基坑的施工环境，极大节约了施工成本，加快了工程进度。

（3）在基坑支护桩外侧设计了2排Φ600@400高压旋喷桩，起到了较好的止水作用，有效阻隔了海水涨潮对基坑的影响。

（4）环岛西路下穿综合管廊工程采用以上基坑设计方案顺利实现了下穿河底段的贯通，验证了本深基坑设计方案的可行性。经实践检验，在基坑底部抽条设置暗撑、浇筑速凝混凝土，提高支撑体系的强度，增强基坑安全稳定性，具有较大的推广和借鉴意义。

**参考文献**

[1] 汪正荣.建筑施工计算手册[M].2版.北京:中国建筑工业出版社,2007.

[2] 中华人民共和国住房和城乡建设部.建筑基坑支护技术规程:JGJ 120—2012[S].北京:中国建筑工业出版社,2012.

[3] 中华人民共和国水利部.水利工程水利计算规范:SL 104—2015[S].北京:中国水利水电出版社,2015.

[4] 中华人民共和国水利部.水利水电工程水文计算规范:SL 278—2002[S].北京:中国水利水电出版社,2002.

[5] 中华人民共和国水利部.水利水电工程设计洪水计算规范:SL 44—2006[S].北京:中国水利水电出版社,2006.

[6] 中华人民共和国建设部.城市防洪工程设计规范:CJJ 50—92[S].北京:建设部标准定额研究所,1993.

# 建造信息化城市生命线——横琴市政综合管廊 BIM 技术应用

谢　非　李明轩

（中国二十冶集团有限公司）

【摘　要】珠海横琴市政综合管廊利用 BIM 技术解决了该项目在规划、设计、施工及运维中的市政管线布置、重要节点交叉处理、控制协调等重难点问题,提供一系列合理解决方案。

【关键词】综合管廊；BIM 技术；一仓；两仓；三仓；三维仿真；运维

## 1　工程概况

横琴市政综合管廊工程地处广东省珠海市横琴新区,沿环岛北路、环岛东路、中心北路、中心南路、环岛西路等布置,形成"日"字形环状管沟系统,并在十字门商务区、口岸服务区的滨海东路布置综合管廊。并分别在环岛北路、中心北路、中心南路设置综合管廊控制中心,一次性已建成综合管廊共 29 km,服务面积 120 多 km²。

综合管廊系统纳入管线种类有电力、通讯、供冷、给水、中水、垃圾真空。管沟形式分为一仓、两仓和三仓 3 种(图 1)。

横琴市政综合管廊,是国内目前综合管沟建设施

图 1　三仓综合管廊布置

工最复杂、一次性投入最大、建设长度最长、纳入管线种类最多、服务范围最广的市政区域性综合管廊。

## 2　横琴市政综合管廊优势

(1)实现土地集约化利用和节约,横琴新区建设 33.4 km 综合管廊约节省 40 hm² 城市建设用地,将提供 200 万 m² 城市空间。

(2)综合管廊一次性建设,可避免道路反复开挖,提高市政供应的安全保障。

(3)传统的架空电力电缆、通信电缆将全部布置于综合管廊内,横琴新区未来将看不见架空线路。

## 3　项目 BIM 应用

### 3.1　规划设计建模

根据区域功能布局和城市总体规划,建立了控制中心、综合管廊全专业 BIM 模型,利用 BIM 技术虚拟策划,按照建筑、结构、机电专业划分,通过工作集与链接模型的方式,将 BIM 模型进行协同管理。结合广联云平台进行文件协同、任务分配,及时将任务推送,提高工作效率。

结合综合管廊构建标准化的特点,建立各区段管沟标准段、出入口段、卸料口段、进风口段、排风口段的模型,再将各个标准化段按照总图拼接起来(图 2)。

### 3.2　设计方案仿真

运用 BIM 技术对设计方案进行模拟仿真,对参数化视图实时渲染,提前模拟设计效果,提高了构件之间的互动性和反馈性。并通过方案对比、论证进行动态调整,从而优化设计方案(图 3)。

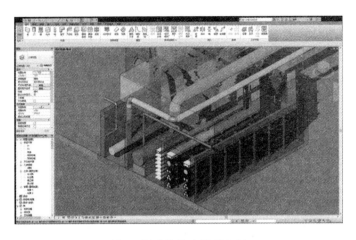

图2　标准段综合管廊布置

原方案监控室渲染图

现方案监控室渲染图

图3　管廊监控室方案对比

### 3.3　三维展示

通过BIM技术,使综合管沟工程设计、建造、运营过程中的沟通、讨论、决策都在可视化的状态下进行。利用三维信息模型,更加直观展示控制中心、综合管廊内各种类型管线排布、走向,变仓节点、连接节点等复杂部位(图4)。

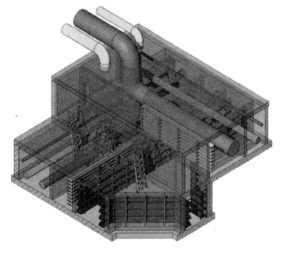

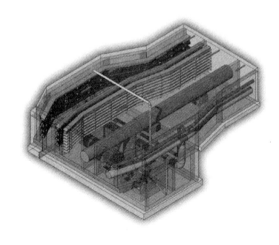

图4　管廊复杂管线节点

### 3.4 碰撞检查

将全专业整合的模型导入到 Navisworks 软件进行碰撞检查,检查结构与机电、机电与机电之间的碰撞情况,生成碰撞报告。并根据结果进行设计调整,避免返工浪费。通过检查,环岛北路控制中心碰撞点共计 176 处。将这些碰撞点及时在施工前发现和优化,将极大提升项目的效益。

### 3.5 净高空间检查

在不同的三维视图下,通过尺寸标注、剖分模型,检查综合管廊内结构、管道的操作空间,根据施工安装空间要求,进行管道优化。将模型导入到 Navisworks 软件,采用第三人行走模式,检查管道内各管道及楼梯净空,发现问题后及时调整模型。通过 Navisworks 在综合管沟内虚拟漫游,熟悉管道内部结构及各类管线的关系。

### 3.6 管线综合

在整合后的模型中,通过碰撞检查报告以及对空间的要求,解决管道在设计阶段的平面走向、立体交叉时的矛盾,更加合理的优化管道排布。并通过管线的综合优化生成图纸,真正起到指导施工的作用(图 5)。

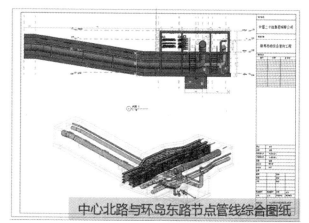
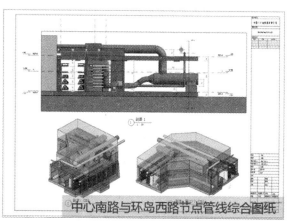

图 5    部分节点管线综合

### 3.7 施工方案模拟

大型管道运输及安装过程中,通过 BIM 技术自主研发设计了系列运输装置及顶升装置。实现了管道安全、平稳运输,同时对管道防腐层起到防护作用。有效地解决了因管道仓内工作空间有限的问题,提高了工作效率,保障了施工安全(图 6)。

图 6    管廊内大型管道安装

### 3.8 施工进度模拟

利用自建 BIM 模型,预演现场施工作业,针对工序搭接、资源利用、运输规划、机械配置等环节整体优化施工工期。通过 BIM 虚拟施工,切实加强工期管控水平。

对综合管廊标准段的进度模拟,展现了基坑支护、土方开挖、结构施工、机电管道安装的进度安排及工序顺序,使工程动态展示更直观,便于在各个阶段了解工程进展状态。通过模拟分析,优化围护结构的循环利用周期,确定最合理施工段长度,达到成本与进度最优组合(图7)。

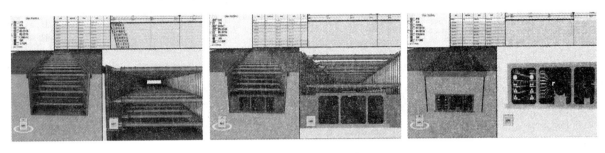

图 7    管廊基坑支护

利用 BIM 模型,开展了三维可视化交底,结合公司的质量样板引路方案,将 BIM 模型与操作要点融合,使作业人员对施工任务建立了直观明确的认识,提高了质量管理效果。

### 3.9 运维管理

在运维阶段,重点挖掘 BIM 模型信息的传递方式和要求。通过自控系统图,收集水泵、风机等设备的信息,提供给运维单位,在设备发生故障时可以及时进行维修(图8)。

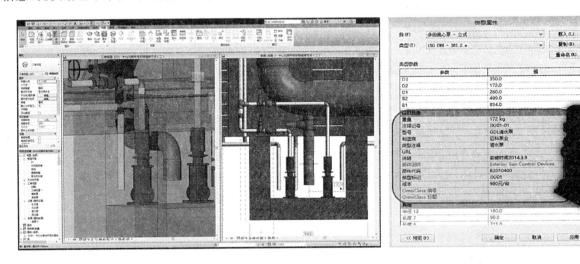

图 8    管廊内水泵、风机等设备运维管理

## 4    整体效益

### 4.1    经济效益

横琴市政综合管廊工程将 BIM 技术应用于设计、施工阶段,并为运维提供了准确数据支持,提高效益约5%。通过方案模拟、深化设计、碰撞检查、净空检查、管线综合、进度优化等应用,避免了设计错误及施工返工,并节约施工工期3个月。

### 4.2    社会效益

横琴市政综合管廊工程 BIM 技术的应用,开创了规划设计施工运维 BIM 应用的先河,通过开放的平台实现信息共享与协同工作。在国务院大力推广地下综合管沟建设的国家战略下,为后续同类工程提供全建设周期的信息数据支持。

## 4.3 环境效益

横琴市政综合管廊工程节约了大量的土地资源,集约利用了地下空间资源,改观了城市环境,产生效益上 100 亿元。利用 BIM 技术实现了绿色建造,通过多种分析手段优化方案,解决矛盾,使城市建造更加和谐。

# 城市综合管廊的施工技术研究与应用

许海岩　苏亚鹏　李修岩　陈大刚

（中国二十冶集团有限公司广东分公司）

**【摘　要】**城市综合管廊建设已经上升为国家城市建设的"第三战略"，已经一跃成为当前拉动国民经济增长的重要引擎。全国各大中城市纷纷响应党中央、国务院的重大部署，在全国范围内轰轰烈烈地开展了城市综合管廊的建设。本文以广东省珠海市横琴新区综合管廊的施工建设为例，重点介绍了综合管廊的地基处理、深基坑支护、结构施工、管道安装、电气设备调试等关键施工技术的相关内容，为国内各大城市开展综合管廊的建设提供借鉴意义。

**【关键词】**综合管廊；软基处理，深基坑；大口径管道安装；监控调试；运营

## 0　引　言

城市综合管廊是通过将电力、通讯、给水、热水、制冷、中水、燃气、垃圾真空管等两种以上的管线集中设置到道路以下的同一地下空间而形成的一种现代化、科学化、集约化的城市基础设施，它解决了城市发展过程中各类管线的维修、扩容造成的"拉链路"和空中"蜘蛛网"的问题，对提升城市总体形象，创造城市和谐生态环境起到了积极推动作用。综合管廊的建设已成为 21 世纪城市现代化建设的热点和衡量城市建设现代化水平的标志之一。

当前，城市综合管廊建设已经上升为国家城市建设的"第三战略"，已经一跃成为当前拉动国民经济增长的重要引擎。

全国各大中城市纷纷响应党中央、国务院的重大部署，在全国范围内轰轰烈烈地开展了城市综合管廊的建设。本文以广东省珠海市横琴新区综合管廊的施工建设为例，重点介绍了综合管廊的地基处理、深基坑支护、结构施工、管道安装、电气设备调试等关键施工技术的相关内容，为国内各大城市开展综合管廊的建设提供借鉴意义。

## 1　横琴综合管廊的简介

横琴新区综合管廊布置成"日"字型，覆盖全岛"三片、十区"，共设有监控中心 3 座，如图 1 所示。

按照主体功能区的分布、变电站的布置、收纳管线的种类和数量、管径大小，考虑敷设空间、维修空间、安全运行及扩容空间分为单舱室、两舱室和三舱室 3 种断面形式（图 2—图 4）。

综合管廊纳入管线有电力、通讯、给水、中水、供冷及垃圾真空系统等 6 种，包含了消防报警系统、计算机监控系统、供配电系统、照明系统、通风系统、排水系统、标识系统共 7 大系统，构建了功能最完善的综合管廊系统。

## 2　横琴综合管廊的施工技术

### 2.1　综合管廊地基处理技术

#### 2.1.1　地质情况

综合管廊所在场地多处为滩涂、鱼塘区域，场地内软土主要为淤泥和呈透镜体分布的淤泥混砂（地层代号分别为③$_{-1}$和③$_{-2}$）。软土除局部基岩埋藏较浅和基岩出露区没有分布外，其余大部分线路均有分布，软土层平均厚度 25 m，局部达到 41.2 m，具有天然含水量高、压缩性高、渗透性差、大孔隙比、高灵敏度、强度低等特性，具流变、触变特征。主要物理力学指标如表 1 所示。

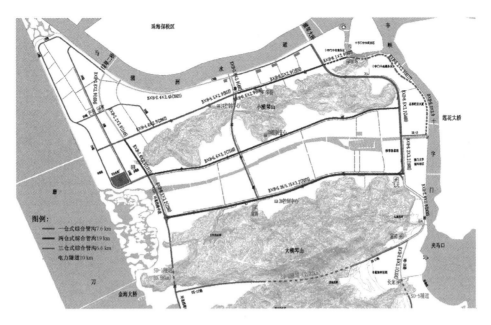

图 1　综合管廊平面布置示意图

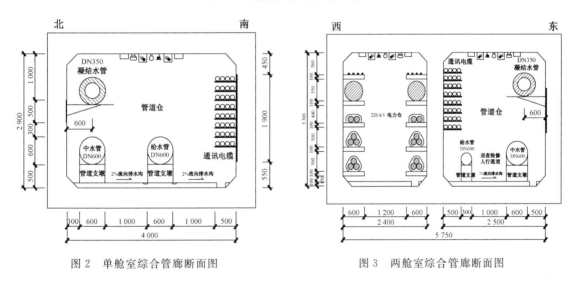

图 2　单舱室综合管廊断面图　　　　　图 3　两舱室综合管廊断面图

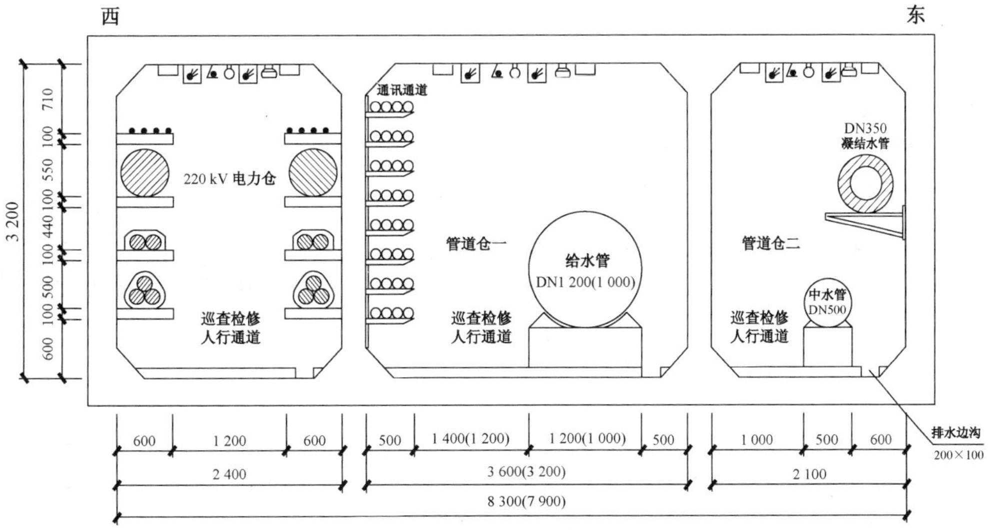

图 4　三舱室综合管廊断面图

| 表1 | 主要土层物理力学指标表 | | | | | | | | |
|---|---|---|---|---|---|---|---|---|---|

| 时代成因 | 地层代号 | 岩土名称 | 密度或状态 | 饱和重度 $r_{ant}$/kN/m³ | 直剪试验（固快） | | 直剪试验（快剪） | | 沉井井壁摩阻力 $f$/kPa |
|---|---|---|---|---|---|---|---|---|---|
| | | | | | $C_k$/kPa | $\varphi_k$/(°) | $C_k$/kPa | $\varphi_k$/(°) | |
| $Q^{ml}$ | ①₋₁ | 素填土（由残积土、风化层岩屑组成） | 松散～稍密 | 18.7 | 18 | 16 | 19 | 14 | 8 |
| | ①₋₂ | 素填土（由中～微风化块石组成） | 松散～稍密 | 19.6 | / | / | / | / | / |
| | ①₋₃ | 素填土（由黏性土组成） | 松散 | 16.8 | 15 | 10 | 4 | 4 | 8 |
| | ①₋₄ | 冲填土（由粉细砂组成） | 松散 | 17.7 | 8 | 21 | 5 | 20 | 8 |
| $Q_4^m$ | ③₋₁ | 淤泥 | 流塑 | 16.3 | 9 | 7 | 6 | 4 | 7 |
| | ③₋₂ | 淤泥混砂 | 流塑 | 16.8 | 10 | 8 | 7 | 5 | 11 |
| $Q_4^{mc}$ | ④₋₁ | 黏土 | 可塑 | 18.6 | 30 | 12 | 28 | 10 | / |
| | ④₋₂ | 黏土 | 软塑 | 18.0 | 17 | 10 | 15 | 8 | / |
| | ④₋₃ | 中粗砂 | 稍密～中密 | 19.8 | / | / | 3 | 30 | / |

### 2.1.2 软土地基处理施工技术

综合管廊布设在市政道路一侧绿化带中，顶部覆土平均2 m厚。综合考虑管廊结构设计标准级后期使用管养功能等因素，须对软土地基随市政道路一起进行软基预处理施工。经设计方案技术论证和经济效果比选后，采用真空联合堆载预压法作为主要处理方法。

（1）场地吹填施工。本项目淤泥顶面标高基本在−0.5～−1.0 m之间，为了解决土方急缺问题，地基处理前先吹填海砂至2.0 m标高。具体施工顺序为：场地清表→测量放线→构筑围堰→吹填海砂。填至要求的高程后，及时拆除管线，用推土机进行场地平整，进行下道工序施工。吹填施工如图5所示。

图5 吹填砂施工实景图

（2）真空联合堆载预压施工。对吹填完成的场地进行真空联合堆载预压软基处理，具体施工顺序为：铺设中粗砂垫层（0.5 m厚）→打设塑料排水板（SPB－C型，正三角形布置，间距1.0 m，长度按设计要求）→施打密封沟泥浆搅拌墙→埋设真空管路及安装抽真空设备（1 000 m²一台真空泵）→铺设1层土工布→铺设3层密封膜、试抽真空→铺设1层土工布→分级堆载至满载标高→真空联合堆载预压（满载6个月）→

卸载至设计标高→场地整平及密封沟换填(图6、图7)。

图6　真空联合堆载预压施工实景图

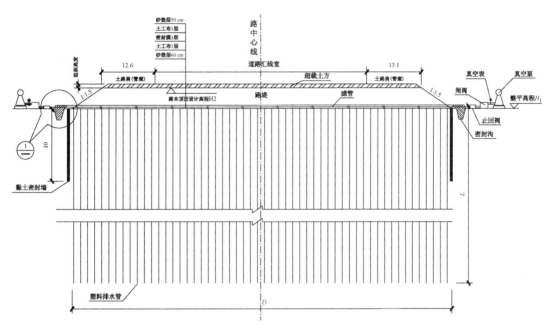

图7　真空联合堆载预压处理标准断面图

（3）卸载标准的确定。达到设计图要求的满载预压时间后，根据现场监测数据推算工后固结沉降，以工后固结沉降满足设计要求作为停泵卸载的主要标准；沉降速率小于 2 mm/d 作为辅助控制标准；工后固结沉降推算方法应以三点法或浅冈(ASAOKA)法为主，双曲线法为辅。

真空卸载后继续对路基进行沉降观测，并在路面施工之前连续监测 2 个月，以沉降量每月不大于5 mm为主控制值。

## 2.2　综合管廊深基坑支护技术

综合管廊施工有明挖法、暗挖法和盾构施工法。一般情况下均采用明挖法，当地下构筑物交错复杂、综合管廊埋深较深时，才采取暗挖法或盾构施工法。沿海地区综合管廊明挖施工时，应做好基坑开挖围护措施，可采用钢板桩、SMW 工法、灌注桩等多种支护方式。

横琴新区综合管廊最小开挖深度为−5 m，在与排洪渠、下穿地道等地下结构交叉段及下穿河道段最大开挖深度达到−13 m。根据不同结构断面形式，基坑开挖宽度为 3～20 m 不等。总体基坑支护方式根据不同工况、不同地质条件，可以分为以下三大类型。

### 2.2.1 山体段爆破开挖施工

在开山爆破段或靠近山体的剥蚀残丘地质段,原有地基满足管廊地基承载力要求,可直接采用放坡或静力爆破的方式开挖至设计坑底标高后,进行结构施工,无须进行支护,如有必要仅考虑边坡挂网喷锚的加固措施。

对于基坑周边有重要的建筑、地下管线等环境特别复杂的地区,宜采用化学爆破(静力爆破)的方式进行基坑的爆破(图8)。

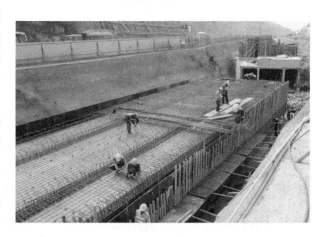

图8 放坡开挖施工实景图

### 2.2.2 标准段钢板桩支护施工

经软基处理后的综合管廊标准基坑段,采用顶部放坡＋钢板桩＋横向支撑＋坑底水泥搅拌桩封底的基坑支护方式,下面以 C-Ⅱ 型支护断面进行详细描述:

C-Ⅱ型支护基坑开挖深度为－7.5 m。先放坡开挖2 m,再采用15 m长Ⅳ型拉森钢板桩加二道内支撑进行基坑支护,钢板桩外围打设 D500 mm 水泥搅拌桩单排咬合止水桩,钢板桩之间采用 HW400×400×13/21 围檩进行连接,直径 DN351×12 的钢管进行内支撑。第一道横撑距钢板桩顶50～100 cm,第二道横撑距第一道横撑中心纵向间距3 m,支撑横向间距4 m,基坑底部采用水泥搅拌桩进行加固处理。具体如图9、图10所示。

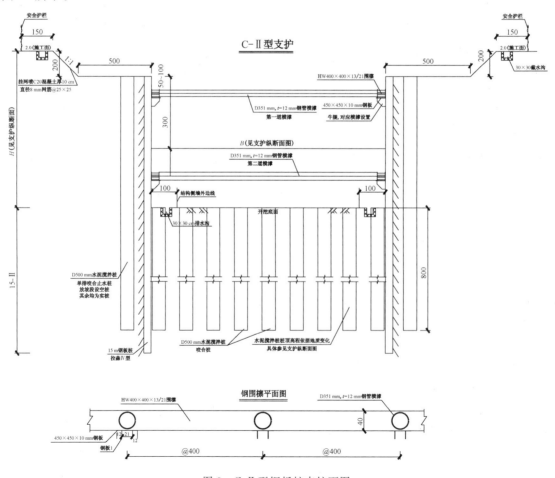

图9 C-Ⅱ型钢板桩支护面图

图 10　钢板桩支护、开挖施工实景图

### 2.2.3　加深段灌注桩支护施工

在地质条件较差、地层中含较多抛石层或者特殊工况的管廊加宽、加深段,采用钻孔灌注桩＋横向支撑＋坑底水泥搅拌桩封底的基坑支护方式。下面以环岛西路中段综合管沟 K0＋680—K0＋960 段进行详细描述:

环岛西路中段综合管沟 K0＋680—K0＋960 段为下穿段,场地地面标高为 2.50 m,基坑开挖深度为－12.35 m。基坑支护设计采用 Φ1 200 围护钻孔桩@1400＋Φ600 旋喷桩@400 止水＋三道钢围檩内支撑支护方式,围护桩间采用双排 Φ600 旋喷桩@400 止水,旋喷桩长度为超过坑底 6 m,为 18.35 m 长;基坑开挖设置三道内支撑,第一道支撑设置为地面标高以下－0.5 m,第二道支撑设置为地面标高以下－5.2 m,第三道支撑设置为地面标高以下－9.0 m,支撑采用 Φ600 钢管支撑,壁厚 16 mm,支撑由活动、固定端头和中间节组成,各节出螺栓连接,每榀支撑安装完,采用 2 台千斤顶对挡土结构施加预应力,围檩采用双拼 45C 工字钢,坑底采用 Φ500 @350 搅拌桩进行格栅式加固,搅拌桩加固深度为基坑底下 6 m。基坑开挖到底后,在坑底间距 2.8 m 抽槽设置 0.55 m×0.5 m 暗撑,内设 45C 工字钢,并浇筑 C30 速凝混凝土。具体如图 11、图 12 所示。

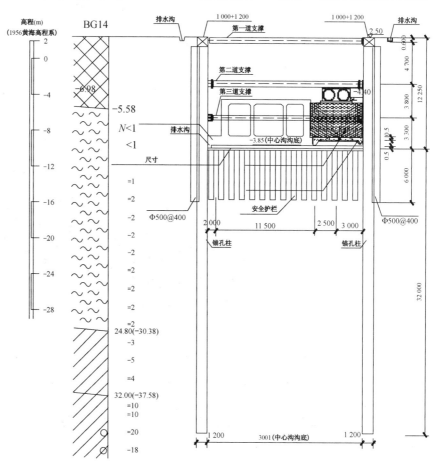

图 11　环岛西路下穿段综合管沟基坑支护断面图

图 12　灌注桩支护、开挖施工实景图

## 2.3　综合管廊主体结构施工技术

横琴综合管廊设计使用年限为 50 年，主体结构施工采用明挖现浇施工法，采用这种施工方法可以大面积作业，将整个工程分割为多个施工标段，以便于加快施工进度。同时这种施工方法技术要求较低，工程造价相对较低，施工质量能够得以保证。

### 2.3.1　混凝土裂缝控制技术

综合管廊结构采取分期浇筑的施工方法，先浇筑混凝土垫层，达到强度要求后，再浇筑底板，待底板混凝土强度达到 70％以上强度后再浇筑墙身和顶板，结构强度达到 100％的设计强度后才能拆卸模板和对称进行墙后回填土。

综合管廊混凝土施工时为了有效地消除钢筋混凝土因温度、收缩、不均匀沉降而产生的应力，实现综合管廊的抗裂防渗设计，按间距为 30 m 设置变形缝，在地质情况变化处、基础形式变化处、平面位置变化处均设置有变形缝。变形缝内设置宽 350 mm、厚≥8 mm 的氯丁橡胶止水带，填料用闭孔型聚乙烯泡沫塑料板，封口胶采用 PSU-I 聚硫氨脂密封膏（抗微生物型），确保变形缝的水密性。

图 13　综合管廊按缝分块整舱施工

本工程全部采用商品混凝土，商品混凝土采用搅拌车运输，泵车泵送入模的方法浇筑。在高温季节浇筑混凝土时，混凝土入模温度控制在 30 ℃以下，为避免模板和新浇筑的混凝土直接受阳光照射，一般选择在夜间浇筑混凝土。

本项目综合管廊施工时，混凝土养护采用覆盖塑料薄膜进行养护的方式，其敞露的全部表面应覆盖严密，并应保持塑料布内有凝结水。

### 2.3.2 门式脚手架支撑技术

综合管廊结构内部净宽为 3～5.5 m，净高为 3.2 m，顶板厚 40 cm。模板采用木胶合板，厚度不小于 15 mm，木方和钢脚手管作背楞，侧墙浇筑时采用 φ12 对拉螺杆对拉紧固，结构的整体稳定采用顶拉措施。浇筑顶板时支撑系统采用组合门式脚手架，具有搭设方便，省人工，搭设时间短等优点，如图 14 所示。

图 14　综合管廊内门式脚手架搭设施工

### 2.3.3 综合管廊防水施工技术

综合管廊采用结构自防水及外铺贴 2 mm 高分子自粘性防水卷材相结合的防水方式，为防止管廊回填时破坏防水卷材，外侧采用粘贴 35 mm 厚 XPS 聚乙烯板进行保护，确保综合管廊的防水工程质量，如图 15、图 16 所示。

图 15　综合管廊防水卷材施工

图 16　聚乙烯板保护层施工

变形缝、施工缝、通风口、投料口、出入口、预留口等部位是渗漏设防的重点部位，均设置了防地面水倒灌措施。由于有各种规格的电缆需要从综合管廊内进出，根据以往地下工程建设的经验，该部位的电缆进出孔也是渗漏最严重的部位，采用预埋防水钢套管的形式进行处理，防水套管加焊止水翼环。

## 2.4　综合管廊内大口径管道安装技术

### 2.4.1　管道支架安装

综合管廊中有较多的大口径管道，由于大口径管道比较沉重，一般采用混凝土支墩作为管道的支架。

可采取两种工艺施工混凝土支墩。

1）混凝土支墩模块化安装方法

按照设计尺寸及数量将混凝土支墩模块化制作，管道施工前在支墩点位的地面上采用人工凿毛或风动机凿毛，人工凿毛时混凝土强度不低于 2.5 N/mm²，风动机凿毛时混凝土强度不低于 10 N/mm²；利用水泥砂浆将管道的混凝土支墩与地面牢固粘合在一起（图 17）。

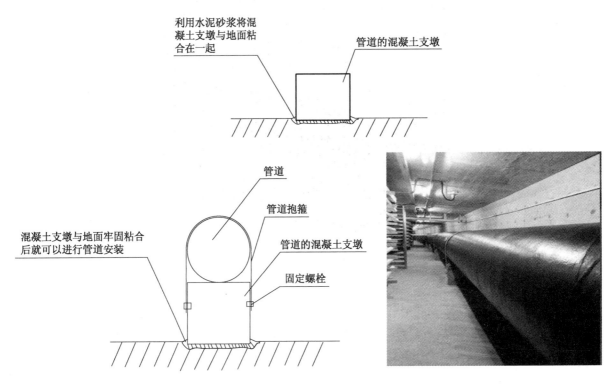

图 17　混凝土支墩固定管道安装图

2）混凝土支墩现浇施工方法

预先在管道支墩点位的地面上进行凿毛，采用调节螺栓成三角形焊接牢固（或采用膨胀螺栓在地面安装固定点），利用螺栓调节及固定管道托架，管道安装可与混凝土支墩浇筑同时进行，实现了管道支墩浇筑与管道安装互不影响，同时施工（图 18、图 19）。

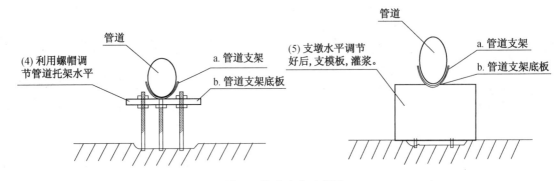

图 18　管道安装示意图

### 2.4.2　卸料口管道吊运

综合管廊每隔 200 m 设置一个卸料口，管道安装时需通过卸料口吊运进入综合管廊，如图 20 所示。

在卸料口，利用起重设备向管沟内输送管道时，为了避免管道与卸料口处的混凝土发生碰撞，同时保护管道的防腐层不受损伤，提高施工效率，采用管沟卸料口运输管道装置，如图 21 所示。

图 19　管道安装与混凝土支墩同时施工图

图 20　管道吊装入廊

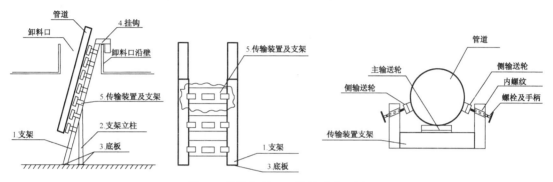

图 21　管沟卸料口运输管道装置图

### 2.4.3　管廊内管道安装

管道运输安装采用多组多用途管道运输安装装置。管道对口连接时，可利用装置上的滚轮左右推移调整。管道口对齐、对中校正完毕，将顶升装置顶升端插入传输装置下端的套管内，采用顶升装置将传输装置进行顶升，轻松快捷的达到了管道对口的施工工作。管道对口安装结束后，推移装置将管道运至支架

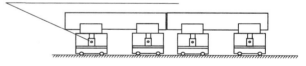

图 22　使用装置进行管道对口及安装示意图

上，利用顶升装置将管道顶起至支架上，然后慢慢降下装置，将装置推移开管道（图 22、图 23）。

图 23　综合管廊内管道运输

## 2.5 综合管廊电气设备安装调试技术

### 2.5.1 综合管廊 20 kV 预装地埋景观式箱变安装

横琴综合管廊供电采用 20 kV 预装地埋景观式箱变分段供电,其由地埋式变压器、媒体广告灯箱式户外低压开关柜和预制式地坑基础组成。预装地埋景观式箱变将变压器置于地表以下,露出地面的只有媒体广告式灯箱开关柜(图 24)。

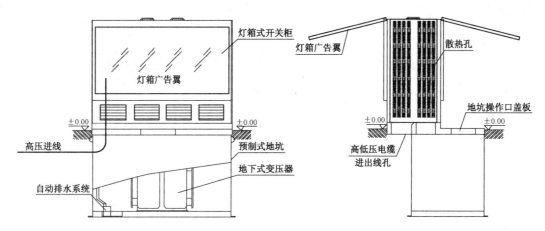

图 24　预装地埋景观式变电站组成结构示意图

预装地埋景观式箱变在基础开挖后整体埋设,预制式地坑为全密封防水设计,地坑下部箱体为金属结构,地坑内的积水高度超过 100 mm 时,由水位感应器触发排水系统启动,经排水管排出。安装时应注意测试预装地埋景观式箱变通风系统、排水系统的可靠性,同时应注意其操作平台应高于绿化带至少 150 mm。

### 2.5.2 综合管廊监控技术

横琴新区综合管廊全段共 33.4 km,为了方便运行维护,将综合管廊分为三个区域,各区域的数据就近接入对应的控制中心进行分散存储,各控制中心分别管理 10～12 km 的区域。

控制中心对管理区域内的 PLC 自控设备(含水泵、风机、照明、有害气体探测)、视频监控设备、消防报警设备、紧急电话、门禁等进行管理和控制,数据汇集到对应的控制中心机房进行数据存储和管理,并预留相关通讯及软件数据对接接口,便于各控制中心之间或与上一级管理平台之间进行数据对接(图 25)。

图 25　横琴综合管廊监控中心实景图

### 2.5.3 综合管廊消防施工

沿综合管廊长度方向约 200 m 为一个防火分区,防火分区之间用 200 厚钢筋混凝土防火墙分隔,其耐火极限大于 3.0 h。

综合管廊采用密闭减氧灭火方式,当综合管廊内任一仓防火分区发生火灾时,经控制中心确认发生火灾的仓内无人员后,消防控制中心关闭该段防火分区及相邻两个防火分区的排风机及电动防火阀,使着火区缺氧,加速灭火,减少其他损失,等确认火灾熄灭后,手动控制打开相应分区的相应风机和电动防火阀,排出剩余烟气(图26)。

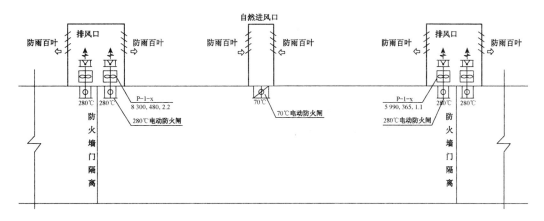

图26 单个防火分区示意图

由于综合管廊采用减氧灭火方式,穿越防火分区的桥架、线缆以及与外部连通的出线口等均需采用防火堵料进行封堵,以保证减氧灭火效果。

## 3 结 语

横琴新区综合管廊的成功建设,提升了珠海市横琴新区的整体城市水平、改善城市环境,提高城市居民的生活品质,为全国综合管廊的设计、施工、运营和管理提供了宝贵的借鉴意义,被建设部作为典型在全国进行了推广。

# 综合管廊大型管道安装施工工艺

宋赛中[2]　李修岩[1]　陈云龙[2]　李恩东[2]

(1. 中国二十冶集团有限公司广东分公司；2. 中国二十冶集团有限公司电装分公司)

**【摘　要】** 综合管廊集合了各类市政管线统一运营管理、充分利用地下空间、节约宝贵的土地资源等种种优点,因此目前在全国各大城市尤其是新建城区得到了大力推广。本文通过横琴新区市政基础设施 BT 项目的工程实例,总结出一套成熟完整的综合管廊内大型管道安装的施工工艺,具备在同类项目中推广应用的价值。

**【关键词】** 市政工程；综合管廊；大型管道安装

## 0　引　言

城市地下综合管沟,又称"综合管廊",是指将传统设置在地面、地下或架空的各类公用类管线集中容纳于一体,并留有供检修人员行走通道的地下结构。由于综合管廊将给水、中水、真空垃圾管等各类管线均集中设置在一条综合管廊的地下结构内,消除了通讯、电力等系统在城市上空布下的道道蛛网及地面上竖立的电线杆、高压塔等,避免了路面的反复开挖、降低了路面的维护保养费用、确保了道路交通功能的充分发挥。同时道路的附属设施集中设置于综合管廊内,使得道路的地下空间得到综合利用,节约土地资源,腾出了大量宝贵的城市地面空间,增强道路空间的有效利用,并且可以美化城市环境,创造良好的市民生活环境,目前在全国各大城市尤其是新建城区得到了大力推广。

由于景观设计要求以及结构施工特点,通常在设计综合管沟卸料口大小尺寸以及间距时,不会考虑按照入沟永久给水、中水、真空垃圾等管道的总长度以及安装施工的单节长度调整,导致在后期管道安装施工时不能水平吊装放入管道仓内,管道仓内工作面有限加深段又多,而且只能使用人力来运输管道,使施工效率降低,给管道安装带来了很大的困难。本文通过在横琴市政 BT 项目中环岛北路、环岛东路等路段综合管廊管道安装的工程实例具体介绍解决这些难点的施工工艺。

## 1　综合管廊大型管道安装施工工艺的实际应用

### 1.1　施工工艺简介

#### 1.1.1　施工工艺特点

在市政工程综合管廊大口径管道安装施工中,利用特别制作的运输车、门型架及加深段牵引钢索配合小型卷扬机来完成管道安装工作,并形成固定安装工艺,合理、有效地解决因为管道仓内工作面有限而只能使用人力配合小型机械和利用综合管廊预装吊环来运输、安装管道的低效率,或者采用综合管廊土建结构施工过程中预装管道引发的交叉施工的难题。从而保证工程施工节点和施工进度,节约投资。

#### 1.1.2　施工工艺流程

施工工艺流程如图 1 所示。

### 1.2　本施工工艺在市政工程中的具体应用

现以横琴市政工程综合管廊供水管道安装为例介绍"综合管廊大型管道安装技术"的施工工艺。该工程采给水管道尺寸分别为 Φ1 200,Φ1 000,Φ700,每节管道长 6 m,安装高度均为 1.2 m,综合管廊投料口间距 200 m,每套设备及施工班组最长有效安装长度为投料口左右各 100 m。具体管道工程量、重量等参数如表 1 所示,其中综合管廊主体结构已验收具备安装条件。

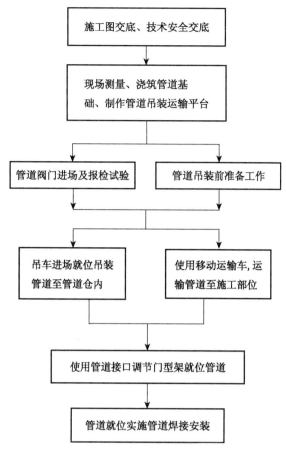

图 1  施工工艺流程图

表 1                                                管道施工参数表

| 设备名称 | 重量/kg | 管道单节长度/m | 工程量/m |
|---|---|---|---|
| DN1 200  给水管道阀门 | 3 260 | 6 | 3 137 |
| DN1 000  给水管道阀门 | 2 260 | 6 | 1 585 |
| DN700  给水管道阀门 | 1 320 | 6 | 160 |

### 1.2.1  施工准备

（1）自制管道运输车。管道运输车应具有足够的刚度,使其在承载管道和阀门时不会发生变形和破损。由于给水管道自重较大,故采用 12# 槽钢制作管道运输车底板,使用 10 mm 钢板做成马鞍形管托。满足给水管道、阀门的承重以及水平搬运的稳定要求(图 2)。

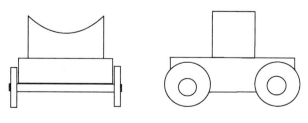

图 2  管道运输车示意图

（2）制作门型管道接口调节架如表2所示。

表2　　　　　　　　　门型管道接口调节架制作材料表

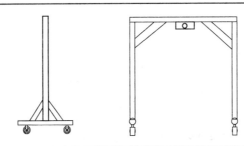

| 名称 | 规格 | 数量 |
|------|------|------|
| 槽钢 | 12# | 30 m |
| 钢管 | DN25 | 36 m |
| 钢板 | 10 mm | 15 m² |
| 角钢 | 50×50×5 | 20 m |

（3）吊装运输设备的选用：经核算，吊车工作半径为6～25 m，平均吊装半径为12.5 m。吊装设备选用30 t汽车吊，用于给水管道吊装；选取JK-1型单筒卷扬机进行综合管廊内运输车的牵引，以上机械设备适合施工场地内使用并且满足本工程的需要。

（4）项目经理部根据施工进度计划组织施工人员进入施工场地。保证从事技术工种作业人员经过相应专业培训，使之具有上岗证件，确保持证上岗。

### 1.2.2　操作要点

（1）吊装。当进行管道设备吊装时，首先用1台6吨插车插入管道、阀门的底部，缓慢提升至离地面200 mm高度进行试吊，试吊确认安全后将管道、阀门缓慢吊运至综合管廊投料口上方，管道在空中时姿态的调整，通过人工拉动绑在设备上的牵引绳来控制方向。待完全对准后开始缓缓下吊进入投料口，待管道稳稳下落到综合管廊管道仓内的运输车上方可卸下吊装带（图3）。

吊装作业时综合管廊内外上下面的施工人员必须相互配合并由专人统一指挥。

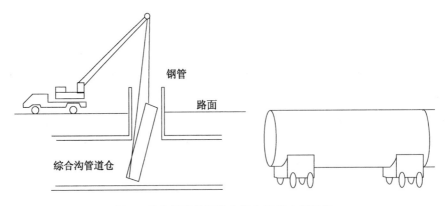

图3　给水管道的吊装和综合管廊内倒运图

（2）运输。单筒卷扬机在吊装作业前必须固定在综合管廊管道仓的底板上，同时在投料口与卷扬机之间用12#槽钢铺设简易的运输轨道，当管道设备吊装上运输车后，将钢丝绳连接于运输车的安全挂钩上，待管道上的吊带安全卸除后启动卷扬机，将管道平稳运送至待安装位置。

（3）安装。给水管道倒运至综合管廊内施工现场就位后，使用门型管道接口调节架将管道从运输车上吊起缓慢移动至已经预制完成的管道支墩上，待管道全部吊装完成后进行后续常规组对、焊接、防腐以及试压施工(图4)。

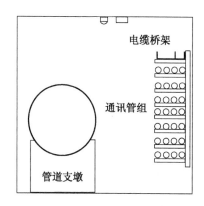

图4 给水管道的支墩示意图

### 1.2.3 劳动力组织

劳动力组织如表3所示。

表3 劳动力组织情况表

| 工种 | 管理人员 | 吊车司机 | 起重工 | 电焊 | 普工 | 电工 | 卷扬司机 | 合计 |
|---|---|---|---|---|---|---|---|---|
| 人数 | 3 | 2 | 2 | 2 | 8 | 4 | 2 | 23 |

### 1.3 质量控制要点

(1)管道设备等原材料进场必须进行认真验收,不合格的管道不允许出现在工程中;同时在施工过程中,对管道须进行保护,尤其在卸车、吊装、移管、铺设、接口过程中。

(2)在吊装过程中,给水管道的吊起、平移、下降等动作应缓慢进行;下降至综合管廊内运输车上时必须精准,必要时运输车下垫木方等材料防止管道磕碰变形,影响对接。

(3)管道焊接时注意焊缝采用双面V形坡口加强焊缝形式,且符合"手动电弧焊接接头的基本形式与尺寸",同时要求满焊,表面不得有裂缝、烧穿、结瘤、夹渣、气孔等缺陷。

(4)管道防腐涂装前要注意必须进行人工除锈,去除所有氧化皮、锈体和污物,外表面只允许有轻微的点状和条纹状痕迹,保证达到Sa2.5标准;除锈等级应严格按照GB 8923—88的涂装前管材表面修饰等级和除锈等级,钢管除锈结束,马上涂刷底漆,间隔时间不超过4小时,涂刷要均匀。

### 1.4 安全措施

(1)施工前对施工人员进行1~2次安全教育,编制专项安装方案并做好安全技术交底,要让施工人员熟悉施工现场的环境细节,了解管道安装施工流程的全过程。严格执行安全活动,做好记录,简单明了,具体措施、具体规范、具体人员、具体部位都要有专人认真负责,各施工工序和重要部位要有交底记录。

(2)实行事前安全检查制,查隐患、查违章、查机具可靠性等对安全有关的项目。吊装施工时专业安全人员必须到场督导。专职、非专职安全人员在施工中要认真负责,坚决制止一切违章事故。

(3)吊装区域及附近挂设红白旗,在四周安装临时围栏,与吊装作业施工无关的人员撤离现场,吊装区域下的其他专业施工作业全部停止人员应撤离吊装现场。

(4)在使用专用吊具扁担梁的棱角处必须焊接保护管,防止钢丝绳受损;扁担梁上平面钢丝绳挂设的位置焊接挡位,防止钢丝绳移位。

(5)所有的吊装机具在使用前进行检查确认,确保吊具的安全使用。

(6)吊装前指挥人员和行车工要互相沟通熟悉吊装信号及旗语,吊装过程中起重工的指挥信号一定要准确无误。

（7）进出综合管廊进行管道作业时，必须在检修人行出入口处建立挂牌登记制度，并派专人管理。若必须从投料口或者通风口等部位临时上下综合管廊进行施工作业，必须按规范要求搭设好安全爬梯。

## 2  综合效益分析

综合管廊大型管道安装施工技术的使用，可以为市政工程综合管廊管线安装减少工程前期设备成本投入和中期的人工费用成本。减少了安装施工过程中各种传统设备台班费，人员投入费用等，节约施工成本。同时本技术可以推广应用至综合管廊内所有大型电器、消防、供热制冷、智能化设备的安装施工，具有很强的实际应用价值。

横琴市政工程综合管廊给水管道安装若采用传统吊装、利用综合管廊内预埋的吊装孔进行运输、安装工艺施工，则需前期增加采购小型运输、吊装设备并投入大量人力，无法开展多个工作面，且耽搁工期时间较长，增加的直接施工成本约100万元。若采用在前期综合管廊土建结构施工过程中，提前施工则需要与土建结构交叉施工，要求延长底板养护时间，待达到一定强度后吊装管道，安装后则要采取专项措施进行成品保护，并且建成管道直接影响土建施工中模板、脚手架搭设等一系列问题。采用"综合管廊大型管道安装施工技术"可以具体解决以上综合管廊投料口以及内部空间狭小导致大型管道、设备安装人力、施工机具投入大或者与土建结构交叉施工的问题，同时可以同时开展多个工作面节约了工期，从而保证了综合管廊各类管线安装的重大工期节点。

# 横琴新区城市综合管廊建设实践与思考

何 健

（中国二十冶集团有限公司广东分公司）

**【摘　要】**目前国家大力推进城市地下综合管廊建设,在不同城市已开始建设、运营试点工作。珠海横琴新区综合管廊是新近建成的国内最大规模的现代化城市综合管廊,具有规划超前,综合优点突出的鲜明特点。本文介绍了横琴新区城市综合管廊建设及技术创新的实践经验,并对目前现状问题展开探析、思考,期望对推进综合管廊建设具有借鉴意义。

**【关键词】**综合管廊;建设;运营;维护;成本

## 0　引　言

珠海横琴新区坐落于珠海市南侧,临近澳门的横琴岛。2009 年 8 月 14 日国务院批复《横琴总体发展规划》,要求将横琴建设成为"一国两制"下探索"粤港澳"合作新模式的示范区。根据批复要求,横琴新区对全岛作出了规划目标定位:要将横琴建设成连通港澳、区域共建的"开放岛",经济繁荣、宜居宜业的"活力岛",知识密集、信息发达的"智能岛",资源节约、环境友好的"生态岛"。在这种背景之下,一种高起点、高规格、能集中容纳多种管线共沟布设、具有长远发展功能的城市综合管廊规划设计方案逐步成型,经充分讨论最终得以全面实施。

新建城市地下综合管廊全长 33.4 km,工程直接建设投资约 22 亿元,是横琴新区市政基础设施 BT 项目(一期工程)主体工程之一,也是目前国内一次性投入最大、建设长度最长、辐射面最广、纳入管线种类最多、施工最复杂的综合管廊工程。管廊于 2010 年 10 月开工建设,至 2014 年 10 月内部电力、给水、通信等电缆、管线纳入完毕并投入运营,已逐步实现 106 km² 横琴新区城市能源供辅的主动脉功能。

## 1　规划设计特色

综合管廊主干线总长度约 28.8 km,采用双仓、三仓两种规格,沿环岛北路、中心北路(港澳大道)、中心南路(横琴大道)、环岛东路、环岛西路布置,形成三横两纵"日"字形管廊网;支干线总长度约 4.6 km,采用单仓、双仓设置,沿十字门商务区、口岸服务区的滨海东路布置。主干线管廊规划先期纳入电力、给水、通信 3 种管线,超前规划预留供冷、供热、中水、垃圾真空管 4 种管位,能满足横琴未来 100 年发展使用需求。综合管廊内设置通风、排水、消防、监控等系统,由控制中心集中控制,实现全智能化运行。

从成本测算、短期运营实践及后期运营预测来看,管廊综合优势十分明显:

(1) 各类管线纳入管廊,分仓布置,由常规的分散布设改为集中布设,最大限度节约城市用地空间,仅将沿路 220 kV 架空电缆纳入综合管廊,就为横琴节约近 40 公顷用地,拓展城市空间约 200 万 m³。

(2) 综合管廊内各类管线安装、检修、扩容、监控管理变得极为方便,避免了道路的重复开挖,降低成本,提升民生质量。

(3) 入廊管线彻底避免了地下高盐分水体侵蚀,且在管廊内相对恒定的温度、湿度条件下,预测会将管线延长 2~3 个生命周期。

(4) 纳入综合管廊的各类管线得到了很好的保护,基本不受周边地块开发建设的影响,杜绝人为破坏因素,减少管线抢修工作,同时综合管廊占地上方能很好地进行绿化景观造型,减少埋地管线标识,提升市容质量。

## 2　建设实践与创新

横琴原始场地遍布自然河渠、鱼塘、香蕉地,大部分是深达 30 m 的高含水率流塑淤泥,塑性指数高,渗透性差,强度极低,部分地区下卧花岗岩层,岩面浅,起伏变化大,局部地区分布较厚乱石层,地质差,建设条件复杂。地下综合管廊建设难点在于:基坑开挖深度5～17 m支护、开挖难度较大;超长地下混凝土结构防渗漏要求严,总体质量要求高;管廊内部半密闭受限空间,大直径管道运输、安装比较困难;工程总体量大,有效工期短。

## 2.1 深基坑施工

横琴综合管廊位于拟建道路一侧20 m宽管廊带内,深基坑采用先随道路同步进行软基处理,后支护明挖方式。由于淤泥工程性能特别差,以加速排水固结、减少道路工后沉降为主要目的软基处理方式,并不能完全化解深基坑的高风险。施工过程中根据不同的地质条件,因地制宜分别采用灌注桩、钢板桩、护壁锚杆等不同支护方法;针对难度地区,展开系列课题技术攻关,经过应用堆载沙井后注浆加固技术、水泥搅拌桩空间优化加固技术、阶梯式组合支护开挖技术、穿岩基坑吊脚桩支护静力破碎开挖技术等创新技术,深基坑在开挖过程中未出现安全事故,未出现较大质量事故,且非常好地保护了原有重要煤气管线及国防光缆的正常运行,取得很好的安全及经济效益。

## 2.2 管廊结构施工

综合管廊本体结构施工质量把控关键点在于:确保桩基基础质量,最大限度提高管廊混凝土结构的自防水性能。施工过程中通过严格质量管控及应用创新技术,效果明显,基本做到不渗不漏:①运用BIM技术对工程桩桩端持力层进行可视化交底,制定管控措施,确保桩基稳定,杜绝差异沉降。②优化混凝土配合比,改进养护方法减少混凝土收缩裂缝。③采用分段跳仓施工技术,先期减少变形缝纵向拉力。④利用自主创新专利技术改进变形缝节点构造,提高变形缝侧向抗力,延长橡胶止水带使用寿命。

## 2.3 管线安装

综合管廊内一般按200 m设置防火分区单元,每个防火分区顶部设置进、排风口,每2个分区设置吊装孔,每4～5个分区设置检修口或人行出入通道。综合管廊内管线安装基本在一个超长的半密闭受限空间内进行,总体安装顺序是先照明(正式电源或临时电源)、排水、通风,然后开始管线安装,管线安装顺序原则是按直径先大后小,按材质先硬后软,按部位先底部后上部。管廊内直径800～1 400 m给水管道入廊、运输安装难度最大。项目组采用"开、闭结合"的吊装入廊、运输方式:对少量安装位置远离吊装孔且体量较大的管道或成套设备,采用先吊装就位后浇筑管廊顶板的"开口"方式;其他管道、管线采用从吊装孔分批入廊,长距离纵向运输的"闭口"方式。对给水钢管、打捆后的PVC管,利用自主研发的顶升、滚轮运输装置,实现了超长受限空间内管道的高效运输及安装。

## 2.4 BIM技术综合运用

横琴地下综合管廊设计标准高,施工体量大,周期长。将BIM技术全面应用于综合管廊的设计、施工全程,通过方案模拟、深化设计、管线综合、资源配置、进度优化等应用,避免了设计错误及施工返工,取得良好的经济、工期效益。

### 2.4.1 设计阶段

(1)利用BIM技术对管廊节点、监控中心结构、装饰等进行建模,仿真分析,提前模拟设计效果,对比分析,优化设计方案。

(2)利用BIM的3D实比例模型进行管线碰撞检查。

(3)将模型导入到Navisworks软件,采用第三人行走模式,进行净空检查。通过BIM检查深化设计,可将大部分问题解决在施工之前。

### 2.4.2 施工阶段

(1)结合勘查资料、设计图纸利用BIM技术建模,厘清桩端持力层、岩面等关键隐蔽节点,提前制定施工管控措施。

(2)利用建筑、结构、管线的综合3D模型及Navisworks软件虚拟漫游,进行可视化交底,并在管线安装过程中实时对安装工况及效果进行评估,及时纠偏。

（3）利用 BIM 参数化、可视化模型等特点,集中物资、价格、形象进度等信息,方便施工资源调配及进度优化控制。

# 3 问题与思考

## 3.1 融资建造及运营维护

城市综合管廊,作为具有准公共属性的城市能源通道,功用优点十分突出,但目前建设发展严重不足,主要制约因素在于前期建设投资巨大,后期运行维护收费困难。由于建设费用高,综合管廊通常采用投融资模式建设,其全寿命费用主要包括建设直接成本、融资成本、投资回报利润、运行维护成本,潜在成本回收来源包括购买、租赁、政府税费及补贴等。目前主要问题是管廊成本回收主导者不明确,回收来源、方式、标准不明确,也没有法律法规支持;埋地管线敷设及运维成本如何向综合管廊成本转移也不明确,管线产权单位或主管部门也缺乏操作依据。上述问题直接导致综合管廊收费难,建设融资难,管廊运营维护难,许多运营中的综合管廊基本处于运维瘫痪状态。针对目前的瓶颈问题,建议:

（1）针对综合管廊尽快建立相关法规,明确管线强制入廊标准,解决规划设计、投资建设、营运管理及费用分担等关键问题,以吸引更多的资金更多的机构投入到综合管廊的建设及运维管中。

（2）加速城市管线产权或主管部门现有建设、营运体制或机制改革,与综合管廊集中建设集中维护相接轨。

（3）加快推进对管线埋地、管线入廊全寿命成本的比较研究,制定综合管廊技术规范,按地域区分,建立成本定额数据库,为综合管廊建设及运营维护成本分担提供指导。

## 3.2 建造质量与营运安全

城市综合管廊投资建造成本高,建造质量越好,使用寿命越长,越能体现其成本优越性。国内其他地方许多已投入运营的综合管廊,由于施工管理、技术水平不够,短时间内管廊本体就出现变形、渗漏,逐渐丧失其使用功能,返修维护成本剧增,损失巨大。由于综合管廊深埋地下,各类管线集中,管线密度高,事故发生的概率增大,一旦发生事故往往是连锁反应导致灾害扩大。

城市综合管廊建造质量及运营安全不仅关乎成本还影响到民生,在全国大范围推广综合管廊建设的同时,应着力提升建设质量水平及营运安全管控水平。建议:①针对城市综合管廊从公用属性出发制定更为严格的规划、设计、施工、验收技术标准,制定严格保护法规、营运管理办法、检修安全操作规程等,全面提升质量标准及营运管理水平;②鼓励通过技术创新来提高综合管廊使用寿命及营运安全水平,例如研究使用高性能混凝土技术、新型变形缝构造技术、管廊本体模块化预应力拼装技术、新型防水材料及防渗堵漏技术等;研究新型通风、监控火灾报警、消防喷淋系统,将高等级的工业自动化控制技术引入民用综合管廊。

# 4 结 语

横琴新区已建地下城市综合管廊具有规模大、规划设计超前、综合优点突出的特点,施工过程中也克服了不少特殊难题,同其他部分城市综合管廊一样也面对成本分摊难,运营维护收费难等问题。

目前国务院连续发布关于基础设施和管线建设文件,推广城市综合管廊建设,住建部在全国其他城市已布置试点工作,并在横琴进行了建设总动员。推广、建设城市地下综合管廊已上升至提振经济,提升城市品质的战略高度。当下大力建设城市地下综合管廊势在必然,所面对的建设、运营问题也将逐步落实解决。

由于安全评估及成本控制原因,横琴综合管廊暂时未纳入燃气管线及重力流雨、污水管线。随着燃气输送、雨水回收利、污水地下处理再回收利用等技术的创新、发展。展望不久的将将来管线集约化程度更高、技术更先进的综合管廊必将成为城市建设、改造的主潮流。

**参考文献**

[1] 夏波,吴丽娟,钱建荣,等.综合管廊管理办法探析[J].城市住宅,2015(2):121-122.

[2] 孙影.浅谈国外综合管廊发展对我国地下管线建设的启示[J].科技咨询,2013(08)a-0228-02:228-230.

四、
道路及桥梁
施工技术

# 远距离路基吹填施工技术

许海岩　程　兵

（珠海中冶基础设施建设投资有限公司）

【摘　要】本文以横琴新区路基吹填施工为例,对远距离吹填施工技术及工艺作了重点论述。实践表面,采用大马力绞吸船加增压泵分级接力吹填,在技术经济上是可行的;同时针对在复杂地理条件下吹填管布设及围堰稳定性进行了简要论述。

【关键词】接力吹填;施工工艺;围堰稳定性

沿江沿海区域,土资源相对紧缺,在工程建设中为解决土源缺乏难题,各地因地制宜,越来越多地采用吹填工艺取代填土来实现路堤加固、场地平整等。如荆州市长江堤防整险加固工程、武汉市屯口开发区在原有农田、池塘基础上吹填造陆。与传统开山取土施工相比,吹填工艺体现出较强的优势,能有效降低工程造价;施工过程中不受天气影响,缩短了工期;避免取土带来生态破坏。但在实际吹填施工中,因受水文地质、地理环境等因素限制,往往存在远距离接力吹填、围堰稳定性等难题需要解决。

本文结合横琴新区路基填筑工程,重点介绍了横琴新区远距离吹填施工。

## 1　工程概况

珠海市横琴新区位于珠海南部,珠江口西侧,东邻港澳,南濒南海。横琴新区原分大、小横琴岛,两岛之间为十字门水域(称之为中心沟),20世纪70年代中心沟两侧修筑起东、西大堤,将大、小横琴岛连成一体,后经人工围垦改造,现基本为鱼塘、蚝池、少量的蕉林、泥滩地组成,其中中部有一条宽度为50～100 m的河流贯穿中心沟,水深一般为2～4 m,东、西海堤与海水联通,西堤西侧深达6～10 m(图1)。

由于珠海地区砂土资源匮乏,基本通过外购引进,运距远、供料运输渠道有限,且目前连通岛外的唯一陆运出入口为东北角处横琴大桥。根据现状情况,本工程考虑采用吹填砂进行场地平整。整个中心沟区域整体地势平坦、地面标高-1.81～1.66 m,设计吹砂面标高为1.7 m,误差范围-100～+200 mm。本文涉及的远距离吹填路基位于中心沟南北两侧,靠近大小横琴山山脚(图2),即规划的中心南路与中心北路,工期为4个月。

图 1　中心沟

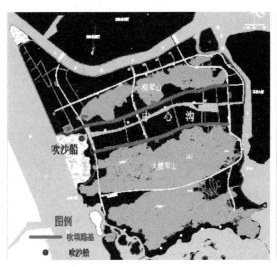

图 2　吹填区域图

东侧十字门水道紧邻澳门,受边防、海事、海洋等行政部门约束,吹砂船舶无法停靠,且受东堤和西堤水闸口所限,大型吹填船只无法进入中心沟水域就近进行道路吹填,因此吹砂船位置选择在西侧磨刀门水道靠近原有西堤水闸口外水域。南侧中心南路吹填里程范围为 K0＋000—K6＋040,北侧中心北路吹填里程范围为 K0＋000—K7＋120,由西向东吹填,最远吹填距离多达到 7 千米,吹填战线长,需进行接力吹填。

## 2　施工方案

针对该吹填工程难点,结合实际情况,施工过程中考虑如下几种分级接力吹填方案。

方案一:采用 1 200 匹马力泵船分级接力吹填

采用自吸自卸船将运砂船在取砂点运来的砂卸至储砂船内,然后由 1 200 匹马力吹砂船泵送至施工区域集浆池内,依次接力,由作业人员按区域需要分级泵送。1 200 匹马力接力泵最大输送距离按 2 km 考虑,

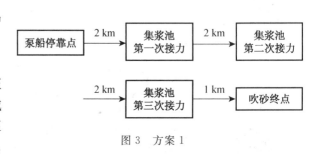

图 3　方案 1

共接力三次,如图 3 所示。西堤西侧设置 5 处吹砂船停泊位,共计 8 艘泵船,按照从西至东吹填的原则,依次吹填。

该方案中中途设置三个集浆池,两泵靠集浆池连接,能充分利用集浆池储浆能力,前后泥浆泵可根据集浆池中液位高低独自运转,互不干扰,能提高每个泥浆泵的利用率。缺点在于需增加修筑集浆池的费用,前一台泥浆泵余压得不到充分利用,水力损失较大。

方案二:采用 800 匹马力泵船分级接力吹填

由 800 匹马力吹砂船泵至施工区域,依次接力,由作业人员按区域需要分级泵送。800 匹马力接力泵最大输送距离按 1.3 km 考虑,共接力 5 次,如图 4 所示。西堤西侧设置 5 处吹砂船停泊位,共计 13 艘泵船,按照从西至东吹填的原则,依次吹填。该方案中途需设置五座集浆池,其优缺点同方案一类似。

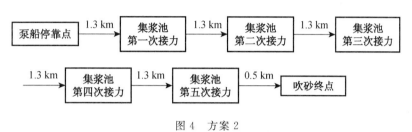

图 4　方案 2

方案三:采用 1 200 匹马力泵船分级接力吹填配合道路远端陆路输运粉细砂回填

中心南路和中心北路从西往东 4 km 内采用 1 200 匹马力吹砂船进行吹填。4 km 以外路段采用陆路运输粉细砂堆填。1 200 匹马力接力泵最大输送距离同样按 2 km 考虑,中途设置一处集浆池,接力一次,计划投入 8 艘泵船,如图 5 所示。该方案优点为吹砂与陆运砂可同时进行,能有效缩短工期,同时中途无需多次接力,避免过多的水头损失及集浆池的建设。缺点为陆运砂造价较吹填砂高,且陆运唯一入口为横琴大桥,交通压力较大。

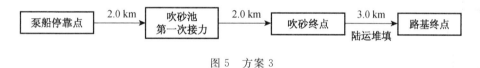

图 5　方案 3

方案四:采用 1 200 匹马力泵船和 4 000 匹马力绞吸船相接合吹填

中心南路和中心北路从西往东 2 km 内采用 1 200 匹马力吹砂船直接进行吹填,2 km 后采用 4 000 匹马力绞吸船分一级接力进行吹填。1 200 匹马力接力泵最大输送距离按 2 km 考虑,4 000 匹马力绞吸船最大输送距离按 3.5 km 考虑,1 级接力泵站的输送距离为 3.5 km。共投入 2 艘泵船、2 艘绞吸船,如图 6 所示,与前三方案相比,该方案仅需大功率泥浆泵接力一次、泥浆泵压力损失小、集浆池建设费用省、管理较为方便、总体造价节约。

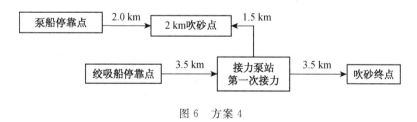

图 6　方案 4

通过对以上四方案比较,结合工期、造价以及其他各方面因素,四方案技术成熟,均能满足工程建设的需要,但方案四在工期及造价方面具有更大的优势。因此,考虑将方案四进一步优化调整后作为本次远距离路基吹填施工的最终方案。

中心北路、中心南路从西往东起 1.6 km 采用 1 200 匹马力吹砂船直接进行吹填,1 200 匹马力接力泵最大输送距离按最佳泵送距离 1.6 km 考虑,泵管采用 250 mmPVC 管道;1.6 km 之后采用 4 000 匹马力绞吸船进行吹填,中途不考虑增加接力泵站,直接在 3.5 km 处的管上安装增压泵方式进行接力,增压泵的功率为 4 000 匹马力,有效泵送距离为 3.5 km,4 000 匹马力的绞吸船采用的输泥管为优质钢管,钢管直径 600 mm,壁厚 8 mm,耐压 1.0 MPa 以上。具体流程如图 7 所示,该方案更加能够减少接力泵站的建设及管理费用。

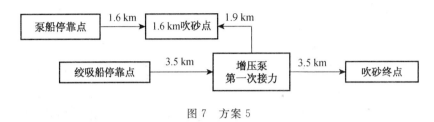

图 7　方案 5

根据计算,中心南路、中心北路吹砂及围堰总量共计约 320 万方,泵船每艘吹填 5 000 m³/日,绞吸船每艘吹填 45 000 m³/日,投入 2 艘泵船、2 艘绞吸船,每天可完成吹填共计 10 万方。外加吹填准备工作时间,工期完全能满足目标要求。

## 3　施工工艺

本工程施工工作流程如下:清表—架设吹填管—泵船就位—围堰吹填—场地吹填。拟吹填场地须先行清表,清除场地内杂草、杂物等,以便于后续施工,清表厚度按 30 cm 考虑。

### 3.1　吹填管施工

吹砂管线的布设是吹填工程的重要组成部分,合理的管线布置有利于保证供砂速度、提高生产效率及保证施工顺利进行。吹砂管线的布置应根据地形、地质条件和社会环境等因素确定,布置原则是移动次数尽量少、吹填路径尽量短、对外界干扰最小、满足吹填质量控制要求以及满足安全的要求等。

本工程采用两种吹砂管道,4 000 匹马力绞吸船吹砂管道采用 DN600 钢管,以法兰形式连接;1 200 匹马力泵船采用 DN250 的 PVC 管,以承插的形式连接,防止在吹砂过程中因压力过大出现接口脱落或爆管现象。吹填管线布设流程如下。

1)水上浮管安装

吹砂船到岸边段主要以安放浮管为主(图 8),以方便吹砂船调整船位和方向,及进行吸砂、吹填和避让运砂船卸砂等作业。因中心沟西侧海域风浪较小,浮管采用圆柱形浮筒,具有结构简单、制作方便、造价较低等优点,在水中处于半浮半潜状态,能有效减小风浪影响。

图 8　水上浮管

先将浮管组装成段,通过水路拖运至现场拼接,再与堤前水陆管架头、绞吸船相对接。浮管采用一对浮筒、一根钢管的原则组合安装,考虑到浮管受水域涨、退潮流速影响,浮管可能会发生折弯,在浮管上安装2个相对反方向分水弯头,浮管布置呈近似线型弯曲,不形成死弯,同时浮管上每隔100 m抛设浮管锚一只加以固定。

2) 堤前水陆管安装

为防止涨落潮和风浪对跨越围堤管线影响,分别在海堤穿堤处对应大堤外侧布设堤前水陆管架头,每座管架处抛设八字锚2只进行固定,管架头处用石块覆盖加强处理,避免浮管及锚缆漂移对大堤影响。吹填管过海堤水泥路时采用切割混凝土路面埋地或将吹砂管直接安放在水泥路面上再堆土50 cm覆盖保护,以防过往车辆压坏。管道途经淤泥和浅水水域时,采用浮管或架设支架的方式支撑铺设(图9)。

图9  堤前管道支架架设

3) 陆上主管线安装

根据现场施工条件,吹填区主管线沿路基两侧围堰布设,尽量避免拐弯,减少水头损失。主管布置时,每500 m安装三通管,以减少接管及延伸管线的时间,提高绞吸挖泥船的施工时间利用率。吹填时,直接从三通管上接支管向吹填区内部吹填,出砂口加喷头,使砂流更远。吹填管线尽量远离退水口,以增加流动路径,减少泥砂流失量。为防止泥砂冲刷围堰,控制吹填管口至围堰距离在20 m以上。因吹填支管全部布设于滩地,滩地上泥砂未能及时固结,泥深易陷,架设前在滩地上铺设石渣做2 m宽小子堰(图10)。

图10  堤陆上管线布设

### 3.2 泵船就位

鉴于现场条件限制,泵船停靠位于西堤西侧,如图 11 所示。

图 11　泵船停靠位置

珠海附近海域无砂源,全部砂料必须从别的地方外购。运砂船自带抽砂泵,在取砂点将砂抽入船中,然后运到停靠处由绞吸船、泵船吹至指定区域内,自吸自卸砂船为单船作业,具有方便、灵活、遭受风浪影响小的特点。鉴于工程的工期要求,拟配置的自吸自卸砂船无法满足工程取砂、运砂强度和进度要求,另外安排 8 m³ 抓斗挖泥船和 6 m³ 抓斗挖泥船,配合运砂船进行本工程取砂和运砂施工作业(图 12)。

图 12　运砂船及抓斗挖泥船

### 3.3 围堰施工

中心沟区域多为沟塘和低洼地,存在深厚的淤泥质黏土层,地势条件起伏不平,根据地质条件与现场施工条件,在完成清表的陆域上铺设土工布一层,修筑围堰采用砂袋围堰填筑,并采用不同围堰断面形式。现状陆域地面标高大于 1.7 m 时,不再重新修筑吹填围堰(图 13);现状场地为河道、鱼塘时,围堰基本形式为大砂袋砌筑,顶宽4.0 m,顶高程略高于1.7 m,参照规范要求,内外坡坡比均为1∶2(图14);围堰填筑兼作后续施工便道的,顶宽8.0 m,顶标高略高于1.7 m,面层铺设碎石。围堰填筑后,在围堰顶上垂直向下打设排水板,正三角形布置,间距1.1 m,平均长度12 m,外侧抛石反压,反压体顶宽4.0 m,顶标高2.0 m,外坡比1∶1.5(图15),以确保围堰的稳定性,砂袋顶面填筑土石方不小于0.5 m,作为施工便道使用。

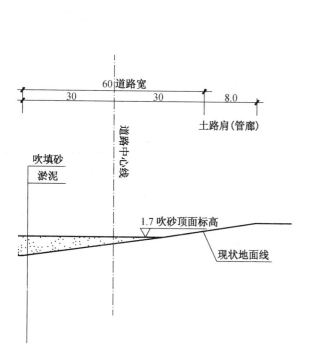

图13　围堰断面1

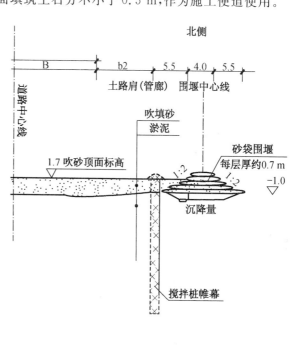

图14　围堰断面2

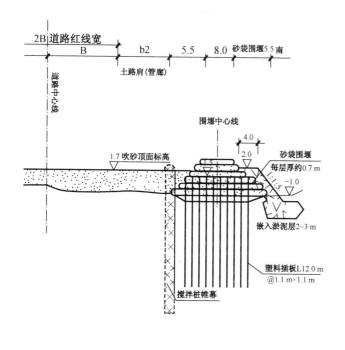

图15　围堰断面3

图16　现场围堰施工

围堰砂袋采用200 g/m²防老化聚丙烯编织布编制,以包缝法进行拼接和缝制;砂袋充填砂采用中细砂,粒径大于0.075 mm的颗粒超过总质量85%,粒径小于0.005 mm的颗粒小于总质量10%,填充厚度在0.6~0.8 m之间,填充饱和度控制在75%~85%之间;填筑时,用尼龙绳将吹砂袋四个角固定在定位桩上,拉紧使其不受吹填泥砂影响而产生位移(图16),并使袋体充分展开,以确保定位稳固,相邻砂袋接头靠紧,上下层砂袋接头错开;分层吹填,分层厚度为1~2 m。分层吹填可以使围堰与水底淤泥更好地结合,第一层围堰和吹填稳定后,再进行第二层围堰和吹填砂施工,使围堰与吹填砂之间达到水平受力平衡,淤泥在分层围堰的重量作用下,向外挤排水,承载力逐渐增加,围堰的稳定性得到提高。

### 3.4 泄水口施工

吹填过程中沉淀后的清水通过泄水口排出堰外,泄水口设置与吹填的平整度、泥砂流失量之间存在很大的关系。因此,泄水口的设计、施工成为吹填工程质量优劣的关键。

本工程泄水口设置于吹砂的下游,远离吹填口,吹砂口由远及近向泄水口推进,使得泥砂有充分时间进行沉淀。泄水口采用砂袋混合围堰的方式构筑(图17),利用机制砂袋堆砌,砂袋内侧铺设一层防水密封薄膜。随着泄水口附近吹填砂面标高的升高,相应调整提高泄水口的堰顶溢流标高,保持堰顶溢流面与吹填砂面高差在0.5 m以上,减少泥砂流失,降低泄水口的泥浆浓度,防止水体的二次污染。泄水口内外边坡与围堰一致,在泄水口的内外两侧用砂袋铺砌护底,做成扇型。

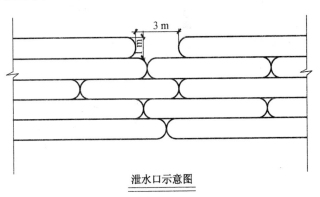

泄水口示意图

图17 泄水口示意图

在吹填过程中,原有场地内的杂草等异物可能淤塞泄水口,为保证泄水通畅,及时将淤塞物清理出吹填场地。

### 3.5 集水井施工

为保证后期软基处理顺利快速进行,在吹填作业时设置集水井(图18)用于快速排除砂体内的水,排水完毕后将钢筋笼集水井移除,用相同的砂填充坑穴至密实状态。

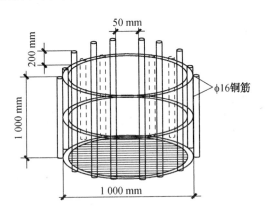

图18 集水井示意图

在吹填宽度内每一断面设置3只集水桶,沿线每60 m设置一降水断面,并在原地面最低点加设集水井,集水井外用土工布包裹,底标高应根据吹填及原地面标高进行调整确定。

## 4 工程效果

完成围堰稳定性保护措施后,2011 年 9 月 10 日在围堰上均匀布置若干个沉降观测点,2011 年 9 月 11 日首次对围堰的沉降进行监测,连续累计 2 个多月,截至到 2011 年 12 月 6 日,其纵向沉降情况如图 19 所示。

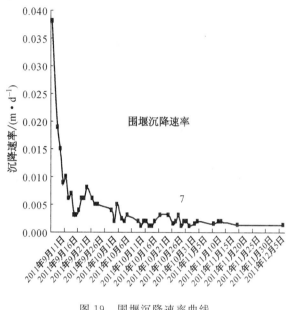

图 19　围堰沉降速率曲线

图 20　现状围堰

从图 19 中可以看出,围堰第一天沉降速率最大,达到 38 mm/d。随着时间的推移,26 天后,从 2011 年 10 月 7 日至 2011 年 12 月 6 日期间,围堰的平均沉降速率保持在 1～3 mm/d 之间,基本趋于稳定(图 20)。

同时,选取几个围堰段对其横向偏移进行复核,偏移量如表 1 所示。

表 1　　　　　　　　　　　　　　　　围堰横向偏移量

| 桩号 | 偏移量/m | 桩号 | 偏移量/m |
|---|---|---|---|
| k0＋180—k0＋200 | 0.24 | k0＋760—k0＋780 | 0.3 |
| k0＋200—k0＋360 | 0.1 | k0＋800—k0＋820 | 0.3 |
| k0＋360—k0＋380 | 0.25 | | |

监测结果显示,2 个多月内,围堰总偏移量不大,最大仅为 0.3 m,说明打设排水板外加抛石反压加强等措施对保障围堰稳定性的方法是切实可行的。

吹填至设计标高 1.7 m 以后,依据相关规范及设计要求,对吹填完成区域进行检验。

按照 50 m×50 m 间距布置网格检测吹沙层顶面标高,吹填砂厚度在允许误差范围内、满足设计要求。根据相关检试验报告,每 10 000 m² 取一组进行检验,中细砂材料质量满足规范及设计要求。

## 5 结　语

(1)基于横琴新区地理位置条件的特殊性,本工程提出的吹填路基技术是合理的、行之有效的。

(2)经过多方案对比,采用 4 000 匹马力绞吸船加增压泵进行接力吹填能够解决长排距接力吹填的技术难题,缩短路基填筑工期,节省了投资。

(3)根据围堰的横向偏移测量结果,在围堰上打设排水板并在围堰外侧抛石反压,可有效提高围堰的

图21 吹填完成区

整体稳定性。

（4）整个吹填过程，各阶段严格按照要求进行实施，工程得以顺利进行并完工（图21）。

## 参考文献

［1］陈江海.荆江大堤加固工程中的长排距吹填施工［J］.水利水电技术，2009，40(1)，77-80.

［2］李静，叶秀强.吹填造地技术在武汉经济技术开发区的应用［J］.规划与设计，2010，(7)，743-744.

［3］中华人民共和国交通部发布.疏浚工程技术规范：JTS 319-99［S］.北京：人民交通出版社，1999.

［4］《水利水电施工手册》编委会.对农牧业水利水电施工手册［M］.北京：中国电力出版社，2002.

［5］童海鸿，韩伟.吹填工程排水系统设计初探［J］.湖南水利水电，2002，3：9-10.

# 沥青路面施工常见质量通病防治措施

许海岩　　王博威

（中国二十冶集团有限公司广东分公司）

**【摘　要】** 横琴市政 BT 项目示范段、非示范段路面面层均采用沥青路面设计，沥青路面具有如下优点：表面平整、无接缝、行车舒适、振动小、噪音低、耐磨、不扬尘易清洗、施工期短、养护维修简便可再生利用。目前，城市道路路面使用周期大大缩短，远达不到设计使用年限即出现破坏现象。沥青路面显现出较多的质量通病问题：裂缝、离析、平整度差、车辙、压实度不均匀等，出现这些质量问题有执行标准、设计、施工方面的原因，有交通量迅猛增加的原因，有雨水侵害的原因，有原材料质量的原因。这里通过横琴市政 BT 项目非示范段环岛东路、示范段约 70 多公里沥青路面施工实践过程积累的经验，针对各种导致路面破坏的原因简要分析及阐述预防措施。

**【关键词】** 沥青；裂缝；预防；处理

## 1　裂缝产生的原因分析及防治措施

### 1.1　裂缝的种类

（1）沥青路面开裂的主要原因可分为两大类：一类是由于行车荷载的作用而产生的结构性破坏裂缝，一般称之为荷载型裂缝。另一类主要是由于沥青面层温度变化而产生的温度裂缝，包括低温收缩裂缝和疲劳裂缝，一般称之为非荷载型裂缝。

（2）横琴市政 BT 项目环岛东路及示范段沥青路面均采用半刚性基层（即水泥稳定碎石基层），所以还存在因为半刚性基层的温缩裂缝或干缩裂缝引起沥青面层产生的反射裂缝或对应裂缝。

（3）由于施工设备、碾压等的原因产生的横向裂缝和纵向裂缝。

### 1.2　影响裂缝产生的主要因素

（1）集料生产不规范，质量不能满足施工要求，碎石开采企业大都是临时职业资格，虽然国家对工程质量要求非常严格，但对于开采企业没有统一标准，执行和监管力度不够。生产企业都为小型私人企业，质量意思淡薄，难以从源头控制材料质量。特别市政工程受地方保护影响，材料大都被区域地方民众垄断，施工企业很难控制，造成不用则缺的现象。生产的碎石材料特别是粉尘和软石含量过高（超过 3%），这两项指标是影响沥青混合料内在质量的关键因素，会使沥青黏度降低，混合料强度降低。

（2）沥青及沥青混合料的性质。沥青和沥青混合料的性质是影响沥青路面温度开裂的最主要原因，沥青混合料的低温劲度是决定沥青路面是否开裂的最根本因素，沥青劲度又是决定沥青混合料劲度的关键。在沥青性能指标中，影响更大的是温度敏感性，温度敏感性大的沥青更容易开裂。

（3）基层、路基的质量。基层是道路承重的主要结构，基层破损必然导致路面破损。

横琴岛道路沿线地质勘探结构表明，场地表层填筑土下均有较厚淤泥层。针对不同的地质情况均采取了不同的软基处理方式，以保证在使用期内不发生较大的沉降和不均匀沉降，路面结构完整和车辆行驶平稳、安全、舒适。同时，路基在施工期和使用期不发生局部或整体破坏。

（4）施工因素。在保证基层质量的前提下，严格控制沥青路面施工质量，特别是生产温度的控制，包括拌合温度、运输温度、碾压温度，关键的拌合和碾压温度必须严格控制；另一方面，施工接缝，市政道路越来越宽，摊铺机有效摊铺宽度为 7.5～12.5 m，对于超宽的路面必然会产生接缝问题，采用热接缝或双机联铺或多机联铺是最有效消除纵缝的方式。

### 1.3　减轻市政工程沥青路面裂缝的有效措施

《城镇道路工程施工与质量验收规范》（CJJ 1—2008）非常全面具体地对城镇道路工程进行了技术指标

的规定。根据规范,通过路面结构设计和厚度计算可以满足沥青路面强度和承载能力要求,基本解决荷载型裂缝产生的问题。对于如何避免或减轻非荷载型裂缝的产生,应从设计与施工、原材料控制及设备配置等方面来进行考虑(图1)。

### 1.3.1 设计方面

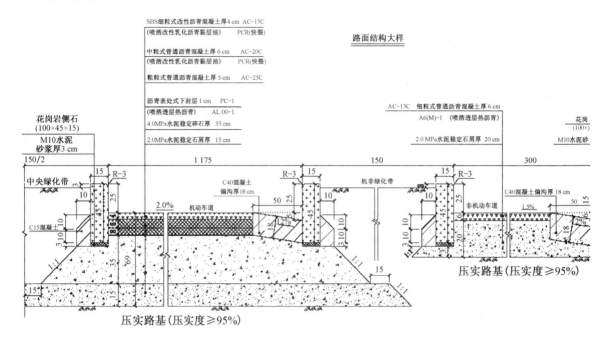

图1　A#路道路结构断面图

（1）在进行半刚性路面设计时,首先应选用抗冲刷性能好、干缩系数和温缩系数小、抗拉强度高的半刚性材料做基层。

（2）选用松弛性能好的优质沥青做沥青面层。在缺少优质沥青的情况下,应采取改善沥青性质的措施,添加改性剂、聚酯纤维和抗剥落剂是目前最有效的方式。

（3）采用合适的沥青面层厚度,确保半刚性基层在使用期间一般不会产生干缩裂缝和温缩裂缝。

（4）设置应力消减（应力吸收）中间层,采用柔性基层作为应力吸收和传递结构层,后者在青睐高速、京沪高速,晋济高速等高速公路已广泛应用,效果良好。

（5）在基层与沥青面层之间增加抗拉弹性的聚酯玻纤布或玻纤网格(图2)。

图2　抗裂贴进行裂缝处理

### 1.3.2 施工方面

在半刚性基层上预设伸缩缝,避免温度变化产生后期裂缝。透层或粘层完成后,应尽快铺筑沥青面层。严格控制沥青混合料的拌和质量。设置沥青混合料成品料仓,控制成品料仓料位,防止卸料离析。提高面层摊铺质量。在摊铺混合料时,运距不能过远,摊铺温度应控制在 130 ℃～160 ℃为宜,摊铺厚度均匀,保证沥青面层的压实度,压实设备数量应配套,碾压遍数不能太少,以免混合料孔隙过大;一般不能进行补料,尤其是下面层;基层雨后潮湿未干,不得摊铺,更不得冒雨摊铺;纵向、横向接缝应紧密、平顺,各幅之间重叠的混合料应用人工铲走。

### 1.3.3 原材料及管理措施

加强原材料的检验工作,对质量不符合要求的材料绝不能使用。混合料的骨料应选用表面粗糙、石质坚硬、耐磨性强、嵌挤作用好、与沥青粘附性能好的集料。如果骨料呈酸性则应添加一定数量的抗剥落剂或石灰粉,确保混合料的抗剥落性能,同时应尽量降低骨料的含水量。混合料使用的矿粉要进行搭棚存放,做好防雨防潮措施。

## 2 离析产生的过程及防治措施

沥青混合料集料离析是造成沥青混合料不均匀的重要因素,离析现象经常重复发生,是降低路面使用性能的顽症。沥青混合料发生离析时,粗集料和细集料分别集中于铺筑层的某些位置,使沥青混合料不均匀,混合料的实际级配与设计级配不符;沥青用量与级配不匹配,使粗集料偏多的离析部位压实困难,残留空隙率大而渗水;使细集料偏多的部位表面构造深度不合要求,高温性能下降。不管是粗集料偏多,还是细集料偏多,均导致沥青路面的路用性能和结构性能产生下降,导致路面出现一些早期破坏,缩短路面的使用寿命。

消除集料离析对于路面沥青混合料来说非常重要。消除集料离析既是混合料生产者、摊铺者和路面质量检验者的责任,也是路面机械设计的责任,须多方努力才能消除集料离析。

### 2.1 集料离析控制方法

#### 2.1.1 堆料

当向沥青拌和场供料时,为保证原材料均匀,需要采用合适的堆料方法。大料堆对大颗粒粒料很敏感。通常供给沥青混合料拌和机的材料是分级堆放的,每一料堆的材料颗粒尺寸比较均匀,可以减少离析现象。但是,如果材料级配的变异性大,材料颗粒尺寸范围较宽,则粗细集料仍可能产生离析。为了减轻粗集料的离析,粗集料存放必须分层堆垛,每层设置 10°～15°倾角,汽车紧密卸料,然后用推土机推平,以减少集料离析。禁止汽车自料堆顶部往下卸料。

#### 2.1.2 拌和时集料离析

在沥青路面施工时,采用间歇式拌和机,此时集料的离析易发生在冷料斗和热料仓。在每一个冷料斗中都放一种单粒级的集料时,不会产生明显的离析现象,但在同一冷料斗中包含几个不同尺寸的集料时,会产生较显著的离析现象,如 0～5 mm 石屑。热料仓中贮存不同尺寸的集料时会产生离析,即使粒径较细的 0～5 mm 或 0～3 mm 料,粉料易与细集料分离,很细的粉料可能停留在仓壁上,大量粉尘块可能破成松散状并喂入称料斗,形成一批离析的未裹覆沥青的极细料,且难于拌和均匀。

#### 2.1.3 储料仓

在沥青混合料拌和楼,离析最敏感的区域是聚料斗和贮料仓。往贮料仓中放料有两种方式。一是通过贮料仓上面的投料斗投料,另一方式是通过贮料仓顶部旋转式斜槽投料。这两种方式都能将混合料均匀地投入贮料仓。通过旋转斜槽投料要确保以下两点:①旋转斜槽实际上确实在旋转;②材料从斜槽下落时直接向下。斜槽的垂直下料部分应有足够的长度,能迫使材料直接下卸而没有任何横向流动。应经常观测投入贮料仓的混合料是否有离析现象。如果斜槽已旧且末端已磨耗出孔,就可能产生明显的离析。

使用投料斗装置时要注意:①料斗的容量不宜太小;②应在料斗的中心装料;③材料应该直接进入料

斗中(无水平运动);④投料斗应被装料到最大容量并有一个相对大直径的开启门,以保证快速将混合料投入贮料仓中;⑤投料斗不应该完全卸空。调整料门的开启时间,使一个投料过程完成后在料斗中保存有少量(15~20 mm 高)材料;⑥不要使材料的水平面常接近料斗顶部。

### 2.1.4 从贮料仓中卸料

如果贮料仓是均匀填满的,从料仓中卸下热拌沥青混凝土没有什么问题。对于多数非间断级配沥青混凝土,可以卸空贮料仓而不发生任何明显离析。但是,使用间断级配材料时,贮料仓中堆料的表面不允许低于锥体部分。此外,经常让锥体中的料卸空会加速锥体磨损。

从料仓门快速卸料有助于消除运输卡车中的离析。材料流入卡车车厢时混合料的滚动作用越小,离析程度越低。

## 2.2 沥青混合料装卸防离析方法

卡车在贮料仓下面快速装料时,在整个装料过程中,卡车司机常常不愿意移车,如果混合料对离析敏感,较大碎石将滚到卡车前部、后部和两侧,卡车卸料时开始卸下的料和最后卸下的料都是粗粒料,然后两侧的粗粒料被卸入摊铺机受料斗的两块侧板上。这种加料结果使每车料铺的面积中有一片粗料。

正确的装料方法为:分三个不同位置往卡车中装料,第一次装料靠近车厢的前部,第二次装料靠近后部车厢门,第三次料装在中间,这样可以消除卡车中离析现象。

当卡车将料卸入摊铺机受料斗时,要尽量使混合料整体卸落,而不是逐渐卸混合料入受料斗。为此,车厢底板需要处于良好启闭状态并涂润滑剂,使全部混合料同时向后滑。为了进一步保证混合料整体卸落,车厢应升高到一个大而安全的角度。快速卸料可预防粗料集中在摊铺机受料斗两侧板的外边部。多数高速公路施工现场都有粗料集中在摊铺机受料斗两侧板外边部的情况。

## 2.3 摊铺过程防离析方法

即使通过冷料仓、拌和机和贮料仓成功地生产了沥青混合料,均匀地装到卡车内,并整体式卸入摊铺机受料斗,在摊铺机内仍可能发生离析。如摊铺机操作不合适,能够产生不同程度的离析。在摊铺机内发生离析时,建议考虑下列原因和措施:

(1)在每辆卡车卸料之间,不要完全用完受料斗中的混合料,留少部分混合料在受料斗内。一般受料斗两侧的混合料含粗粒料多,另一辆卡车立即向受料斗卸料后,与受料斗中剩余的粗粒料多的混合料一起输送到后面分料室,螺旋分料器布料过程中可使新旧混合料较好拌和。

(2)尽可能减少将侧板翻起的次数,仅在需要将受料斗中的混合料弄平时,才将受料斗的两块侧板翻起。翻起侧板可以消除两侧材料堆积过多现象,从而可以减少往后输料时发生的滚动现象。

(3)卡车翻起车厢向受料斗卸料,混合料从卡车下面送出去,将滚动减到最小,使受料斗中尽可能装满料。

(4)尽可能宽地打开受料斗的后门,以保证分料室中料饱满。如分料室中混合料不足,细料将直接落在地面上,而粗料被分布到两侧。

(5)尽可能连续摊铺混合料,只有在必要时才可停顿和重新启动。调整摊铺机的速度,使摊铺机的产量与拌和机的产量相平衡。

(6)分料器连续运转。调整分料器的速度,使出料连续而缓慢。如分料器运转不连续,混合料会在摊铺机内产生显著离析。

(7)如果分料器转得太快,中间将会缺料,通常会产生一粗料带。安装挡板后,分料器将混合料均匀地送到中心。

(8)如摊铺机分料器的外边原材料不够,在粗粒料滚动到外侧时,可能沿外侧产生粗料带。可以通过调整分料器中间部位的一个叶片,使其反向旋转,可有效避免端部粗离析。

# 3 平整度差控制方法

路面平整度是评定路面质量的主要技术指标之一,它关系到行车的安全、舒适以及路面所受冲击力的大小和使用寿命,对高等级道路来讲,平整度指标就更为重要。

影响路面平整度的因素是多种多样的,涉及设计、施工、自然条件等方方面面。根据环岛东路及示范段道路沥青混凝土施工经验告诉我们,影响沥青混凝土路面平整度的因素从施工角度来讲,主要为不均匀沉降;摊铺工艺;碾压工艺;横接缝处理;配合比设计;下承层病害等。但主要为摊铺工艺、碾压工艺及横接缝处理。

## 3.1 摊铺、碾压施工工艺的控制

运料车与摊铺机熟练的配合是保证平整度的一个重要方面,为防止料车撞击摊铺机或料撒到连结层上,必须派专人指挥车辆,并随时清扫抛撒的混合料。每次摊铺前应检查摊铺机熨平板的宽度、高度及仰角是否合适,铺料过程中随时调整自动找平装置,以保证摊铺面的平整度。摊铺机必须缓慢、均匀、连续不断地摊铺,不得随意变换速度或中途停顿,以提高平整度,减少混合料的离析。摊铺机应采用自动找平方式,下面层宜采用钢丝绳引导的高程控制方式,上面层宜采用平衡梁或雪橇式摊铺厚度控制方式。摊铺机刮料输送器通过闸门向后的供料和螺旋摊铺器两侧布料,两者的工作速度要相匹配,如果不匹配,铺出的料松紧程度不一样,碾压后的路面平整度较差。摊铺机的行进速度要根据拌合、运输能力来计算,以保证施工连续性及摊铺机匀速行进。摊铺现场应设专人持 3 m 直尺沿纵向连续检查,平整度最大间隙超过 2 mm 处做好标记,并指挥压路机及时纵横碾压加以消除。

碾压温度应按规范执行,在满足碾压温度范围内尽量采用高温碾压,碾压终了的温度不低于 75 ℃。碾压区段应尽量延长以保证压实段的长度,从而避免因压路机起停而产生的碾压波浪。压路机不得在新铺混合料上转向、调头、左右移动及紧急制动。初压时让从动轮在后,不至于倒退时在轮前留下波浪,影响平整度;终压时用光轮压路机碾压以消除轮迹。碾压应纵向进行,并由摊铺的低处向高处低速进行,相邻碾压轮迹重叠不小于 30 cm,压路机停车时应尽量停在硬路肩与土路肩边缘处。为提高路面平整度,应保证轮胎压路机的轮胎新旧程度相同,胎内压力相同。

## 3.2 接缝处理精细化

接缝处往往是跳车的地方,为了减少跳车现象,提高平整度,应尽量减少接缝,认真做好热接缝,禁止纵向冷接缝。横缝全部采用垂直接缝,上、中、下面层的横向接缝至少错开 1 m,先用切割机切成整齐的断面,在下次摊铺前,在截面上涂刷适量粘层沥青,并考虑摊铺机熨平板的高度适当加入预留量。在施工缝及构造物两端的连接处仔细操作,保证路面紧密、平顺。

## 4 结 语

沥青路面质量的控制涉及到方方面面的因素,有主观的,也有客观的。人员素质、技术能力、管理水平、机械性能、原材料质量、配合比设计等,都是影响路面质量控制的主要方面和重要环节。只有将这些影响因素严格把关、层层控制,才能使路面整体质量达到优良(图 3)。(本篇文章参考了珠海横琴市政 BT 项目沥青路面质量监控文件等相关文件)

图 3　建成后沥青路面

**参考文献**

[1] 中华人民共和国行业标准.城镇道路工程施工与质量验收规范:CJJ1—2008[S].北京:人民交通出版社,2008.

# 复杂环境深厚淤泥河道桥桩施工综合技术

谢 非 叶志翔

（中国二十冶集团有限公司）

【摘 要】复杂环境深厚淤泥河道桥梁施工一直是工程的难点，其中桥梁桩总体部署、河道排洪、桥台软基处理、地下构筑物与桥梁施工顺序安排、桥梁桩的位移控制等以及过程质量控制是重点。本文从桥梁、市政综合管沟、环岛改迁、软基处理、桥桩处理等方面进行了阐述。

【关键词】深厚淤泥；软基处理；河道桥桩；河道改迁；桥台过渡；桥桩纠偏

## 0 引 言

随着经济的高速发展，国家对交通和市政工程投入也在增加，桥梁、市政管网等工程越来越多。软土地基地下工程不断发生事故，已引起广泛关注和重视。下面以复杂环境下珠海环岛西路桥梁桩基施工总结，给类似工程予以指导。

## 1 地质环境

珠海环岛西路位于横琴岛西部边缘，道路等级为城市主干路，双向 6 车道，道路红线宽度 50 m。总长约 1.34 km，道路施工内容包括桥梁工程、道路软基处理、综合管沟、路基路面及与之配套的雨污排水、道路照明等设施。场地基本为入海河道、鱼塘、蚝池、少量的蕉林、泥滩地等组成，地面标高 $-6\sim-3$ m。

拟建桥梁跨越环岛西路中心沟出水口，分布有 $14\sim35$ m 深厚淤泥，下部为黏土及花岗岩层，且相邻 $-12$ m 深综合管沟及污水管线均从水域下通过。马骝洲水道附近涨潮流速为 1.10 m/秒，落潮流速达 1.20 m/秒。相邻海区潮汐属不规则半日混合潮，历年最高潮位 4.19 m，历年最低潮位 0.92 m，多年平均高潮位 2.51 m，多年平均低潮位 1.65 m。地下水稳定水位埋藏深度介于 $0\sim2.80$ m 之间，相当于标高 $-1.27\sim3.90$ m。

## 2 工程概况

环岛西路桥梁全长 189.5 m，桥梁跨越规划中心沟渠，桥梁与河道正交，按两幅独立桥梁设计。西侧桥宽 20.25 m，东侧桥宽 23.25 m。双幅独立桥梁布置，采用 8 跨正交梁桥，桥梁跨径组合为 3×25 m+2×25 m+3×21.5 m。主梁为预制预应力混凝土小箱梁，简支体系、联内桥面连续。其中横琴二桥沿东西桥梁之间顺桥向高架。环岛西路桥梁墩台桩基础按单排嵌岩桩设计，桩径 1.5 m，嵌入中风化岩深度≥3 m，系梁宽×高尺寸 1.2 m×1.2 m，立柱直径 Φ1.4 m，立柱高度 5.81～5.24 m。相邻综合管沟基坑深度约 12 m，采用灌注桩支护。桥梁桩的断面图如图 1 所示。

## 3 施工对策

### 3.1 施工分区

根据工程沿线情况、工程特点及工期要求，同时本着均衡施工的原则，桥梁区域道路工程总体划分为三个施工区域，各区域路段施工主要分为三个阶段，即软基处理阶段、地下结构施工阶段和路面工程施工阶段。施工区域划分及施工内容如图 2 和表 1 所示。

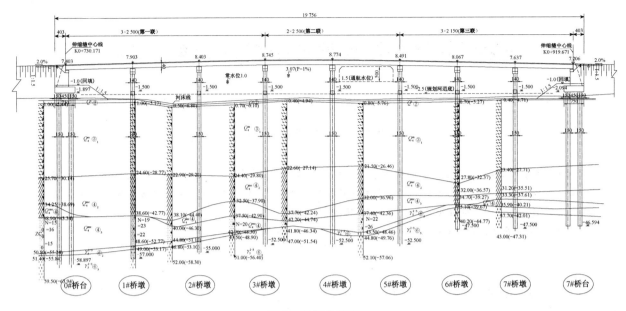

图 1　桥梁桩断面

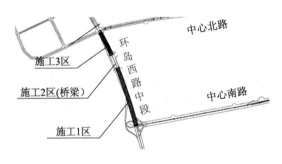

图 2　施工区域划分

表 1　　　　　　　　　　　　　　　　　各施工区里程及工作内容

| 施工区域 | 里程桩号 | 长度 | 施工内容 |
|---|---|---|---|
| 施工 1 区 | 环岛西路中段 K0+000—K0+730 | 0.73 km | 道路软土地基处理(真空联合堆载预压和局部堆载预压);综合管沟、电缆沟;给水、排水和污水管线施工;机动车道和非机动车道道路施工;景观绿化、照明等施工 |
| 施工 2 区 | 环岛西路中段 K0+730—K0+920 | 0.19 km | 桥梁基础、墩柱、上部构造、桥面系及附属工程 |
| 施工 3 区 | 环岛西路中段 K0+920—K1+338 | 0.42 km | 道路软土地基处理(真空联合堆载预压和局部堆载预压);综合管沟、电缆沟;给水、排水和污水管线施工;机动车道和非机动车道道路施工;景观绿化、照明等 |

## 3.2　迁改临时河道

该区域考虑下穿综合管沟基坑的作业,综合考虑桥梁桩基施工,采取迁改临时河道,对现状河道吹填砂场平标高 2.5 m 干作业桥桩施工工艺,相邻综合管沟基坑钻孔灌注桩支护,桥梁桩和综合管沟基坑作业完成后,再清理吹填砂恢复河道。临时河道与桥梁关系断面如图 3 所示。

结合海堤排洪闸现状环境及相邻路段真空预压软基处理工艺,设置临时排洪河道连接东西两侧的中心沟,将西堤水闸出水口清淤至临时河道,临时河道按 10 年一遇洪水设计,开挖后采用石笼护坡。同时在过路段的临时河道区域采用覆水真空预压软基处理。临时河道与桥梁关系平面如图 4 所示。

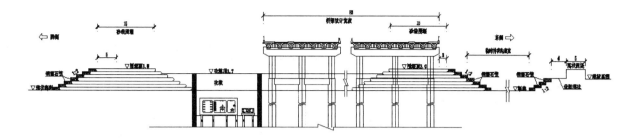

图 3  临时河道与桥梁关系断面

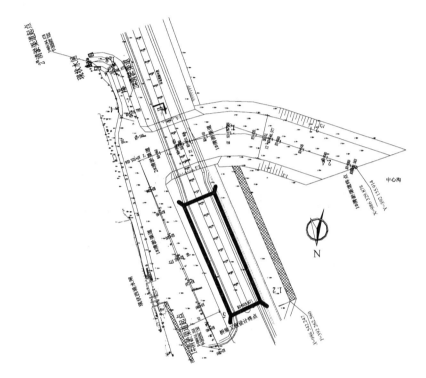

图 4  临时河道与桥梁关系平面

## 3.3  河道疏通

为提前 K0＋610—K0＋680 段临时排洪渠段综合管沟结构施工,桥梁段河道疏通分两阶段进行。

第一阶段待前四段(K0＋790—K0＋895)综合管沟及污水管线完成施工,先在 K0＋817—K0＋868 段疏通河道至＋0.50 m 作为排水通道,通道两侧采用砂袋内衬两层土工布夹三层密封膜防护,渠底采用两层土工布夹三层密封膜防水;桥梁墩除 4#～5#墩间作为排水通道开挖至＋0.00 m 外,其他段均段开挖至＋1.5 m,自然放坡与河道边坡顺接,坡度不大于 1：10。第一阶段河道疏通完成后,在现有 K0＋610—K0＋680 段临时河道两侧采用砂袋围堰封堵,施工该段综合管沟。河道一次疏通平面图如图 5 所示。

第二阶段待全部综合管沟及污水管线完成施工,整体疏通 K0＋766—K0＋868 段河道至－2.5 m 标高,待 0#及 8#桥台锥坡完成后将剩余部分按设计要求清除。桥梁桩附近河道疏通顺序如图 6 所示。

## 3.4  淤泥桥梁桩基钢护筒

桥梁桩基施工淤泥区域采用钢护筒,如图 7 所示,钢护筒深入不透水黏土层不小于 2 m,顶高于施工水位不小于 2 m。

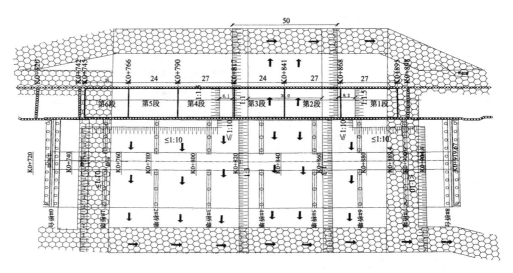

图5 河道一次疏通平面

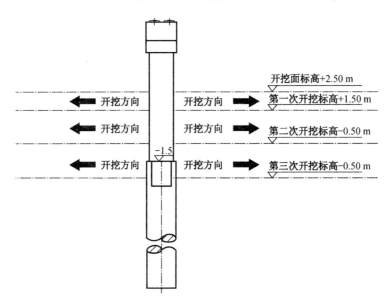

图6 桥梁桩附近河道疏通顺序

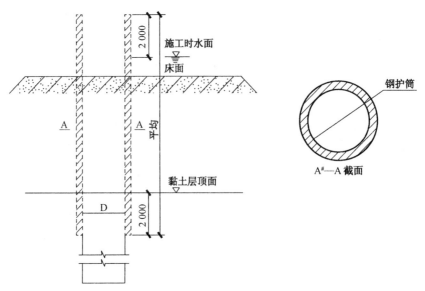

图7 淤泥区域桥桩钢护筒

### 3.5 桥台路基过渡区域软基处理

考虑软基处理不同工艺的桥头差异沉降,桥台在真空预压处理后,桥台与路基过渡区域约60 m范围采用PHC桩和水泥搅拌桩二次处理(图8)。

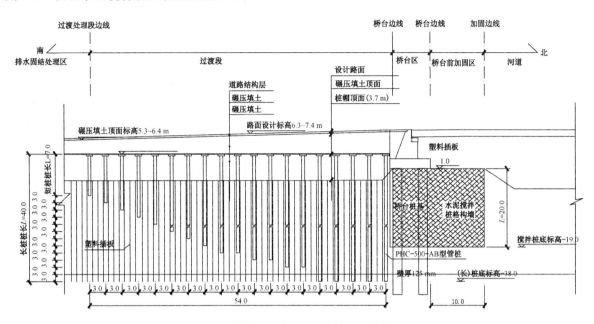

图8 桥台与路基过渡区域软基二次处理

## 4 施工过程注意事项

### 4.1 桥梁桩基施工工序要点

墩台桩基按嵌岩桩设计,桩基采用机械成孔。桩基施工须按有关施工规范、规程要求进行,加强取样、记录工作。成孔、验孔后应及时放置钢筋笼、布置声测管,并浇筑桩身混凝土。孔底沉垫土厚度不大于5 cm。施工时应注意声测管接头及底部密封好,顶部用木塞封闭,防止砂浆、杂物堵塞管道。

桩基础灌注的桩顶高程应比设计高程高出不小于0.5 m,以保证混凝土强度。超灌的多余部分在承台施工前或接桩前应凿除,凿除后的桩头应密实、无松散层。

钻(冲)孔灌注桩在终孔后,应对桩孔的孔位、孔径、孔形、孔深和倾斜度等进行检验,清孔后,应对孔底沉渣厚度进行检验。桩基施工后,应进行桩身完整性等检测。桩基质量检验内容与质量标准按照相关施工规范执行。桩基浇注完成后,应进行桩基工程质量检查及验收。

### 4.2 局部桩沉桩后偏移原因及措施

环岛西路桥梁施工图和施工方案施工前组织了专家评审,环岛西路桥墩桩基施工完毕后,7#桥墩桩基系梁施工作业时发现右幅桩基纵向偏移约20 cm。

### 4.3 桥墩桩基偏位及原因分析

环岛西路桥梁位于入海口,地质条件复杂,场区内深厚度软土,淤泥层平均厚度20.5 m,该层软土呈流塑状,天然含水量60%~80%,压缩性高,抗剪强度低,承载力低,渗透性差,具有流变、触变特征。由于施工工期紧,软土地基条件桥梁施工经验不足,相邻8#桥台搅拌桩格构墙及桥台PHC管桩施工时,对7#墩桩基存在水平推力的影响。

### 4.4 处理措施

#### 4.4.1 纠偏方案探讨

桥台桩基按照桥梁通7.68软件进行设计计算,以下4种方案均可满足。

（1）方案一：调整跨径方案。因 7#桥墩桩基建成后出现偏移，经多次会议讨论，拟采用调整桩位、墩柱位、桥梁上部结构跨径方案，新建 7#桥墩向 8#桥台平移 2.5 m，第 3 联跨径调整为 2 150＋2 400＋1 900 cm（图 9）。

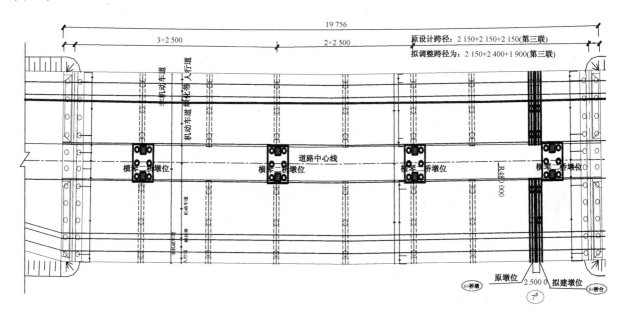

图 9　调整跨径方案平面

（2）方案二：不调跨径、横向补桩方案。设计中未考虑既有桩基受力，既有桩按废桩处理，既有桩与承台完全断开，经计算比较可采取横向增加 4 根 D150 cm 桩基，以及 1 个 2 075×300×270 cm 的承台（图 10）。

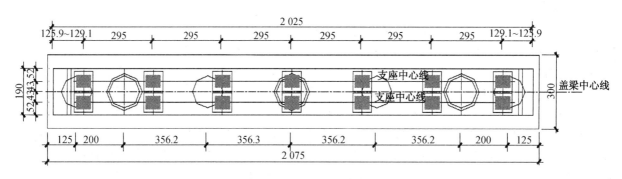

图 10　横向补桩方案平面

（3）方案三：不调跨径、纵向补桩方案。可以在偏位桩的两侧重新补打新桩，俗称"扁担桩"按群桩处理。纵向增加 6 根 D150 cm 桩基及群桩承台。

（4）方案四：桩位纠偏方案。因桥梁桥墩桩基检测结果为Ⅰ类及Ⅱ类桩，桩基完整性不存在质量问题。同时桩基处于系梁施工阶段，外围有基坑钢板桩围护体系，桩偏位是一个渐变过程。经过专家技术咨询，结合实际情况，拟定采用旋挖桩成孔→千斤顶辅助纠偏→钢管临时加固→缝隙回填砂→C35 混凝土加固桩头的加固纠偏处理方案。

在现有每个桩基旁边设 2 个孔，并成咬合状态，孔编号为 A1—A12，孔径 1.2 m。钢板桩南侧浇筑一条钢筋混凝土梁，使千斤顶受力时能将力分散传递到钢板桩支护墙上面（图 11）。

经组织专家论证，以及与规划等部门沟通和参建各方讨论，因当前桩身检测完整，首选桩纠偏方案，并建议先试纠偏。如纠偏不理想，再采用相对经济、工期短、不影响通航和河道排洪的方案一。

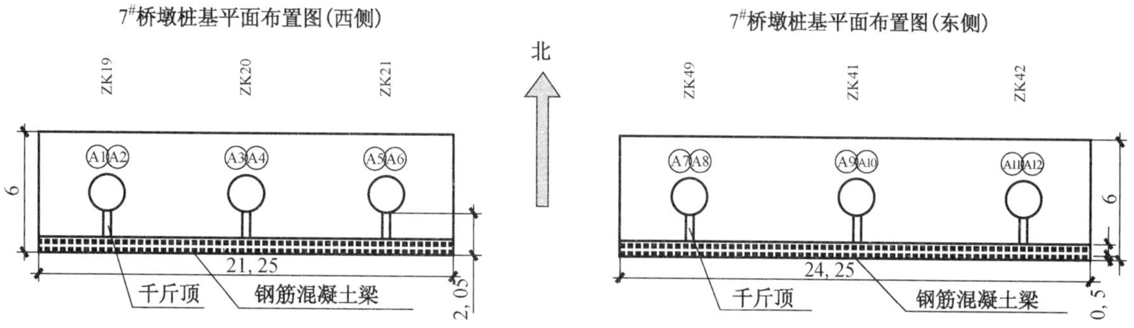

7#桥墩桩基平面布置图(西侧)　　　　　　　　　　　7#桥墩桩基平面布置图(东侧)

图 11　7#桥墩桩基纠偏平面

### 4.4.2　试纠偏结果及纠偏处理方案选择

按照纠偏方案四选择了 ZK20 桩基旁边布设 2 个孔,孔径 1.2 m,并成咬合状态。在纠偏过程中为保证不损坏 ZK20 桩基的保护层,SR280 R 旋挖孔边与设计桩基边垂直距离不小于 27 cm,千斤顶辅助试纠偏,如图 12 所示,达到了桩纠偏的效果,小应变对纠偏后的桩基进行完整性检测,检测结果为Ⅰ类。

结合试纠偏桩的结果和专家意见,最终选择了方案四进行桩基处理,设计桩基顶回原设计坐标位置并加固稳定后,采用小应变全检或高应变对桩基进行完整性检测,经检测全部合格。

## 5　经验教训

横琴环岛西路深厚淤泥的桥桩综合施工处理是合理的,为深厚淤泥复杂环境桥梁桩基提供了宝贵的设计、施工经验。

但是类似工程在桥台及桩基施工前需对桥台范围、台后 50 m 以及承台前 10 m 原软土地基进行排水固结预处理(比如堆载、真空超前预压、降水击密等),通过复合地基(如 CFG 桩、PHC 管桩等)措施对桥台范围土体进行二次有效处理时,建议软基沉降结束后再进行桥台及桩基施工。

图 12　纠偏图

同时,在软土地基条件下邻近桥台附近的桥墩及桩基建议尽可能也采用双排桩,宜在该处设置桥梁伸缩缝,并在桥台二次软基处理稳定后再进行桩基施工为宜。

# 高边坡锚索和锚杆施工脚手架设计与计算

肖　策　褚丝绪　孟繁奇　姜云龙

（天津二十冶建设有限公司）

**【摘　要】**脚手架的设计与计算是高边坡锚索、锚杆施工的重要前提条件,本文以实际工程为背景,详细介绍脚手架的设计与计算,主要针对材料的折旧系数、模型的拟定、荷载的分配情况进行分析、总结与对比,保障工程的顺利进行,为同类工程提供宝贵经验。

**【关键词】**钢管折旧；连墙件；受力模型；荷载计算

## 1　概　述

横琴新区市政工程中心南路高边坡场地位于大横琴山北侧,道路施工后北侧山体铲平,从而形成南侧60 m高的永久性边坡,高边坡总长400 m。高边坡分设8级马道,每级马道高差6.5 m,马道宽3 m;岩层从下至上分别1∶0.4,1∶0.4,1∶0.5,1∶0.5,1∶0.75,1∶0.75,1∶1,1∶1.25分级放坡。边坡防护采用锚杆(锚索)＋框格梁支护。锚索和锚杆的施工脚手架在边坡支护临时设施中占有极高的地位,施工安全、进度及文明施工,需要按要求进行设计、审批以及施工。

## 2　工程难点

(1) 本段高边坡防护工程工程量大,防护形式多,在高边坡上作业,施工工作面小,属高空作业,危险系数大,安全防治工作难度大。

(2) 本工程施工周期较长,施工工序复杂多样,高边坡本身具有的现场地形也为施工物料的运送带来了较大难度。

(3) 周边有高压电缆、环山路、公交车、水库等。其社会环境复杂,要求顺利、安全完成高边坡开挖工程,各项协调事宜需各方积极沟通与配合提前完成。

## 3　地质概况

中心南路边坡体的地质构造表现是由花岗岩的成岩特性所产生的较为发育的节理构造,边坡体上植被发育茂密,部分地段基岩出露,坡顶覆有第四系残坡积层,场地内的水源主要表现为地表水一种类型。

根据详勘阶段勘孔揭露,高边坡场地未发生过破坏性地震,位于相对稳定的块,场地未发现有其他如岩溶、采空区等不良地质作用。

## 4　脚手架设计方案

锚杆施工按3 m×3 m(两步两跨)纵横向交错布置,施工脚手架采用钢管扣件式双排脚手架体系,脚手架间排距结合坡面锚杆布置形式以及结构稳定性综合安排,其立杆横距1.5 m,立杆纵距1.50 m,横杆步距1.50 m,作业层大横杆水平间距0.5 m,最大搭建高度6.5 m。横杆与立杆连接方式为双扣件,取扣件抗滑承载力系数为1.00;连墙件采用两步三跨,竖向间距3 m,水平间距4.5 m(图1)。

## 5　设计参数

(1) 按照1∶0.75进行脚手架设计。

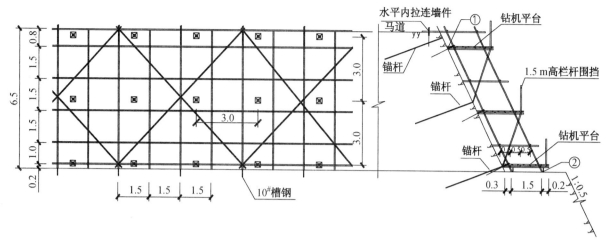

图 1　脚手架立面图及侧视图

（2）钢管尺寸均为 Φ48.3 mm×3.6 mm（考虑到钢管的周转使用，计算尺寸按 48 mm×3.0 mm 计），其质量符合现行国家标准《碳素结构钢》（GB/T 700 中）Q235 级钢的规定（Q235 钢抗拉、抗压、抗弯强度设计值＝205 N/mm²，弹性模量 $E＝2.06×105$ N/mm²）。

（3）施工荷载按照纵向 13 m、高程方向 6.5 m 脚手架范围铺设 3 层木脚手板，每次只作业 1 层，每层布置 2 台钻机，最多布置 4 台钻机进行考虑（连续 5 跨内布置 1 台钻机作业），单台潜孔钻机 YQ-100e-50 重 0.35 t，施工人员 3 人，重 250 kg，计算荷载按照 5 跨内布置 1 台钻机，同时配置 3 名施工人员，即施工荷载，根据规范要求，施工荷载不小于 2.0 kN/m²，计算过程中按此考虑。

（4）脚手架连墙件采用 Φ25 mm 螺纹钢筋，按照 2 步 3 跨（3.0 m×4.5 m）进行设置，垂直岩体坡面；地面设横向、纵向扫地杆，贴坡面亦设扫地杆，扫地杆均离地面（马道地面）20 cm；并布置必要的斜撑、横向支撑与剪刀撑进行加固。同时在每级马道上沿脚手架纵向，每两跨设置水平内拉连墙件，防止脚手架整体向外倾翻。

（5）脚手架立杆基础：人工对基础松动部分清理平整，清理后的凹坑处采用 M30 水泥砂浆填平，对于能落地的立杆，在每根立杆的底部浇筑 40 cm×40 cm 混凝土 C15 的基础，基础高 20 cm。顶部马道锁脚锚杆采用 Φ25 mm 螺纹钢筋进行锚固，底部马道脚手架基础锁脚采用 10# 槽钢锚入马道基础 1 m 深，正面顶住立杆基础，均两跨一设（图 2）。

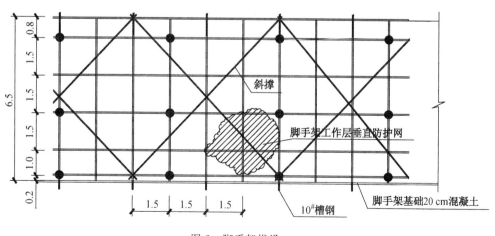

图 2　脚手架搭设

# 6 荷载参数

## 6.1 活荷载

施工均布活荷载标准值:2.0 kN/m²;脚手架用途:高边坡脚手架;最多两层同时施工。

## 6.2 风荷载参数

作用于脚手架上的水平风荷载标准值,应按下式计算:

$$w_k = \mu_z \cdot \mu_s \cdot w_0$$

式中,$w_k$ 为风荷载标准值(kN/m²);$\mu_z$ 为风压高度变化系数;$\mu_s$ 为脚手架风荷载体型系数;$w_0$ 为基本风压值(kN/m²),按规定采用,取重现期 $n=10$ 年对应的风压值。本工程地处广东珠海市,根据全国基本风压值 0.75 kN/m²;风荷载高度变化系数 $\mu_z$,取 1.42,风荷载体型系数 $\mu_s$ 为 1.04(表1)。

得到 $$w_k = \mu_z \cdot \mu_s \cdot w_0 = 1.11 \text{ kN/m}^2$$

表 1 风压高度变化系数表

| 离地面或海平面高度/m | 地面粗糙度类别 | | | |
| --- | --- | --- | --- | --- |
| | A | B | C | D |
| 5 | 1.17 | 1.00 | 0.74 | 0.62 |
| 10 | 1.38 | 1.00 | 0.74 | 0.62 |
| 15 | 1.52 | 1.14 | 0.74 | 0.62 |
| 20 | 1.63 | 1.25 | 0.84 | 0.62 |
| 30 | 1.80 | 1.42 | 1.00 | 0.62 |
| 40 | 1.92 | 1.56 | 1.13 | 0.73 |
| 50 | 2.03 | 1.67 | 1.25 | 0.84 |
| 60 | 2.12 | 1.77 | 1.35 | 0.93 |
| 70 | 2.20 | 1.86 | 1.45 | 1.02 |
| 80 | 2.27 | 1.95 | 1.54 | 1.11 |
| 90 | 2.34 | 2.02 | 1.62 | 1.19 |
| 100 | 2.40 | 2.09 | 1.70 | 1.27 |
| 150 | 2.64 | 2.38 | 2.03 | 1.61 |
| 200 | 2.83 | 2.61 | 2.30 | 1.92 |
| 250 | 2.99 | 2.80 | 2.54 | 2.19 |
| 300 | 3.12 | 2.97 | 2.75 | 2.45 |
| 350 | 3.12 | 3.12 | 2.94 | 2.68 |
| 400 | 3.12 | 3.12 | 3.12 | 2.91 |
| ≥450 | 3.12 | 3.12 | 3.12 | 3.12 |

## 6.3 静荷载参数

脚手板自重标准值(kN/m²):0.35;栏杆挡脚板自重标准值(kN/m):0.17;

安全设施与密目式安全网(kN/m²):0.01;

脚手板类别:木脚手板,其自重标准值为 0.35 kN/m²;栏杆挡板类别:木脚手板挡板;

每米脚手架钢管自重标准值(kN/m):0.040;

每米立杆承受自重标准值:0.157 0 kN/m。

### 6.4 地基参数

地基土类型:岩石,地基承载力标准值(kPa):500.00;

立杆基础底面面积($m^2$):0.16;

地基承载力调整系数:0.4。

### 6.5 钢管参数

钢管参数如表 2 所示。

表 2                     钢管参数表

| 外径 $d$/cm | 壁厚 $t$/cm | 截面积 $A$/cm$^2$ | 惯性矩 $I$/cm$^4$ | 截面模量 $W$/cm$^3$ | 回转半径 $i$/cm | 每米长质量 /(kg·m$^{-1}$) |
|---|---|---|---|---|---|---|
| 4.8 | 0.3 | 4.24 | 10.78 | 4.49 | 1.59 | 3.33 |

## 7 脚手架设计计算

### 7.1 大横杆计算

按照《扣件式钢管脚手架安全技术规范》(JGJ 130—2011)第 5.2.4 条规定,计算大横杆的内力与挠度时,宜按三跨连续梁计算,计算跨度取立杆纵距 $l_a$;大横杆在小横杆的上面。将大横杆上面的脚手板自重和施工活荷载作为均布荷载计算大横杆最大弯矩和变形。

1) 纵向均布荷载值计算

大横杆的自重标准值:            $P_1 = 0.040 \text{ kN/m}$

脚手板的自重标准值:

$$P_2 = 0.35 \times 0.5 = 0.175 \text{ kN/m}$$

静荷载的设计值:

$$q_1 = 0.040 + 0.175 = 0.215 \text{ kN/m}$$

活荷载的设计值:

$$q_2 = 2.0 \times 0.5 = 1.0 \text{ kN/m}$$

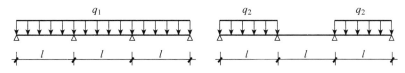

图 3   大横杆设计荷载组合简图(跨中最大弯矩和跨中最大挠度)

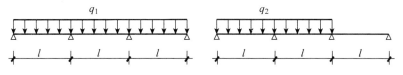

图 4   大横杆设计荷载组合简图(支座最大弯矩)

2) 强度验算

跨中和支座最大弯矩分别按图 3、图 4 组合。

跨中最大弯矩计算公式如下:

$$M_{1\max} = 1.2 \times 0.08 q_1 l^2 + 1.4 \times 0.10 q_2 l^2$$

跨中最大弯矩为：

$$M_{1\max} = 1.2 \times 0.08 \times 0.215 \times 1.5^2 + 1.4 \times 0.10 \times 1.0 \times 1.5^2 = 0.36 \text{ kN} \cdot \text{m}$$

支座最大弯矩计算公式如下：

$$M_{2\max} = -1.2 \times 0.10 q_1 l^2 - 1.4 \times 0.117 q_2 l^2$$

支座最大弯矩为：

$$M_{2\max} = -1.2 \times 0.10 \times 0.215 \times 1.5^2 - 1.4 \times 0.117 \times 1.0 \times 1.5^2 = -0.427 \text{ kN} \cdot \text{m}$$

选择支座弯矩和跨中弯矩的最大值进行强度验算（计算选取折旧尺寸）：

$$\sigma = \frac{M}{W} = M_{\text{ax}}(0.36 \times 10^6, 0.427 \times 10^6)/4\,490 = 95.1 \text{ N/mm}^2$$

大横杆的最大弯曲应力为 $\sigma = 95.10 \text{ N/mm}^2$ 小于大横杆的抗压强度设计值 $[f] = 205 \text{ N/mm}^2$，满足要求！

3）挠度验算

最大挠度考虑为三跨连续梁均布荷载作用下的挠度。

计算公式如下：

$$\nu_{\max} = (1.2 \times 0.677 q_1 l^4 + 1.4 \times 0.990 q_2 l^4)/100EI$$

其中：静荷载标准值： $q_1 = 0.215 \text{ kN/m}$；

活荷载标准值： $q_2 = 1.0 \text{ kN/m}$；

最大挠度计算值为（计算选取折旧尺寸）：

$$\nu = (0.677 \times 1.2 \times 0.215 + 0.990 \times 1.4 \times 1.0) \times 1\,500^4/(100 \times 2.06 \times 10^5 \times 107\,800) = 3.56 \text{ mm}$$

大横杆的最大挠度 3.56 mm 小于大横杆的最大容许挠度 $[\nu] = L/150 = 1\,500/150 \text{ mm}$ 与 10 mm，满足要求。

## 7.2 小横杆的计算

根据 JGJ 130—2011 第 5.2.4 条规定，小横杆按照简支梁进行强度和挠度计算，大横杆在小横杆的上面。用大横杆支座的最大反力计算值作为小横杆集中荷载，在最不利荷载布置下计算小横杆的最大弯矩和变形（图 5）。

1）荷载值计算

大横杆的自重标准值：

$$p_1 = 0.040 \times 1.5 \times 4/2 = 0.12 \text{ kN}$$

脚手板的自重标准值：

$$P_2 = 0.35 \times 1.5 \times 1.5/2 = 0.394 \text{ kN}$$

活荷载标准值：

$$Q = 2.0 \times 1.5 \times 1.5/2 = 2.25 \text{ kN}$$

集中荷载的设计值：

$$P = [1.2 \times (0.394 + 0.12) + 1.4 \times 2.25]/4 = 0.942 \text{ kN}$$

小横杆受均布荷载：

$$q = 1.2 \times 0.040 = 0.05 \text{ kN/m}$$

2）强度验算

最大弯矩考虑为小横杆自重均布荷载与大横杆传递荷载的标准值最不利分配的弯矩和；

均布荷载最大弯矩计算公式如下：

$$M_{q\max} = ql^2/8$$

$$M_{q\max} = 0.05 \times 1.5^2/8 = 0.014 \text{ kN} \cdot \text{m}$$

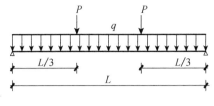

图 5　小横杆计算简图

集中荷载最大弯矩计算公式如下：

$$M_{p\max} = P_1/3$$

$$M_{p\max} = 0.942 \times 1.5/3 = 0.471 \text{ kN} \cdot \text{m}$$

最大弯矩

$$M = M_{q\max} + M_{p\max} = 0.485 \text{ kN} \cdot \text{m}$$

最大应力计算值

$$\sigma = M/W = 0.485 \times 10^6/4\,490 = 108.02 \text{ N/mm}^2$$

小横杆的最大弯曲应力 $\sigma = 108.02$ N/mm$^2$ 小于小横杆的抗压强度设计值 205 N/mm$^2$，满足要求。

3）挠度验算

最大挠度考虑为小横杆自重均布荷载与大横杆传递荷载的设计值最不利分配的挠度和；

小横杆自重均布荷载引起的最大挠度计算公式如下：

$$\nu_{q\max} = 5ql^4/384EI$$

$$\nu_{q\max} = 5 \times 0.05 \times 1\,500^4/(384 \times 2.06 \times 10^5 \times 107\,800) = 0.15 \text{ mm}$$

大横杆传递荷载 $P = 0.942$ kN；

集中荷载标准值最不利分配引起的最大挠度计算公式如下：

$$\nu_{p\max} = P_l(3l^2 - 4l^2/9)/72EI$$

$$\nu_{p\max} = 942 \times 1\,500 \times (3 \times 1\,500^2 - 4 \times 1\,500^2/9)/(72 \times 2.06 \times 10^5 \times 107\,800) = 5.082 \text{ mm}$$

最大挠度和：

$$\nu = \nu_{q\max} + \nu_{p\max} = 5.082 + 0.15 = 5.232 \text{ mm}$$

小横杆的最大挠度为 5.232 mm 小于小横杆的最大容许挠度 1 500/150＝10 mm，满足要求。

## 7.3　扣件抗滑力计算

根据《建筑施工扣件钢管脚手架安全技术规范》（JGJ 130—2011）中 5.2.5 规定，纵向或横向水平杆与立杆连接时，其扣件的抗滑承载力应符合下式规定：

$$R \leqslant R_c$$

式中，$R$ 为纵向、横向水平杆传给立杆的竖向作用力设计值；$R_c$ 为扣件抗滑承载力设计值。直角扣件、旋转扣件抗滑承载力设计值按 JGJ 130—2011 中表 5.1.7 取 $R_c = 8.0$ kN。

大横杆的自重标准值：

$$P_1 = 0.040 \times 1.5 \times 4/2 = 0.12 \text{ kN}$$

小横杆的自重标准值：

$$P_2 = 0.040 \times 1.5/2 = 0.03 \text{ kN}$$

脚手板的自重标准值：

$$P_3 = 0.35 \times 1.5 \times 1.5/2 = 0.394 \text{ kN}$$

活荷载标准值：

$$Q = 2 \times 1.5 \times 1.5/2 = 2.25 \text{ kN}$$

荷载的设计值：

$$F = 1.2 \times (0.12 + 0.03 + 0.394) + 1.4 \times 2.25 = 3.80 \text{ kN}$$

$R < 8.00$ kN，所以双扣件抗滑承载力的设计计算满足要求！

## 7.4 立杆稳定性计算(按照6.5 m搭建高度进行计算)

本工程中脚手架设计采用的是综合爬坡式脚手架，立杆均为与坡面平行的斜向立杆，斜立杆上的受力可分解为平行和垂直作用于立杆的两个力，平行力作用于立杆时即可将立杆看作直立杆来计算其稳定性，垂直的力作用于斜立杆时即可将斜立杆看作一个水平杆来计算其抗弯强度和最大挠度(图6)。计算中可将分解后的力放大为原值，即取值为未分解前的合力以保证足够的安全系数。

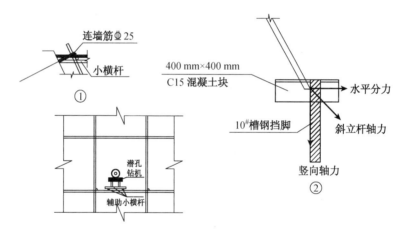

图6 细部大样图

### 7.4.1 脚手架荷载标准值

作用于脚手架的荷载包括静荷载、活荷载和风荷载。静荷载标准值包括以下内容：

(1)每米立杆承受的结构自重标准值，为0.157 kN/m

$$N_{G1} = 0.157 \times 8.13 = 1.28 \text{ kN}$$

(2)脚手板的自重标准值；采用木脚手板，标准值为0.35 kN/m²

$$N_{G2} = 0.35 \times 3 \times 1.5 \times (1.5 + 0.3 + 0.2)/2 = 1.575 \text{ kN}$$

(3)栏杆与挡脚手板自重标准值；采用木脚手板挡板，标准值为0.17 kN/m

$$N_{G3} = 0.17 \times 3 \times 1.5/2 = 0.383 \text{ kN}$$

(4)吊挂的安全设施荷载，包括安全网：0.01 kN/m²

$$N_{G4} = 0.01 \times 1.5 \times 8.13 = 0.122 \text{ kN}$$

经计算得到，静荷载标准值 $N_G = N_{G1} + N_{G2} + N_{G3} + N_{G4} = 3.36$ kN

活荷载为施工荷载标准值产生的轴向力总和,立杆按一纵距内施工荷载总和的 1/2 取值。经计算得到,活荷载标准值为:

$$N_Q = 2 \times 1.5 \times (1.5 + 0.3 + 0.3)/2 = 3.15 \text{ kN}$$

考虑风荷载时,立杆的轴向压力设计值为:

$$N = 1.2N_G + 0.9 \times 1.4N_Q = 1.2 \times 3.36 + 0.9 \times 1.4 \times 3.15 = 8.0 \text{ kN}$$

不考虑风荷载时,立杆的轴向压力设计值为:

$$N' = 1.2N_G + 1.4N_Q = 1.2 \times 3.36 + 1.4 \times 3.15 = 8.442 \text{ kN}$$

风荷载设计值产生的立杆段弯矩 $M_w$ 计算公式

$$M_w = 0.85 \times 1.4W_k L_a h^2/10 = 0.850 \times 1.4 \times 1.11 \times 1.5 \times 1.5^2/10 = 0.446 \text{ kN} \cdot \text{m}$$

### 7.4.2 立杆稳定性计算

考虑风荷载时,立杆的稳定性计算公式:

$$\sigma = \frac{N}{\phi A} + \frac{M_w}{W} \leqslant [f]$$

立杆的轴心压力设计值:

$$N = 8.0 \text{ kN}$$

计算立杆的截面回转半径:

$$i = 1.59 \text{ cm}$$

计算长度附加系数: $K = 1.155$;
计算长度系数参照《扣件式规范》表 5.3.3 得: $\mu = 1.590$
计算长度,由公式 $l_o = k\mu h$ 确定:

$$l_o = 2.755 \text{ m}$$
$$l_o/i = 174.4$$

轴心受压立杆的稳定系数 $\phi$,由长细比 $l_o/i$ 的结果查表得到: $\phi = 0.235$
立杆净截面面积: $A = 4.24 \text{ cm}^2$;
立杆净截面模量(抵抗矩):

$$W = 4.49 \text{ cm}^3$$

钢管立杆抗压强度设计值:

$$[f] = 205.0 \text{ N/mm}^2$$

$$\sigma = \frac{N}{\phi A} + \frac{M_w}{W} \leqslant [f]$$

$$\sigma = 8\ 000/(0.235 \times 424) + 446\ 000/4\ 490 = 179.62 \text{ N/mm}^2$$

立杆稳定性计算 $\sigma = 179.62$ 小于 $[f] = 205.000 \text{ N/mm}^2$ 满足要求!

### 7.4.3 立杆作为水平杆计算时的抗弯强度与最大挠度

用斜杆支座的最大反力计算值,在最不利荷载布置下计算斜杆的最大弯矩和变形。

1) 荷载值计算

斜杆承受的自重标准值:

$$p_1 = 0.60 \times 0.157 \times 1.500 = 0.094 \text{ kN}$$

脚手板的荷载标准值：

$$P_2 = 0.60 \times 0.350 \times 2.1 \times 1.500/2 = 0.331 \text{ kN}$$

栏杆与挡脚手板自重标准值(kN/m)；栏杆冲压钢脚手标准值为 0.17

$$P_3 = 0.60 \times 0.17 \times 1.5/2 = 0.077 \text{ kN}$$

吊挂的安全设施荷载,包括安全网(kN/m$^2$)；0.01

$$P_4 = 0.60 \times 0.01 \times 1.5 \times 1.5 = 0.014 \text{ kN}$$

活荷载标准值：

$$Q = 0.60 \times 2.0 \times 1.5 \times 1.5/4 = 0.54 \text{ kN}$$

荷载的计算值：

$$P = 1.2 \times (0.094 + 0.331 + 0.077 + 0.014) + 1.4 \times 0.54 = 1.38 \text{ kN}$$

2）强度计算

最大弯矩考虑为斜杆自重均布荷载与荷载的计算值最不利分配的弯矩和均布荷载最大弯矩计算公式如下：

$$M_{qmax} = 0.6 \times 0.040 \times 1.5^2/8 = 0.007 \text{ kN} \cdot \text{m}$$

集中荷载最大弯矩计算公式如下：

$$M_{pmax} = 1.38 \times 1.5/3 = 0.69 \text{ kN} \cdot \text{m}$$

最大弯矩

$$M = M_{qmax} + M_{pmax} = 0.007 + 0.69 = 0.697 \text{ kN} \cdot \text{m}$$
$$\sigma = M/W = 0.697 \times 10^6/4\,490.0 = 155.23 \text{ N/mm}^2$$

计算强度 155.23 N/mm$^2$ 小于 205.0 N/mm$^2$,满足要求！

3）挠度计算

最大挠度考虑为杆自重均布荷载与集中荷载的计算值最不利分配的挠度和,

自重均布荷载引起的最大挠度计算公式如下：

$$V_{qmax} = 5 \times 0.6 \times 0.157 \times 1\,500^4/(384 \times 2.06 \times 10^5 \times 107\,800) = 0.28 \text{ mm}$$

集中荷载标准值最不利分配引起的最大挠度计算公式如下：

$$P = p_{合} + Q = 0.094 + 0.331 + 0.077 + 0.014 + 0.54 = 1.056 \text{ kN}$$

$$V_{pmax} = \frac{Pl(3l^2 - 4l^2/9)}{72EI}$$

$$V_{pmax} = 1\,056 \times 1\,500.0 \times (3 \times 1\,500^2 - 4 \times 1\,500^2/9)/(72 \times 2.06 \times 10^5 \times 107\,800) = 5.70 \text{ mm}$$

最大挠度和 $V = V_{qmax} + V_{pmax} = 0.28 + 5.70 = 5.98 \text{ mm}$；

最大挠度值 5.98 mm 小于(1 500.000/150)=10 mm,满足要求！

由于脚手架为边坡深浅层支护的主要载体,安全问题尤为重要,为了安全期间,脚手架设计过程中采用以下措施加强脚手架整体稳定性,具体如下：

（1）沿纵向每 4 跨设置一道横向剪刀撑,剪刀撑沿高程方向连续设置；沿横向每两跨设置一道纵向剪

刀撑,剪刀撑沿高程方向连续设置,以确保脚手架整体稳定;

(2)每级马道临边设置一排地锚插筋与脚手架水平小横杆连接牢固,地锚间距与脚手架纵向间距一致,按照 3 m 间距进行设置。通过以上局部加固,以起到分段卸荷和防止脚手架在钻机冲击反力作用下向外倾翻,确保高脚手架整体安全稳定。

## 7.5 立杆地基承载力计算

立杆基础采用 400 mm×400 mm 的 C15 混凝土块作为立杆底座,底座下基础底面的平均压力应满足下式的要求

$$p \leqslant f_g$$

式中,地基土类型按碎石土考虑,地基承载力标准值:$f_{gk} = 500.0$ kN/m²;

脚手架地基承载力调整系数:

$$k_c = 0.40$$

地基承载力设计值:

$$f_g = f_{gk} \times K_c = 200.0 \text{ kN/m}^2$$

其中,上部结构传至底座和基础顶面的轴向力设计值:$N = 8.0$ kN;

C15 混凝土抗压强度设计值 7.2 MPa

立杆地面面积(m²):$A_1 = 18.09 \times 10^{-4}$ m²;

立杆作用于底座上的平均压力为:

$$P = N/A_1 = 4.422 \text{ MPa} < 7.20 \text{ MPa}$$

承载力满足要求。

基础底座面积(m²):

$$A_2 = 0.4 \times 0.4 = 0.16 \text{ m}^2$$

立杆基础底面的平均压力:

$$p = N/A_2 = 50.0 \text{ kN/m}^2$$

$$p = 50.0 \leqslant f_g = 200.0 \text{ kN/m}^2$$

地基承载力的计算满足要求!

## 7.6 立柱抗力验算

立柱基础在脚手架支护体系中,主要承受斜立杆向外侧滑移的力,立柱采用 10# 槽钢,抗剪应力 $[f] = 205$ N/mm²。10# 槽钢截面面积:$A = 12.7$ cm²。

根据上述计算结果斜立杆竖向力力的 $\tan\theta$ 倍,水平向外的力,$N_1 = 0.6 \times 8 = 4.8$ kN,施工荷载按照作业平台连续 5 跨全高 6.5 m 范围内布置(每次只作业一层,每层作业平台两台钻机)最多两台钻机同时作业进行设计计算(钻机动力头最大给进力按 40 kN 考虑),同时作业时产生的总体水平力 $f = 40 \times 2 = 80$ kN。

$$V = N_{施工} + N_1 = 80 + 4.8 = 84.8 \text{ kN}$$
$$f < [f]$$

人工对基础松动部分清理平整,清理后的凹坑处采用 M30 水泥砂浆填平,以确保施工脚手架基础坚固稳定。顶部马道锁脚锚杆采用 Φ25 mm 螺纹钢筋进行锚固,底部马道脚手架基础锁脚采用 10# 槽钢锚入马道基础 1 m 深,正面顶住立杆基础,均两跨一设。

## 7.7 脚手架与边坡坡体的连接计算(连墙件计算)

连墙杆件稳定计算分析条件,按照力的平衡原理,临时插筋锚固力($N_{ak}$)大于或等于连墙杆外荷载作用下的轴向力($N_1$)时,脚手架不会发生向外倾翻现象。故可知:

$$N_1 = N_{1w} + N_0 \leqslant N_{ak}$$

式中,$N_{ak}$为单根锚筋锚固力设计值。

### 7.7.1 关于施工荷载(包含风荷载)作用下连墙插筋轴向作用力计算(图7)

(1)风荷载作用下连墙杆产生的轴向力$N_{1w}$计算:

连墙杆轴向力设计值计算公式:

$$N_1 = N_{1w} + N_0$$
$$N_{1w} = 1.4 \times W_k \times A_w$$

式中,$N_1$为连墙杆轴向力设计值(kN);$N_{1w}$为产生的连墙杆轴向力设计值;$A_w$为每个连墙杆负责的面积;$N_0$为连墙杆约束脚手架平面外变形所产生的轴向力(kN)。

① 计算$W_k$风荷载标准值:

$$W_k = \mu_z \cdot \mu_s \cdot w_0 = 1.11 \text{ kN/m}^2。$$

② 计算每个连墙杆负责的面积$A_w$

$$A_w = 2h \times 3L = 2 \times 1.5 \times 3 \times 1.5 = 13.5 \text{ m}^2$$

式中,$A_w$为及连墙杆插筋水平间距乘以垂直间距。

③ 单个连墙杆风荷载产生的轴向力:

$$N_{1w} = 1.4 \times W_k \times A_w = 1.4 \times 1.11 \times 13.5 = 20.98 \text{ kN}$$

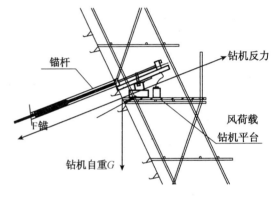

图7 荷载作用示意图

(2)外荷载作用下连墙杆产生的轴向力$N_0$计算:

施工荷载按照作业平台连续5跨全高6.5 m范围内布置(每次只作业一层,每层作业平台两台钻机)最多两台钻机同时作业进行设计计算(钻机动力头最大给进力按40 kN考虑),同时作业时产生的总体水平力$\sum N_{施工} = 40 \times 2 = 80$ kN。2台钻机施工平面内(连续5跨全高6.5 m范围作业平台内)连墙插筋数量:

$$n = (6.5 \times 1.5 \times 5) \div (2 \times 1.5 \times 3 \times 1.5) + 1 = 5(根)$$

(连墙杆布置按照两步三跨($2h \times 3L$)及单个插筋水平轴向力。)

钻机自重:$G = 0.35$ t

$$\sum G = 0.35 \times 2 = 0.7t = 7.0 \text{ kN}$$

则,钻机自重在单根连墙插筋轴向的分力为:

$$G_1 = \sum G \cdot \sin \theta \div 5 = 7 \times \sin \theta \div 5 = 0.84 \text{ kN}$$
$$N_0 = 80 \div 5 = 16 \text{ kN}$$

(3)作用在连墙杆上的轴向力$N_1$计算:

$$N_1 = N_0 + N_{1w} \times \cos \theta - G_1$$
$$= 16.0 \times (0.8 \times \cos 20° + 0.6 \times \sin 20°) +$$
$$20.98 \times 0.8 - 0.626 = 31.47 \text{ kN}$$

（考虑了十年一遇珠海地区风荷载，连墙件锚筋垂直边坡坡面设置）

### 7.7.2　关于单根插筋锚固力设计值的计算

（1）按锚固体表面与周围岩体间的粘结强度计算，所得到的锚杆轴向拉力标准值为：

$$N_{ak} = l_a \xi_1 \pi D f_{rb} \tag{1}$$

式中，$l_a$ 为锚固端长度，设取为 2 m；$D$ 为锚固体直径，取为 0.08 m（临时锚杆直径取 0.025 m）；$f_{rb}$ 为岩层与锚固体黏结强度特征值，查设计图纸说明，按Ⅲ类花岗岩岩石取 135 kPa（适用于注浆强度 M30）。（GB 50330—2002）；$\xi_1$ 为工作条件系数，临时锚杆取 1.33。

$$
\begin{aligned}
N_{ak} &= l_a \xi_1 \pi D f_{rb} \\
&= 2 \times 1.33 \times 3.14 \times 0.08 \times 135 \text{ kN} \\
&= 90.2 \text{ kN}
\end{aligned}
$$

（2）按锚筋与锚固砂浆间的黏结力来计算，确定的锚杆轴向拉力标准值为：

$$N_{ak} = l_a \xi_2 n \pi d f_b / \gamma_0 \tag{2}$$

式中，$l_a$ 为锚固端长度，设为 2 m；$d$ 为锚杆直径，0.025 m；$f_b$ 为钢筋与锚固砂浆间的黏结强度设计值，按 M30 水泥浆强度等级取值 2.4 MPa；（GB 50330—2002）；$n$ 为插筋数量，$n=1$；$\xi_2$ 为工作条件系数，取 0.72；$\gamma_0$ 为重要性系数，设计说明为 1.1。

$$
\begin{aligned}
N_{ak} &= l_a \xi_2 n \pi d f_b / \gamma_0 \\
&= 2 \times 0.72 \times 1 \times 3.14 \times 0.025 \times 2.4 \times 10^3 / 1.1 \\
&= 246.61 \text{ kN}
\end{aligned}
$$

从偏于安全考虑，按上述计算值取两项的最小值，即锚固长度 2 m，直径 Φ25 mm 插筋，岩石条件按Ⅲ类岩石考虑，单根插筋锚固力计算值得 $N_{ak}=90.2$ kN。

经过上述计算：31.47 kN≤90.2 kN，即连墙杆轴向力 $N_1$ 小于插筋锚固力 $N_{ak}$，故满足要求。故，可知（连墙杆插筋布置按照两步三跨（$2h \times 3L$），岩石为Ⅲ类时，搭设插筋锚固长度取 2 m，可满足安全稳定要求。

同理（计算方法同前），根据《建筑边坡工程技术规范》（GB 50330—2002）岩石与锚固体粘结强度特征值（适用于往浆强度 M30），通过计算各种岩石条件下，脚手架连墙插筋锚固长度如表 3 所示。

表 3　　　　　　　不同岩石条件下连墙插筋锚固长度统计表

| 岩石类别 | $f_{rb}$ 值/kPa | 插筋入岩深度/m | 岩石类别 | $f_{rb}$ 值/kPa | 插筋入岩深度 |
|---|---|---|---|---|---|
| 及软岩 | 135 | 1.4 | 较硬岩 | 550 | 0.4 m |
| 软岩 | 180 | 1.0 | 坚硬岩 | 900 | 0.3 m |
| 较软岩 | 380 | 0.5 | 备注 | | 连墙插筋直径 Φ 25 mm |

注：表 3 中插筋入岩深度按照规范要求取小值进行设计，表中数据适用于注浆强度等级为 M30。

综上所述，经过对锚索支护施工脚手架，小横杆、大横杆、立杆的抗压、抗弯以及连墙杆防倾翻计算分析，该脚手架均处于稳定状态，满足稳定要求。

## 8　结　论

（1）脚手架施工为节约成本，通常采用周转的钢管进行脚手架的搭设，计算过程中，为保证足够的安全系数，需采用折旧后的钢管技术参数进行设计计算，确保施工安全有保障。

（2）脚手架设计计算应根据现场实际地质情况，确定各项技术参数，保证计算结果与现场实际施工情况相符,确保结构计算与实际受力模型一致。

**参考文献**

[1]中国建筑行业标准.建筑施工扣件式钢管脚手架安全技术规范:JGJ 130—2011[S].北京:中国建筑工业出版社,2011.

[2]中国建筑行业标准.建筑地基基础设计规范:GB 50007—2008[S].北京:中国建筑工业出版社,2008.

[3]中国建筑行业标准.建筑结构荷载规范:GB 50009—2001[S].北京:中国建筑工业出版社,2012.

[4]中国建筑行业标准.钢结构设计规范:GB 50017—2014[S].北京:中国建筑工业出版社,2015.

# 复杂环境下高边坡控制爆破

章征成[1]　唐红平[1]　余飞翔[1]　刘姚斌[2]　黄　凯[3]

（1. 杭州千岛湖强祥建筑工程有限公司；2. 天津二十冶建设有限公司；

3. 中国二十冶集团有限公司）

**【摘　要】**横琴新区环岛西路南段高边坡爆破工程周围环境复杂且开挖边坡较高。为确保高边坡稳定，同时控制爆破有害效应，采用预裂爆破和台阶爆破相结合的爆破技术，通过缩小预裂孔孔距、适当增大填塞长度、采取间隔装药和预留保护层等措施，达到了确保了高边坡的稳定，达到了边坡面平整度高的要求。

**【关键词】**高边坡；控制爆破；边坡稳定

## 0　引　言

沿边坡线按照设计的边坡高度、坡度，采用控制爆破技术进行边坡开挖的方法，称为边坡控制爆破。边坡控制爆破技术是维护边坡稳定的重要技术措施，其基本方法包括光面爆破和预裂爆破，目前使用较多的是预裂爆破。在复杂环境下进行预裂爆破对爆破有害效应的控制提出了更高的要求。

珠海横琴新区环岛西路南段高边坡爆破工程项目通过缩小预裂孔孔距、适当增大堵塞长度、采取间隔装药和预留保护层等措施，实现了对边坡的有效控制，并通过爆破振动安全跟踪监测，检验、优化爆破参数和装药结构，取得了确保安全和高边坡稳定的良好爆破效果。

## 1　工程概况

### 1.1　概述

横琴新区环岛西路南段高边坡工程位于大横琴山西侧，属于珠海市横琴新区市政基础设施 BT 项目非示范段主、次干路市政道路工程的一部分，在环岛西路南段（K5＋720—K＋860），设计为双路堑边坡，边坡体长约 140 m，路堑挖方最深达 32.23 m（设计地面标高为 7.0 m）。山体自然坡度在 30°～50°之间，东西走向 165°～175°，需爆破总方量约 21 万 $m^3$。爆破岩石为残坡积（$Q^{el+dl}$）层和燕山期侵入花岗岩（$\gamma_5^{2-3}$）层，节理裂隙中等发育，且裂隙与预裂面斜交。实施预裂爆破时预裂缝极易偏离中心线，与其他炮孔连接，甚至跳过多孔与另一炮孔相连，形成严重的超欠挖。

### 1.2　周围环境

K5＋787 道路中心线左侧 94.5 m 处有一移动通讯中转站，构筑面积为 36 $m^2$，到爆区边线直线距离 20 m；南侧距爆区 50 m 和 90 m 处 2 个大型养殖场；在爆破区北面山脚下为琴井环山公路。周围环境如图 1 所示。

### 1.3　工程特点及难点

爆区周围有大型养殖场和电力、通讯等需保护的设施，工程周围环境复杂；难点是在保证各种设施安全的前提下，完成边坡损伤少、边坡平整度要求高的双路堑高边坡的预裂爆破，确保路堑边坡的开挖轮廓和稳定要求。

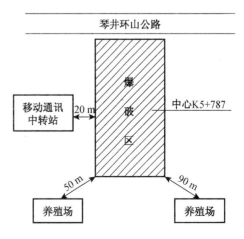

图 1　爆破周围环境

## 2 施工设计

(1)先在路基中心线两侧各 20 m 范围采用深孔松动爆破,在设计路堑中间爆出一条槽沟,为后续边坡预裂爆破创造自由面,以减少对后续边坡预裂爆破主爆孔的夹制作用。

(2)边坡面采用预裂爆破方法,选取合理的爆破参数,确保路堑边坡的开挖轮廓和边坡岩体少受破坏,以有利于边坡稳定,将爆破有害效应控制在安全允许的范围内。

(3)为了保证爆破后马道平台的宽度和完整,爆破上一级边坡坡面时马道区域底面预留 1~1.5 m 厚的保护层,待爆下一级边坡坡面时用浅孔排炮把马道爆到设计的标高。

(4)通过爆破振动安全控制跟踪监测,检验爆破振动控制的实际效果,以便优化爆破参数和防护措施,进一步保证爆破安全和质量。

## 3 方案设计

### 3.1 确定合理爆破参数

(1)深孔台阶控制爆破:采用 $2^\#$ 岩石乳化炸药,孔径 115 mm,爆破参数如表 1 所示。

表 1　深孔台阶爆破参数

| 孔网参数 | 底盘抵抗线 $W_1$/m | 孔距 $a$/m | 排距 $b$/m | 梯段高度 $H$/m | 超深 $h$/m | 填塞长度 $l_2$/m | 炸药单耗 $q$/(kg·m$^{-3}$) | 单孔装药量 $Q$/kg |
|---|---|---|---|---|---|---|---|---|
| 缓冲孔 | 3.0 | 1.5~2.0 | 1.5 | ≤10 随地形变 | 0.8~1.2 | 3.0~3.5 | 0.4 | ≤30 |
| 主炮孔 | 3.5~4.0 | 2.7~3.3 | 2.4~3.0 | ≤10 随地形变 | 0.8~1.2 | 3.5~4.0 | 0.4~0.5 | ≤45 |

(2)浅孔台阶控制爆破:采用 $2^\#$ 岩石乳化炸药,孔径 40 mm,爆破参数如表 2 所示。

表 2　浅孔台阶爆破参数

| 台阶高度 $H$/m | 孔径 $d$/m | 底盘抵抗线 $W$/m | 孔距 $a$/m | 排距 $b$/m | 孔深 $L$/m | 填塞长度 $L_1$/m | 炸药单耗 $q$/(kg·m$^{-3}$) | 单孔药量 $Q$/kg |
|---|---|---|---|---|---|---|---|---|
| 4.0 | 40 | 1.2 | 1.4 | 1.2 | 4.4 | 1.6 | 0.42 | 2.8 |
| 3.0 | 40 | 1.2 | 1.3 | 1.2 | 3.4 | 1.5 | 0.41 | 1.9 |
| 2.0 | 40 | 1.2 | 1.2 | 1.2 | 2.3 | 1.4 | 0.38 | 0.9 |
| 1.2 | 40 | 0.8 | 0.9 | 0.8 | 1.5 | 1.2 | 0.35 | 0.3 |

(3)预裂爆破:采用 $2^\#$ 岩石乳化炸药,孔径 115 mm,爆破参数如表 3 所示。

表 3　预裂爆破参数

| 孔径 $d$/mm | 孔深 $L$/m | 孔距 $a$/m | 超深 $h$/m | 堵塞长度 $L_3$/m | 药卷直径/mm | 线装药密度/(kg·m$^{-1}$) |
|---|---|---|---|---|---|---|
| 115.0 | 5~12 | 0.8~1.0 | 0.5 | 1.5~2.0 | 32.0 | 0.25~0.4 |

### 3.2 炮孔布置

炮孔布置如图 2 所示,炮孔布置装药结构剖面如图 3 所示。

### 3.3 起爆网路设计

为了取得良好的爆破效果,并控制爆破破坏效应,主炮孔、缓冲孔和浅孔均采用塑料导爆管非电毫秒雷管,孔内采用双发雷管,地表采用导爆管网格式闭合网路。预裂孔采用导爆索非电起爆系统同时起爆。起爆顺序依次为预裂孔、主炮孔、缓冲孔、浅孔,起爆网路如图 4 所示。

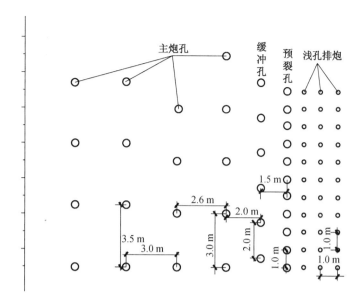

图 2　炮孔布置平面示意图

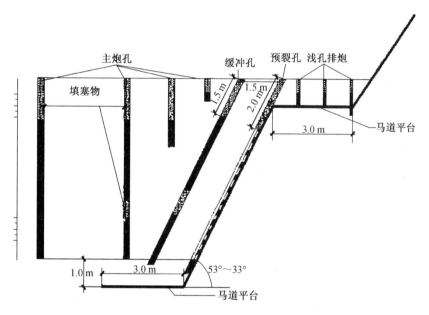

图 3　炮孔布置装药结构剖面图

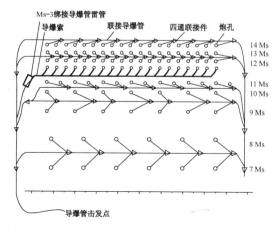

图 4　起爆网路示意图

## 4 爆破安全控制

### 4.1 爆破振动安全

根据《爆破安全规程》(GB 6722—2003),按爆破振动安全允许速度和爆源中心到保护构筑物的最近距离计算最大单响药量。

$$Q_{\max} = R^3 \cdot \left(\frac{V}{K}\right)^{\frac{3}{\alpha}} \tag{1}$$

式中,$Q_{\max}$ 为炸药量,齐发爆破为总装药量,延时爆破为最大一段药量,kg;$R$ 为爆源中心到测点的最近距离,m;$v$ 为保护对象所在地质点振动安全允许速度,cm/s;本次取 2.0 cm/s;$K$,$\alpha$ 为与爆破点至计算保护对象间的地形、地质条件有关的系数和衰减指数,取 $K = 160$,$\alpha = 1.7$。

与构筑物不同距离允许的最大单响药量如表 4 所示。

表 4　　　　　　　　　　　　　　　　预裂药量参数

| 距离/m | 80 | 90 | 100 | 110 | 120 | 130 | 140 | 150 | 160 |
|---|---|---|---|---|---|---|---|---|---|
| 最大单响药量/kg | 224.2 | 319.4 | 438 | 538.2 | 757.1 | 962.6 | 1 202.2 | 1 478.7 | 1 794.6 |

根据爆破周围环境情况及地质条件,为保障安全,施工时首先按表中 60% 取最大单响药量,爆破时进行跟踪监测,依据监测结果分析最终确定单响药量,把爆破振动控制在允许范围之内。

### 4.2 防护措施

针对工程特点,在靠近移动通信中转站、大型养殖场 100 m 区域爆破时,为将爆破飞石控制在 30 m 以内,采取如下防护措施:

(1) 加强堵塞质量,增加堵塞长度,炮孔和缓冲孔不小于 1.2 倍抵抗线,孔深不小于 1.5 倍的抵抗线,预裂孔孔深不小于 1.5～2.0 m,孔口用编织袋装砂土覆盖。

(2) 最小抵抗线方向避开移动中转站和养殖场,采用毫秒延时爆破网路,起爆自由面方向在移动中转站和养殖场的侧面,严禁背向中转站和养殖场,防止爆破地震波叠加。

(3) 布孔时注意岩石破碎带的分布,对穿过岩石破碎带的炮孔,采用孔内间隔装药等措施调整装药量和位置部。

(4) 加强爆破覆盖防护,爆破体上方覆盖 0.5 m 厚成捆树枝和杂草。

### 4.3 爆破振动安全控制跟踪监测

对最近的构筑物的爆破振动速度进行跟踪监测,结果显示测振点的质点垂直振动速度比计算的小,证明爆破振动控制是成功的。具体监测数据如表 5 所示。

表 5　　　　　　　　　　　　　爆破振动速度监测数据

| 2012 年 | 爆破高程/m | 最大单响药量/kg | 离爆源距离/m | 水平径向(X 向) 频率/Hz | 水平径向(X 向) 振动速度/(cm·s⁻¹) | 水平切向(Y 向) 频率/Hz | 水平切向(Y 向) 振动速度/(cm·s⁻¹) | 垂直向(Z 向) 频率/Hz | 垂直向(Z 向) 振动速度/(cm·s⁻¹) |
|---|---|---|---|---|---|---|---|---|---|
| 05.04 | 15～27 | 96 | 57 | 36.62 | 0.12 | 26.86 | 0.08 | 29.3 | 0.23 |
| 05.14 | 15～27 | 135 | 114 | 24.41 | 0.23 | 26.86 | 0.15 | 24.4 | 0.31 |
| 05.21 | 15～27 | 120 | 65 | 15.87 | 0.1 | 21.97 | 0.16 | 30.52 | 0.55 |
| 05.23 | 15～27 | 128 | 57 | 15.87 | 0.06 | 12.21 | 0.03 | 15.87 | 0.1 |
| 06.27 | 15～5 | 107 | 157 | 34.18 | 0.13 | 46.39 | 0.07 | 46.39 | 0.19 |
| 07.11 | 15～5 | 96 | 148 | 34.18 | 0.13 | 36.62 | 0.14 | 20.75 | 0.27 |

（续表）

| 2012年 | 爆破高程/m | 最大单响药量/kg | 离爆源距离/m | 水平径向(X向) | | 水平切向(Y向) | | 垂直向(Z向) | |
|---|---|---|---|---|---|---|---|---|---|
| | | | | 频率/Hz | 振动速度/(cm·s⁻¹) | 频率/Hz | 振动速度/(cm·s⁻¹) | 频率/Hz | 振动速度/(cm·s⁻¹) |
| 07.17 | 15~5 | 109 | 136 | 29.3 | 0.08 | 40.28 | 0.09 | 18.31 | 0.2 |
| 07.21 | 15~5 | 90 | 95 | 36.62 | 0.18 | 29.3 | 0.19 | 24.41 | 0.25 |
| 08.10 | 15~5 | 120 | 134 | 7.32 | 0.31 | 14.65 | 0.06 | 7.32 | 0.06 |
| 08.15 | 15~5 | 72 | 124 | 34.118 | 0.187 | 34.18 | 0.086 | 18.31 | 0.288 |
| 08.16 | 15~5 | 36 | 41 | 37.84 | 0.13 | 12.21 | 0.07 | 26.86 | 0.17 |
| 08.28 | 15~5 | 36 | 50 | 10.99 | 0.26 | 10.99 | 0.08 | 12.21 | 0.02 |
| 08.31 | 15~5 | 108 | 45 | 37.8 | 0.2 | 20.75 | 0.17 | 24.41 | 0.57 |
| 09.03 | 15~5 | 49 | 37 | 46.39 | 0.24 | 20.75 | 0.14 | 46.39 | 0.56 |
| 09.04 | 15~5 | 48 | 147 | 19.53 | 0.18 | 14.65 | 0.32 | 15.87 | 0.24 |
| 09.09 | 15~5 | 101 | 68 | 36.62 | 0.21 | 21.97 | 0.12 | 18.31 | 0.23 |
| 10.10 | 15~5 | 192 | 130 | 26.86 | 0.84 | 31.74 | 0.71 | 51.27 | 0.98 |

从表5可以看出，Z向最大振速为0.98 cm/s，水平径向最大振速为0.84 cm/s；主振频率大都在10～50之间，符合深孔爆破的频率特征。表中有2个异常点，8月16日和28日为同一单响药量，28日测点的距离比16日还远，但是振速反而比16日大。这样的类似情况在爆破工程中时有发生，可能与振源到测点的岩体结构、水的分布有关。岩体完整性越好、含水越多，测得的振速越大。在现场经常会遇到这种情况，炮孔中的水越多振动越大，有时振速会比正常情况大60%。

## 5 爆破效果及体会

爆破后，边坡面岩石破碎损伤少，边坡面平整，边坡预留半孔率达到70%。爆破飞石均控制在安全范围内，没有对大型养殖场、移动通信中转站造成危害。

通过本工程实践，有如下几点体会：

（1）对于节理裂隙中等发育花岗岩地质条件下的预裂爆破，预裂孔采用线装药密度0.4 kg/m，不耦合系数3.6是合理的。

（2）在复杂环境条件下进行高边坡控制爆破，采用毫秒延时爆破，为了确保网路的可靠性，预裂孔爆炸后，起爆信号已全部传入后面数排炮孔内的雷管，为防止预列孔爆炸时与主炮孔爆炸地震波的叠加，预裂孔早于主炮孔150 ms起爆，主炮孔、缓冲孔和浅孔每排间隔50～110 ms起爆。控制好延时时间和最大单段药量是控制爆破振动危害的关键。

（3）为了保证爆破后马道平台的宽度，爆破上一级边坡坡面时预留1～1.5 m厚的保护层，在爆下一级边坡坡面时用浅孔排炮把马道平台再次爆破到设计的标高，使单孔药量控制在1 kg之内，采取这种减小单孔药量的措施，对控制边坡超挖和马道平台的成型有利。

**参考文献**

[1] 汪旭光.爆破设计与施工[M].北京:冶金工业出版社,2011.

[2] 王超,毕卫国,李媛媛,等.青岛胶州湾隧道工程明挖段爆破开挖[J].工程爆破,2013,19(3):17-19.

[3] 于亚伦.工程爆破理论与技术[M].北京:冶金工业出版社,2009.

[4] 张正宇,张文煊,吴新霞,等.现代水利水电工程爆破[M].北京:中国水利水电出版社,2003.

[5] 刘运通,高文学,刘宏刚.现代公路工程爆破[M].北京:人民交通出版社,2006.

[6] 代德龙,孙江.分台阶超前导洞分步开挖爆破技术在浅埋地铁施工中的运用[J].工程爆破,2012,18(4):33-37.

[7] 汪旭光,于亚伦,刘殿中.爆破安全规程实施手册[M].北京:人民交通出版社,2004.

# 软土路基沥青路面施工质量控制的技术要求

陈大刚　肖明明

（中国二十冶集团有限公司广东分公司）

【摘　要】横琴市政基础设施工程中心北路位于珠海市横琴岛中心沟范围,靠小横琴山脚,后经人工围垦改造,现基本为鱼塘、蚝池、河流、少量的蕉林、泥滩地等,鱼塘星罗棋布,纵横交错。路面采用沥青混凝土结构形式,机动车道沥青面层组成自上而下为:SBS细粒式改性沥青混凝土AC-13C厚4 cm、中粒式普通沥青混凝土AC-20C厚6 cm、粗粒式普通沥青混凝土AC-25C厚8 cm、乳化沥青稀浆封层0.6 cm ES-2型,沥青总厚度18 cm。根据本地区的软土深厚的地质特点,结合沥青路面平整度高且有一定粗糙度,即使雨天也有较好的抗滑性;黑色路面无强烈反光,行车比较安全;路面有弹性,能减震降噪,行车较为舒适等优点,沥青路面施工满足设计要求,具有良好的施工质量及社会效应。

【关键词】软土路基;沥青路面;施工质量控制;技术要求

## 1　工程概况

本项目位于广东珠江入海口区域,为典型的海相沉积软土层,海漫滩地貌及剥蚀残丘地貌,基本特点是风化基岩上覆厚薄不一的流塑淤泥:地表为浅水域鱼塘或薄杂填土层;中部为3~60 m埋深的饱和流塑淤泥层,期间夹杂薄弱不连续的软黏土层和砂层;下部为风化花岗岩层,花岗岩层埋深平面上分区域性起伏有较大变化,接近山丘处埋深3~10 m,河涌及海水浸漫滩涂区域30~60 m,局部区域受侵蚀情况不同竖向上也有较大起伏。结构工程基桩通常分具体区域以中风化基岩、中粗砂层作为持力层。海漫滩剥蚀残丘地貌流塑淤泥土层深基坑工程需要解决的共性难题,广东地区流塑淤泥土层,具有压缩性高、强度低,透水性差,高触变性及流变性的工程特征,其基本物理力学特点有:天然含水率($w$为60%~90%),大于液限($W_L$为40%~80%);天然孔隙比$e$为1.5~2.3,呈饱和流塑淤泥状态;压缩系数$\alpha_{1~2}$为0.8~3.0 m²/mm;强度低,原状土抗压强度$q_u$为0.01~0.03 MPa,$c_k$=4~13 kPa,$\phi_k$为1.0°~4.0°;天然渗透系数$K$为$10^{-6}$~$10^{-8}$ cm/s;灵敏度$S_t$为3~6。

横琴新区市政基础设施BT项目非示范段主、次干路市政道路工程(一期工程)中心北路位于横琴岛中部,西起环岛西路,东至环岛东路,道路总长度为7 591.362 m。沥青路面摊铺总面积约为776 329 m²,其中机动车道摊铺面积为689 085 m²,非机动车道为87 244 m²。

环岛北路道路红线宽度为40 m,具体横断面设计为:3 m(人)+3 m(非机)+1.5 m(绿)+11.75 m(机)+1.5 m(中绿)+11.75 m(机)+1.5 m(绿)+3 m(非机)+3 m(人)=40 m。

沥青路面结构如下:

(1)机动车道沥青结构层自下而上分别为:乳化沥青稀浆封层0.6 cm ES-2型、粗粒式普通沥青混凝土厚8 cm AC-25C、中粒式普通沥青混凝土厚6 cm AC-20C、SBS细粒式改性沥青混凝土厚4 cm AC-13C。

(2)非机动车道沥青结构层自下而上分别为:乳化沥青稀浆封层0.6 cm ES-2型、中粒式普通沥青混凝土厚5 cm AC-16C、细粒式普通沥青混凝土厚4 cm AC-13C。

## 2　沥青路面施工的技术要求

### 2.1　沥青混合料拌制

#### 2.1.1　沥青混合料用材

(1)沥青应采用符合现行"道路石油沥青技术标准"要求的沥青,其基质沥青标号采用A-70。表面层沥青混凝土采用 SBS 改性沥青,SBS 改性沥青采用 I-D 型,SBS 用量为 4%～5%。

**表 1** 道路石油沥青 70 号 A 级技术指标要求

| 项目 | 单位 | 技术指标 | 测试方法 |
|---|---|---|---|
| 针入度(25 ℃, 5 s, 100 g) | 0.1 mm | 60～80 | T0604 |
| 针入度指数 PI,不小于 | — | −1.5～+1.0 | T0604 |
| 软化点(R&B)不小于 | ℃ | 46 | T0606 |
| 60 ℃ 动力黏度不小于 | Pa.s | 180 | T0620 |
| 10 ℃ 延度不小于 | cm | 20 | T0605 |
| 15 ℃ 延度不小于 | cm | 100 | T0605 |
| 蜡含量不大于 | % | 2.2 | T0615 |
| 闪点不小于 | ℃ | 260 | T0611 |
| 溶解度不小于 | % | 99.5 | T0607 |
| 密度(15 ℃) | g/cm³ | 实测记录 | T0603 |

**表 2** 5%SBS 改性沥青技术指标要求

| 项目 | 单位 | 技术指标 | 测试方法 |
|---|---|---|---|
| 针入度(25 ℃, 5 s, 100 g) | 0.1 mm | 60～80 | T0604 |
| 针入度指数 PI,不小于 | — | −0.4 | T0604 |
| 软化点(R&B)不小于 | ℃ | 55 | T0606 |
| 135 ℃ 运动黏度不大于 | Pa.s | 3 | T0625、T0619 |
| 5 ℃ 延度不小于,5 cm/min 不小于 | cm | 40 | T0605 |
| 闪点不小于 | ℃ | 230 | T0611 |
| 溶解度不小于 | % | 99 | T0607 |

(2)粗集料:采用符合"沥青混合料用粗集料质量技术要求"的集料,采用玄武岩。

**表 3** 粗集料质量技术要求

| 项目 | 单位 | 表面层 | 其他层 | 测试方法 |
|---|---|---|---|---|
| 石料压碎值,不大于 | % | 26 | 28 | T0316 |
| 洛杉矶磨耗损失,不大于 | % | 28 | 30 | T0317 |
| 表观相对密度,不小于 | — | 2.6 | 2.5 | T0304 |
| 吸水率,不大于 | % | 2.0 | 3.0 | T0304 |
| 坚固性,不大于 | % | 12 | 12 | T0314 |
| 针片状颗粒含量(混合料),不大于<br>粒径大于 9.5 mm,不大于<br>粒径小于 9.5 mm,不大于 | % | 15<br>12<br>18 | 18<br>15<br>20 | T0312 |
| 水洗法<0.075 mm 颗粒含量不大 | % | 1 | 1 | T0310 |
| 软石含量,不大于 | % | 3 | 5 | T0320 |

（3）细集料：采用符合"沥青混合料用细集料质量要求"的集料。

表4　　　　　　　　　　　　　　　　　细集料质量技术要求

| 项目 | 单位 | 表面层 | 测试方法 |
|------|------|--------|----------|
| 表观相对密度，不小于 | 1/m³ | 2.5 | T0328 |
| 坚固性（＞0.3 mm部分），不小于 | ％ | 12 | T0340 |
| 含泥量（＜0.075 mm的颗粒含量），不大于 | — | 3 | T0333 |
| 砂当量，不小于 | ％ | 60 | T0334 |
| 亚甲蓝值，不大于 | ％ | 25 | T0346 |
| 棱角性（流动时间），不小于 | ％ | 30 | T0345 |

（4）矿粉：采用符合"沥青混合料用矿粉质量要求"的矿粉。

表5　　　　　　　　　　　　　　　　　矿粉质量技术要求

| 项目 | 单位 | 表面层 | 测试方法 |
|------|------|--------|----------|
| 表观相对密度，不小于 | 1/m³ | 2.5 | T0352 |
| 含水量，不大于 | ％ | 1 | T0103 |
| 粒度范围＜0.6 mm<br>＜0.15 mm<br>＜0.075 mm | ％ | 100<br>90～100<br>75～100 | T0351 |
| 外观 | — | 无结团粒结块 | T0353 |
| 亲水系数 | — | ＜1 | T0354 |
| 塑性指数 | — | ＜4 | T0355 |
| 加热安定性 | | 实测记录 | |

### 2.1.2　拌合设备的选用

为确保本工程能保质保量地按时完成，我司自行在横琴岛上小横琴山西南侧山脚建设一个商品沥青混凝土搅拌中心，搅拌设备采用一台每小时产量可达到350 t的爱斯泰克5 000型拌和楼（间歇式），搅拌站距离施工现场约10 km，完全能满足运输及施工需要。

### 2.1.3　沥青混合料拌制

（1）每锅拌和量确定：一般使搅拌器的充盈率达到55％～65％为宜。

（2）拌和时间：沥青混合料拌和时间应以混合料拌和均匀，所有矿料颗粒全部裹覆沥青结合料为度，经试拌确定干拌时间为6 s，湿拌时间为45 s。

（3）拌和温度的控制：改性沥青的运输温度不得低于170 ℃。制作好的改性沥青温度应该满足沥青泵输送及喷嘴喷出的要求，在满足施工要求的前提下，沥青的加热温度不能太高，一般控制在≤175 ℃。

## 2.2　沥青混合料出厂质量检查

### 2.2.1　外观检查

（1）看混合料中有无花白料，有无结团成块或严重的粗细料分离现象，以判断混合料拌和是否均匀，拌和时间是否充足。

（2）看混合料冒出烟气的颜色，以判断沥青及矿料加热温度是否适中。

（3）看混合料的色泽及其在车辆里的堆积状态，以初步判断沥青含量是否最佳。

### 2.2.2　温度检查

（1）检查距车厢边15 cm、深10 cm处的温度是否满足规范规定的出厂温度，每车至少一次，并做好检测记录。

（2）从拌和楼取样进行马歇尔试验，检测各项技术指标（如饱和度、空隙率、稳定度及流值等）是否符合规范及设计要求，1～2次/（日·机）；并进行抽提试验，检查油石比和矿料级配，与生产配合比的油石比及矿料级配比较，看是否超出规范允许偏差范围，1～2次/（日·机）。

## 2.3 沥青混合料的运输与卸料

### 2.3.1 沥青运输车辆的配备

运输采用载重量为45～50 t自卸汽车，其数量根据拌和设备的生产能力，运输距离及路况等因素适时增减车辆，正常情况下不得少于25辆。

### 2.3.2 沥青运输车辆的运输

车辆装满混合料后须经外观和温度检查后方可运往工地，同时运料车应用蓬布覆盖，以利保温、防雨、防污染。

混合料的黏性较大，在运料车厢及底板要涂刷较多的油水混合物，并应加盖苫布。

### 2.3.3 沥青运输车辆的卸料

装料前车厢应清扫干净，车厢侧板和底板要涂刷一薄层油水（柴油与水的比例为1∶3）混合液，并不得有多余积液留在车厢底部；装料时为减小混合料离析现象，较好的卸料方式为车辆移动装料，采用前、后、中顺序装料，另外从贮料仓卸料时，不要每次都将料仓中的料卸光。

卸料应避免撞击摊铺机或料槽起升时压住摊铺机料斗。在卸料时，应将混合料快速卸下，使整块物料往下卸，减小料的离析。

## 2.4 测量控制

测量先行是施工管理中的要求，测量工作的质量直接影响到工程的质量，我公司在工程施工管理中，历来注重测量管理工作。除建立两级测量复核制度外，对本工程还将成立专职测量小组，以确保测量工作高效、优质。

### 2.4.1 测量工作程序

开工前对业主和设计单位移交的导线点和水准点进行闭合复测，复测合格并经业主和监理工程师签认后方能施工。测点交接→测点复测→建立施工导线网，布水准控制点→测定中线→局部放样。

### 2.4.2 施工前准备

施工前，必须根据《城市测量规范》（CJJ/T 8—2011）、《工程测量规范》（GB 50026—2007）和有关设计要求进行闭合，水准闭合允许偏差为：$\pm 12\sqrt{L}$，角度允许误差$\pm 40\sqrt{n}$，坐标相对允许值：$\pm 1/10\,000$。开工前组织测量队进驻工地，配合甲方和监理工程师办理交接桩手续，进行本工程范围内的中线和水平基点符合复测。

### 2.4.3 控制系统的建立

针对本工程规模及特点，建立现场平面及高程控制系统，以便于在施工全过程中进行测量的控制，各施工组在施工过程中，注意保护各测量基点，测量队定期对控制桩进行复核，防止因人为或其他客观原因变动导致桩位位移及破坏，影响测量的精度，如发现测量控制网的测量点有位移或下沉，及时联测修正控制点。

（1）平面控制系统。采用导线测量方法建立一级导线平面控制系统，系统布设以甲方提供的控制点为导线起始方向，沿本标段外围采用测角精度为2″、测距精度为3 mm＋2 ppm的测距仪，布设一环形闭合导线并联测甲方提供的控制点。导线点的位置应通视条件良好，间距50～100 m，不易受道路交通的影响，并保护好定位桩。点位用钢筋打入泥地并用混凝土捣筑固定或用钢钉打入混凝土路面，在点位中间做好标记（在桩点涂上油漆）以便找寻。

（2）高程控制系统。根据甲方所提供的水准点，沿设计走向结合导线点布设水准线路，每50～80 m设置一个水准工作基点（工作站），并严格按照测量规范闭合。为便于以后施工保护，所有水准基点的位置均布设在施工边线 5 m 以外的稳定点位(避免施工干扰破坏),并做好标识。

(3) 水平测量。水平角观测采用方向观测法,以两个半测回测右角取平均值为水平角测量值。两半测回之间,应变动度盘位置,其观测角值较差不大于 20″。

(4) 距离测量。测量距离采用全站仪读取距离值,小范围距离测量采用普通钢尺测距,主要技术要求须满足《工程测量规范》的有关规定。

(5) 高程测量。高差不大时采用 B1 级水准仪,测量时往返各一次,取闭合差≤$12\sqrt{L}$ mm,$L$ 为往返测量水准线路长度(km)。高差较大时标高的测量采用全站仪三角高程测量,主要技术要求须满足《工程测量规范》的有关规定,内业计算垂直角度的取值应精确到 0.1″,高程取值应精确到 1 mm。

### 2.4.4 施工测量方法

(1) 测量前必须仔细审图,核对数据,并积极与施工部门联系,保证放线所用数据准确无误。施工水准点根据基准水准点以便于施工使用且易于保护的原则测设,其间距不大于 100 m,往返测量闭合差符合规范要求。贯通后,整理测量资料交监理工程师审核,并协助监理进行复核、检查。合格后方可用作施工放样的依据。水准点控制桩及其护桩、施工水准点均用混凝土妥善保护,并绘在测量桩志图上。

(2) 测量队以施工水准点为依据进行测量放样。放样前仔细阅图,主动与施工组沟通,明确意图,保证所用的点位坐标、几何尺寸、高程数据准确无误,并做好内业计算和复核工作。放样时先校核所用的桩位、高程点,严格按测量规程操作,认真执行检查、复核制度,仪器定期检校。测量成果进行书面交底和现场交接,并在施工过程中加强监测、纠正。

(3) 据已建立控制系统进行局部施工控制点的测设,曲线段每 5 m,直线段每 10 m 设一控制定位桩。

(4) 进行下一道工序前必须先复测数据无误后方可进行下一工序的施工,不合格的工序必须返工。

### 2.4.5 保证测量放线精度的措施

(1) 须在测量前,对所涉及的仪器,如全站仪、水准仪、塔尺、钢卷尺等测量工具进行必要的检验,合格后方可投入到测量施工中。

(2) 测量过程中严格按照《工程测量规范》中的相关规定进行测量,并实行复核制度,做到点点有复核,前一步未检核合格,不进行后一步的测量。

(3) 对施工过程中用到的全部测设数据(如坐标值、高程值)进行计算,并交由测量主管负责人复核,最后经监理工程师认证,方可投入使用。

## 2.5 沥青混合料的摊铺

根据本次道路的摊铺宽度,我司投入两台摊铺机,采用联机作业方式进行施工。

### 2.5.1 施工温度

(1) 改性沥青混合料:集料加热温度 190 ℃～220 ℃,沥青加热温度为≤175 ℃,拌和出厂温度为 170 ℃～185 ℃,摊铺温度不低于 160 ℃。

(2) AC-20C 及 AC-25C 沥青混合料:集料加热温度为 165 ℃～180 ℃,沥青加热温度为 165 ℃～170 ℃,拌和出厂温度为 150 ℃～170 ℃,摊铺温度大于 140 ℃。

### 2.5.2 施工要求

(1) 改性混合料的摊铺温度不应低于 160 ℃,摊铺应做到缓慢、匀速、连续,摊铺速度一般不超过 1 m/min～3 m/min,在该路段采用 2 m/min。普通沥青混凝土摊铺机摊铺速度应控制在 2 m/min～6 m/min,在该路段采用 4 m/min。

(2) 每个沥青混合料摊铺点配置 1 台固定型沥青摊铺机和 1 台可伸缩型沥青摊铺机同时摊铺,2 台摊铺机宜相距 10～20 m,呈梯队式同步摊铺,两幅摊铺带应重叠 3～6 cm。

### 2.5.3 摊铺机的安装、调试与参数选择

(1) 熨平板的组装。熨平板的拼装由路面宽度而定,采用全幅摊铺的熨平板组装时底面要平整、连接应紧固、左右尽可能对称。

（2）螺旋分料器的调整。螺旋分料器的高度应根据摊铺层厚度的变化而变化,分料器下沿调至高出松铺层 10～20 mm 供料较为理想;分料器的端部距熨平板边沿以 15～20 cm 为宜。

（3）振捣和振动系统的调整。摊铺机的振捣、振动系统直接影响热沥青混合料铺层密实度和平整度,振幅和振动频率的选择取决于不同的材料、摊铺厚度和摊铺速度。本次试验段摊铺速度拟控制在 3.0 m/min 时,振动夯选择振幅 5 mm、振频 20～22 Hz,熨平板振动器振动频率选择 35～40 Hz。

（4）初始工作仰角的调整。初始工作仰角对铺层厚度及横向接缝的平整度影响较大,如不合适,会造成横向接缝凸起或凹陷,严重影响接缝附近的路面厚度和平整度,为此,应参照试验路段中探索出的熨平板初始工作仰角进行调整。

### 2.5.4　摊铺

（1）铺筑沥青层前,应检查基层或下卧层沥青层的质量,不符合要求的不得铺筑沥青面层。下卧层在摊铺前已被污染时,必须清洗或经洗刨处理后方可铺筑沥青混合料。

（2）摊铺机应先就位并调整好熨平板的高度并对熨平板预热,一般预热时间不少于 30 分钟,使熨平板表面温度大于 130 ℃,安装并调整好调平传感器,而后开始摊铺。

（3）摊铺时应设专人指挥运料车卸料,在卸料前揭开篷布并逐车检测混合料温度,检查合格后运料车倒退至摊铺机前 10～30 cm 处卸料;启动摊铺机,送料器不停转动,待整个摊铺宽度布满混合料后,开始缓慢前进摊铺。摊铺作业应均衡、连续不间断,不得随意变换速度或中途停顿。

（4）摊铺过程中,特别是起步阶段,应及时检查铺筑层的厚度、纵向标高、宽度、接缝、表面有无划痕、小埂离析等项目,如发现问题应及时找出原因进行调整。机械摊铺一般不用人工修整,在局部缺料、明显不平整、有离析拖痕等情况下,允许人工修补,并用竹耙耙平,不能往返刮,应沿一个方向。

（5）上下层的搭接位置宜错开 200 mm 以上。

### 2.5.5　横向和纵向接缝的处理

沥青混凝土路面的接缝处理是直接影响路面平整度和行车舒适性的重要工序,必须由有经验的人员按施工要求管理和操作,施工要认真、仔细。

（1）横向接缝的处理:沥青混合料路面铺筑施工期间需要暂停施工时,中、下层采用平接或斜接缝,面层应采用平接缝。横向缝接缝施工前应涂刷粘层油并用熨平板预热。

（2）纵向接缝的处理:上下层的纵缝应错开 150 mm(热接缝)或 300～400 mm(冷接缝)以上,若应用两台摊铺机梯队作业时,纵向接缝应采用热接缝,将已铺部分留下 100～200 mm 宽暂不碾压,作为后续部分的基准面,然后做跨缝碾压以消除缝迹。当必须采用冷接缝时宜采用平接缝和自然缝。纵向接缝应设置在通行车辆轮辙之外,与横坡变坡线重合应控制在 15 cm 以内,与下卧层接缝错出至少 15 cm。

## 2.6　沥青混合料的碾压

沥青混合料的碾压按初压、复压、终压三个阶段进行,并采用不同的碾压机械、碾压速度、碾压遍数及碾压温度,力争在最短的时间内将混合料压实成型以达到要求的密实度。

（1）初压:目的是整平和稳定混合料,同时为复压创造有利条件,初压是压实的基础,应特别注意压实的平整性。初压温度宜控制在 150 ℃(改性沥青混凝土)及 135 ℃(普通沥青混凝土)以上完成,用 3 台 12 t 以上双钢轮振动压路机先静压一遍,再高频、低幅振压 2 遍,速度控制在 1.5～2 km/h 内,碾压时驱动轮在前、从动轮在后,碾压过程中应尽量减少转向、调头或刹车,不可避免时应缓慢、平稳进行,起步及停止也应缓慢平稳,以免产生推移。碾压时压路机应从外侧向中心碾压,相邻碾压带应重叠 1/3 轮宽,压完全幅为一遍,因路边缘无支撑,第一遍碾压时将边缘空出 30 cm 左右不压,第二遍将压路机大部分重量位于已压实过的混合料面上再压边缘,以减少向外推移。初压阶段注意及时检查,消除不平、蜂窝、裂纹和拥包等缺陷。

（2）复压:复压应紧接在初压后进行,目的是使混合料密实、稳定、成型,并且要无显著轮迹。复压温度宜控制在 120 ℃以上完成。用压路机碾压 3～5 遍,碾压速度控制在 4～5 km/h。复压阶段注意检查平整度及压实度,用试验来指导施工。

(3)终压:终压应紧接在复压后进行,目的是消除轮迹及其他表面缺陷,最后形成一个平整压实面。终压温度宜控制在 90 ℃(改性沥青混凝土)及 80 ℃(普通沥青混凝土)以上,以保证碾压结束时的温度。终压用双钢轮振动压路机静压 2 遍以上。

(4)碾压过程中的注意问题:碾压路段长度应与摊铺速度相匹配,每一作业段的起终点应有标识,以避免出现漏压现象,同时严格控制好每一个阶段的碾压温度,现场测温员用不同颜色的小彩旗做指示标志,并做好温度检测记录;为了不使混合料温度下降过快,碾压时压路机尽量向摊铺机靠近一些,并使折回处不在同一个断面;如沥青混合料有粘轮现象,可向碾压轮洒少量水或加洗水粉的水;碾压完毕尚未冷却的路面,应注意初期保护,严禁任何施工机械、车辆停放,不得散落矿料、油料等杂物。

## 2.7 透层、粘层施工

喷洒透层热沥青:沥青路面摊铺前在水泥稳定碎石基层上喷洒 AL(M)-1 透层油,喷洒透层油前需清洁道路基层,基层表面不得有垃圾及松散结构层,透层油宜采用沥青洒布车喷洒,每平方米用量为 1.0～2.3 L,当气温低于 10 ℃ 或路面潮湿时不得喷洒。

喷洒粘层热沥青:沥青混凝土各面层之间喷洒改性乳化沥青 PCR(快裂)粘层热沥青,粘层油宜采用沥青洒车喷洒,每平米用量为 0.3～0.6 升,当气温低于 10 ℃ 或路面潮湿时不得喷洒。

施工工序为:施工准备→清理基层→透层油、黏层油施工→检查验收。

(1)用量控制。为控制洒布量是否准确,施工时通过试洒确定,以大托盘测试计划每平方米洒布量,反复调整沥青喷咀大小和车速,直至符合规范。

(2)沥青撒布车应有独立工作的沥青泵、流速计、压力表、计量器、读取油箱温度的温度计、气泡水准、软管和手提式辅助洒布器。

(3)透层油应在基层稍干后洒布,洒布粘层油前必须保证下面层干燥。洒布前路面应清扫干净,并对路缘石等人工构造物进行保护,以防污染。洒油车洒油时与防撞墙、路缘石保持一定距离,间隙部分由人工补油。

(4)乳化沥青必须均匀洒布或涂刷,不得产生泛油,浇洒过量处应予以刮除,有遗漏处则以人工补洒。

(5)洒布透层油、粘层油后,不得扰动,严禁无关车辆、行人通过。

(6)洒布乳化沥青透层油后,应待其充分渗透、水分蒸发后方可铺筑沥青面层。洒布乳化沥青粘层油后,应待其破乳、水分蒸发完之后方可铺筑沥青面层。

## 2.8 乳化沥青稀浆封层施工

### 2.8.1 准备下承层

(1)检测透层沥青洒布质量,进行验收,并打扫干净。

(2)放样划线:根据单幅宽度和稀浆封层摊铺机的摊铺箱宽度划分车道数,划出用于引导摊铺机走向的控制线。

### 2.8.2 准备施工机械

对参加施工的机械设备:稀浆封层摊铺机、油罐车、水车、装载机、压路机、试验设备调试好,使各种机械都能正常运转。特别是摊铺机,应逐项检查其发动机、传动系统、液压系统、液压泵、乳液泵、水泵等管路及阀门系统是否正常,并检查矿料给料器、输送皮带、拌和器、摊铺箱的螺旋分料器等,确保处于良好的工作状态。

### 2.8.3 摊铺施工

(1)摊铺前应控制好集料、填料、水乳液的配合比例。摊铺时,当发现一种材料用完时,必须立即停止铺筑,重新装料后再继续进行。搅拌形成的稀浆混合料应符合设计的沥青用量和级配要求,并有良好的和易性。

(2)摊铺时,将装好材料的稀浆封层车开至摊铺起点,调整摊铺槽,打开控制开关,使调整好的稀浆流入摊铺槽内,当流至 2/3 槽时,启动底盘,匀速前进,并始终保持摊铺槽内有一定量的稀浆,当第一车料摊铺完后,下一车摊铺时应重叠上一车摊铺层的 5~10 cm。

### 2.8.4　摊铺的技术要求

摊铺厚度均匀(0.5 cm)。纵横接缝衔接平顺。摊铺成型的表面平顺无坑洞沟痕。稀浆混合料达到一定的稠度,不能偏稀和偏干。

### 2.8.5　成型养护

(1)稀浆封层成型后,养护时间视稀浆混合料中水的驱除力和粘结力的大小而定,通常当粘结力达到 12 N·m 时,稀浆混合料已初凝;当粘结力达到 20 N·m 时,稀浆混合料已凝固达到可以开放交通的状态。

(2)当稀浆封层混合料达到初凝后,即上胶轮压路机进行碾压,使稀浆封层混合料与基层结合牢固,表面平整。

(3)一般情况下,稀浆封层施工完成后,养护 24 h 才开放交通。

## 3　结　语

横琴市政基础设施工程软土路基沥青路面的顺利实施,施工过程中通过严格控制沥青混合料的拌制、出厂质量检查、运输与卸料、测量控制、摊铺、碾压、透层与粘层、乳化沥青稀浆封层等一系列技术指标及要求,保证了工程的质量优异,为企业留下了宝贵的施工经验。同时为珠海、横琴地区乃至全国其他地区类似工程建设提供有益的借鉴,具有深远的社会效益。

**参考文献**

[1] 城镇道路工程施工与质量验收规范:CJJ 1—2008[S]. 北京:人民交通出版社,2008.

[2] 公路沥青路面施工技术规范:JTG F40—2004[S]. 北京:人民交通出版社,2004.

[3] 公路沥青路面设计规范:JTG D40—2002[S]. 北京:人民交通出版社,2002.

[4] 公路工程沥青及沥青混合料试验规程:JTJ 052—2000[S]. 北京:人民交通出版社,2000.

[5] 中华人民共和国建设部. 工程测量规范:GB 50026—2007[S]. 北京:中国计划出版社,2007.

# 大功率 LED 路灯在市政道路照明中的设计应用及比较

苏亚鹏

（中国二十冶集团有限公司广东分公司）

**【摘　要】**LED 光源以其节能、环保的主要特点目前正在国内广泛推广应用，正在建设的横琴新区道路照明设计采用了大功率 LED 路灯。本文通过 LED 路灯在该项目的设计应用，结合 LED 光源的性质与城市道路照明的要求，详细介绍了 LED 光源路灯与高压钠灯的技术及经济分析对比，介绍了该项目的 LED 路灯设计方案及与高压钠灯路灯的应用对比。

**【关键词】**LED 路灯；道路照明；对比；应用

## 1　项目概况及背景

正在建设中的横琴新区市政基础 BT 项目为中冶集团以 BT（即建设-移交）模式建设的大型基础设施建设项目，项目总投资约 137 亿元，是国内最大的 BT 项目之一，主要包括市政道路及管网工程和堤岸与景观工程。市政道路中含主次干路约 71.1 km，主干路道路宽度为 40 m，次干路道路宽度为 30 m，均为沥青路面。该项目所在地珠海市为"广东省绿色照明示范城市"，根据珠海市市政园林和林业局《关于新建、改建道路路灯工程采用 LED 灯具的通知》（珠市政园林林业〔2011〕172 号），要求全市新建、改建道路路灯工程必须采用 LED 路灯灯具。横琴新区市政基础设施 BT 项目在路灯照明设计中采用了大功率 LED 路灯。

## 2　LED 光源的概念及目前的 LED 路灯使用现状

### 2.1　LED 光源的概念

LED（Light-Emitting-Diode），又称发光二极管，它基于Ⅲ-Ⅳ族化合物制成的半导体 P-N 结两端加上正向电压时，半导体中的载流子发生激发-迁移-复合，并在复合的过程中发射光子的原理产生可见光。LED 问世于 20 世纪 60 年代初。目前 LED 光源以其节能、环保、控制灵活、响应速度快等优点，已在交通信号、应急照明、广告标识、大型显示屏、汽车刹车灯以及城市夜间景观照明、道路照明工程等诸多领域中得到了广泛的应用，因此 LED 光源被称为 21 世纪新一代光源。

### 2.2　LED 光源作为路灯照明的发展和应用现状

2009 年初，为了推动中国 LED 产业的发展、降低能源消耗，国家科技部推出"十城万盏"半导体照明应用示范城市方案，该计划涵盖北京、上海、深圳、武汉等 21 个国内发达城市。目前，全国能生产大功率白光 LED 道路照明灯具的企业有上百家。随着节能减排的压力，各地方政府均加快 LED 路灯的推广速度。重庆规划两年内安装 5 万盏 LED 路灯；河南郑州计划 2015 年以前推广安装 7.8 万盏 LED 路灯；江苏扬州计划 2012 年市区要装配 10 万盏以上 LED 照明灯具，到 2015 年 100% 的次干道照明、小区照明、景区亮化使用 LED 照明产品，30% 的城市主干道照明、商业照明及家居照明使用 LED 照明产品；海南省 2012 年年底计划将全省 21 万盏路灯更换为 LED 路灯；广东省与下辖城市签署了《共建"广东省绿色照明示范段城市"框架协议》，广东中山截至 2011 年各镇区安装 LED 路灯已达 16 000 多盏，规划到 2012 年年底总 LED 路灯达 5 万盏；广东佛山也力争到 2012 年 LED 路灯达 12 万盏；广东珠海计划 2012 年底基本完成半导体照明改造，总体路灯改造数量不少于 3 万盏，并要求所有新建道路采用 LED 路灯。

## 3　城市道路照明设计的要求及标准

城市道路照明的功能主要包括保证交通安全、加强交通引导性，提高交通效率、增强人身安全，提高道路环境的舒适度等。根据《城市道路照明设计标准》(CJJ 45—2006)，道路照明的设计应按照安全可靠、技术先进、经济合理、节能环保、维修方便的原则进行。道路照明照度要求如表 1 所示。

表 1　　　　　　　　　　　　　　道路照明照度要求

| 道路级别 | 平均照度 $E_{av}$(lx)维持值 |
| --- | --- |
| 快速路、主干路 | 20/30 |
| 次干路 | 10/15 |
| 支路 | 8/10 |

注："/"左侧为平均照度低档值，右侧为平均照度高档值。

根据《城市道路照明设计标准》(CJJ 45—2006)，照明功率密度值(LPD)要求如表 2 所示。

表 2　　　　　　　　　　　　　　**道路照明功率密度值(LPD)要求**

| 道路级别 | 车道数/条 | 照明功率密度值(LPD)/(W·m$^{-2}$) | 对应的照度值/lx |
| --- | --- | --- | --- |
| 快速路、主干路 | ≥6 | 1.05 | 30 |
| | <6 | 1.25 | |
| | ≥6 | 0.70 | 20 |
| | <6 | 0.85 | |
| 次干路 | ≥4 | 0.70 | 15 |
| | <4 | 0.85 | |
| | ≥4 | 0.45 | 10 |
| | <4 | 0.55 | |
| 支路 | ≥2 | 0.55 | 10 |
| | <2 | 0.6 | |
| | ≥2 | 0.45 | 8 |
| | <2 | 0.5 | |

## 4　高压钠灯与 LED 路灯道路照明设计方案技术比较

### 4.1　道路基本情况

主干道 A 为横琴新区市政基础设施 BT 项目先行启动的道路之一，设计标准为城市主干路，双向 6 车道，路幅宽度 40 m，道路长约 2.44 km。依据《城市道路照明设计标准》相关规定，本道路照明主干道设计路面平均照度为 30 lx。

### 4.2　照明设计方案

#### 4.2.1　高压钠灯方案

主干道 A 设计平均照度为 30 lx，标准段路灯设于机非分隔带，采用 13 米高低双挑路灯双侧布置(高度 13 m/10 m，光源 400 W＋70 W 高压钠灯)，其中 400 W 高压钠灯为机动车道照明，70 W 高压钠灯为非机动车道照明，挑臂长 2.5/1 m，档距约 40 m，共安装灯具 126 套。高压钠灯主要参数如表 3 所示。

| 表 3 | 高压钠灯主要参数表 | |
|---|---|---|
| 路灯主要参数 | 400 W 高压钠灯 | 70 W 高压钠灯 |
| 光效 | 120 lm/W | 100 lm/W |
| 光源总光通量 | 48 000 lm | 7 000 lm |
| 灯具效率 | 0.50 | 0.50 |
| 灯具实际射出光通量 | 24 000 lm | 3 500 lm |
| 显色指数 | 20 | 20 |
| 光源寿命 | ＞6 000 h | ＞6 000 h |

主干道 A 高压钠灯灯具断面布置如图 1 所示。

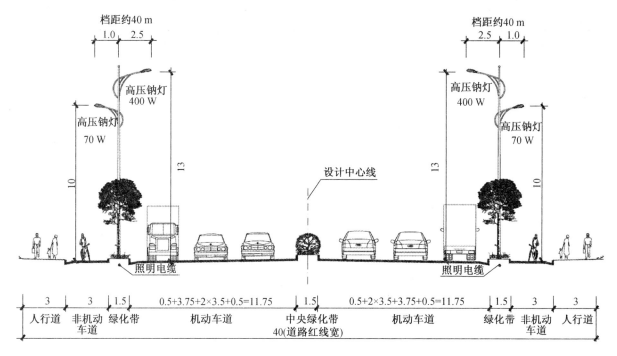

图 1　主干路高压钠灯灯具断面布置图

### 4.2.2　LED 灯具方案

主干道 A 平均照度为 30 lx,标准段路灯设于机非分隔带,采用 12.5 m 高低双挑路灯双侧布置(高度 12.5 m/10 m,光源 240 W＋53 W LED 光源),其中 240 W LED 灯为机动车道照明,53 W LED 灯为非机动车道照明,挑臂长 2.5/1 m,档距约 35 m,共安装灯具约 150 套。LED 灯具主要参数如表 4 所示。

| 表 4 | LED 灯主要参数表 | |
|---|---|---|
| 路灯主要参数 | 240 W LED | 53 W LED |
| 光效 | 90 LM/W | 90 LM/W |
| 光源总光通量 | 21 600 LM | 4 770 LM |
| 灯具效率 | 0.95 | 0.95 |
| 灯具实际射出光通量 | 20 520 LM | 4 531 LM |
| 显色指数 | 75 | 75 |
| 光源寿命 | ＞30 000 h | ＞30 000 h |

主干道 ALED 路灯灯具断面布置如图 2 所示。

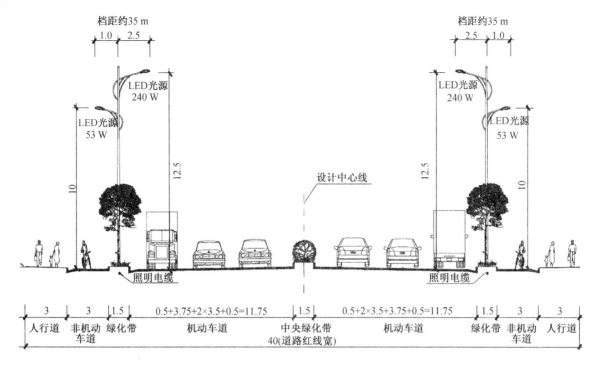

图 2　主干路 LED 路灯断面布置图

## 4.3　照度值及照明功率密度值复核计算

根据《照明设计手册》第二版中道路照明部分,相关计算如下。

### 4.3.1　机动车道平均照度计算

平均照度:

$$E_{av} = (\varphi \times U \times K \times N)/W \times S \tag{1}$$

式中,$E_{av}$ 为道路平均照度;$\varphi$ 为灯具光通量;$N$ 为路灯为对称布置时取 2,单侧和交错布置时取 1;$U$ 为利用系数;$K$ 为维护系数;$W$ 为路面宽度;$S$ 为路灯安装间距。机动车道平均照度计算如表 5 所示。

表 5　　　　　　　　　　　　　平均照度计算表

| 内容 | 高压钠灯 | LED 路灯 |
|---|---|---|
| 道路宽度 $W$/m | 25 | 25 |
| 维护系数 $K$ | 0.7 | 0.7 |
| 利用系数 $U$ | 0.45 | 0.90 |
| 布灯系数 $N$ | 2 | 2 |
| 路灯间距 $S$/m | 40 | 35 |
| 路灯光源功率 $P$/w | 400 | 240 |
| 光源光通量 $\varphi$/lm | 48 000 | 21 600 |
| 道路平均照度 $E_{av}$/lx ($\varphi \times U \times K \times N$)/$W \times S$ | 32.86 | 33.81 |

### 4.3.2　照明功率密度值(LPD)计算

照明功率密度值(LPD)为单位面积的照明安装功率,单位为 W/m²。照明功率密度值=灯具数量×路灯安装功率/道路宽度×道路长度。

机动车道照明功率密度值复核情况如表 6 所示。

表 6　　　　　　　　　　　　　　机动车道照明功率密度值复核计算表

| 项目 | 高压钠灯 | LED 路灯 |
|---|---|---|
| 光源功率/W | 400 | 240 |
| 照明安装功率/W | 约 480 | 约 252 |
| 灯具数量/m | 126 | 150 |
| 道路宽度/m | 25(机动车道宽度) | 25(机动车道宽度) |
| 道路长度/m | 2 440 | 2 440 |
| 照明功率密度值(LPD) | 0.99 | 0.62 |

注:高压钠灯镇流器及相关损耗按光源功率 20% 计算,LED 路灯相关损耗按光源功率 5% 计算。

高压钠灯光道路机动车道直线连续段 LPD 值约为 $0.99$ W/m$^2$,小于 $1.05$ W/m$^2$,符合《城市道路照明设计标准》要求。

LED 路灯道路机动车道直线连续段 LPD 值约为 $0.62$ W/m$^2$,小于 $1.05$ W/m$^2$,符合《城市道路照明设计标准》要求。

### 4.4　配电线缆及变压器负荷计算

#### 4.4.1　高压钠灯方案的配电线缆及变压器计算

道路全长约 2.44 km,双侧布置路灯,安装高压钠灯路灯共计约 126 盏,每盏安装功率约为 560 W(400 W＋70 W 高压钠灯光源含镇流器等安装功率);每个公交候车亭预留用电负荷 5 kW;每 1 000 m 预留公益广告灯箱负荷 10 kW;变压器预留安监系统、景观带景观照明用电等负荷。

根据《民用建筑电气设计手册(第二版)》及推导,相关计算公式如下:

$$安装功率\ P_e = \sum P\ (P\ 为各设备功率)$$
$$计算功率\ P_{js} = kP_e\ (其中\ K\ 为需要系数)$$
$$视在功率\ S_{js} = P_{js}/\cos\varphi$$
$$计算电流公式\ I_{js} = P_{js}/(1.732 \times U \times \cos\varphi)$$

配电计算如表 7 所示。

表 7　　　　　　　　　　　　　　高压钠灯方案配电计算表

| 配电回路 | 灯数量 | 每盏负荷 | 其他预留功率 | 计算负荷 | 功率因数 | 计算电流 | 计算功率 | 视在功率 | 选用电缆 |
|---|---|---|---|---|---|---|---|---|---|
| WL1 | 6 | 0.56 | | 8.96 | 0.90 | 15.13 | | | 4×25＋1×16 |
| WL2 | 6 | 0.56 | | 8.96 | 0.90 | 15.13 | | | 4×25＋1×16 |
| WL3 | 6 | 0.56 | | 8.96 | 0.90 | 15.13 | | | 4×25＋1×16 |
| WL4 | 6 | 0.56 | | 8.96 | 0.90 | 15.13 | | | 4×25＋1×16 |
| WL5 | 6 | 0.56 | | 8.96 | 0.90 | 15.13 | | | 4×25＋1×16 |
| WL6 | 6 | 0.56 | | 8.96 | 0.90 | 15.13 | | | 4×25＋1×16 |
| WL7 | 5 | 0.56 | | 8.40 | 0.90 | 14.18 | | | 4×25＋1×16 |
| WL8 | 5 | 0.56 | | 8.40 | 0.90 | 14.18 | 115.56 | 128.40 | 4×25＋1×16 |
| WL9 | | | 10.00 | 10.00 | 0.90 | 16.88 | | | 4×25＋1×16 |
| WL10 | | | 5.00 | 5.00 | 0.90 | 8.44 | | | 5×16 |
| WL11 | | | 5.00 | 5.00 | 0.90 | 8.44 | | | 5×16 |
| WL12 | | | 5.00 | 5.00 | 0.90 | 8.44 | | | 5×16 |
| WL13 | | | 10.00 | 10.00 | 0.90 | 16.88 | | | 4×25＋1×16 |
| WL14 | | | 10.00 | 10.00 | 0.90 | 16.88 | | | 4×25＋1×16 |
| 合计 | | | | 115.56 | 0.90 | 195.09 | | | |

注:需要系数 K 取 1.0。

道路照明用电设备负荷为 70.6 kW(含非机动车道照明约 10.6 kW),预留公益广告箱、公交站、交通信号灯、安监系统用电等用电负荷约为 45 kW。根据以上计算,全路段用电计算负荷为 115.5 6kW,视在功率为 128.40 kW。在道路里程桩号 1+220 左右处设一台箱式变电站向路灯供电,变压器容量为 200 kVA,负载率约为 64%,箱式变电站电源由道路附近的 20 kV 线路上接取。路灯线路采用 YJV22-0.6/1 kV-4×25+1×16 型电缆直接埋地敷设,灯具与电源电缆间连线采用 BVV-450/750V-3×2.5 mm² 铜芯线。

电压损失计算:根据《民用建筑电气设计手册(第二版)》P372 页查得电缆截面 25 mm² 的 1 kV 交联聚乙烯绝缘电缆的电压损失为 0.373%/(A·km)。配电线缆长约 1.22 km,计算电流 15.13 A:

道路照明回路电压损失为:0.373×15.13×1.22=6.88%。

根据《民用建筑电气设计手册(第二版)》,道路照明电压允许值为 +5%,-10%,6.88% 的电压损失可满足相关要求。

### 4.4.2 LED 路灯的配电线缆及变压器计算

道路全长约 2.44 km,双侧布置路灯,安装 LED 路灯共计约 150 盏,每盏安装功率约为 330 W(240 W+53 W 并考虑部分损耗);每个公交候车亭预留用电负荷 5 kW;每 1 000 m 预留公益广告灯箱负荷 10 kW;变压器预留安监系统、景观带景观照明用电等负荷。

根据上述 4.4.1 中相关公式,计算结果如表 8 所示。

表 8　　　　　　　　　　　　　　LED 路灯方案配电计算表

| 配电回路 | 路灯数量 | 每盏负荷 | 其他预留功率 | 设备容量 | 功率因数 | 计算电流 | 计算功率 | 视在功率 | 选用电缆 |
|---|---|---|---|---|---|---|---|---|---|
| WL1 | 19 | 0.31 | | 6.27 | 0.90 | 9.94 | | | 5×16 |
| WL2 | 19 | 0.31 | | 6.27 | 0.90 | 9.94 | | | 5×16 |
| WL3 | 19 | 0.31 | | 6.27 | 0.90 | 9.94 | | | 5×16 |
| WL4 | 19 | 0.31 | | 6.27 | 0.90 | 9.94 | | | 5×16 |
| WL5 | 19 | 0.31 | | 6.27 | 0.90 | 9.94 | | | 5×16 |
| WL6 | 19 | 0.31 | | 6.27 | 0.90 | 9.94 | | | 5×16 |
| WL7 | 18 | 0.31 | | 5.94 | 0.90 | 9.42 | | | 5×16 |
| WL8 | 18 | 0.31 | | 5.94 | 0.90 | 9.42 | 91.50 | 101.67 | 5×16 |
| WL9 | | | 10.00 | 10.00 | 0.90 | 16.88 | | | 4×25+1×16 |
| WL10 | | | 5.00 | 5.00 | 0.90 | 8.44 | | | 5×16 |
| WL11 | | | 5.00 | 5.00 | 0.90 | 8.44 | | | 5×16 |
| WL12 | | | 5.00 | 5.00 | 0.90 | 8.44 | | | 5×16 |
| WL13 | | | 10.00 | 10.00 | 0.90 | 16.88 | | | 4×25+1×16 |
| WL14 | | | 10.00 | 10.00 | 0.90 | 16.88 | | | 4×25+1×16 |
| 合计 | | | | 91.50 | 0.90 | 154.47 | | | |

注:需要系数 K 取 1.0。

道路照明用电设备容量为 46.5 kW(含非机动车道照明约 8.4 kW),预留公益广告箱、公交站、交通信号灯、安监系统用电等用电负荷约为 45 kW。根据以上计算,全路段用电计算负荷为 91.50 kW,视在功率为 101.67 kW。在道路里程桩号 1+220 左右处设一台箱式变电站向路灯供电,变压器容量为 160 kVA,负载率约为 64%,箱式变电站电源由道路附近的 20 kV 线路上接取。

根据电缆载流量及电压损失计算,路灯线路采用 YJV22-0.6/1 kV-5×16 型电缆直接埋地敷设,灯具与电源电缆间连线采用 BVV-450/750V-3×2.5 mm² 铜芯线。

电压损失计算:根据《民用建筑电气设计手册(第二版)》P372 页查得电缆截面 16 mm² 的 1 kV 交联聚

乙烯绝缘电缆的电压损失为 0.574%/(A·km)。配电线缆长约 1.22 km,计算电流 9.94 A:

道路照明回路电压损失为 0.574×9.94×1.22＝6.96%。

根据《民用建筑电气设计手册(第二版)》,道路照明电压允许值为＋5%,－10%。6.96%的电压损失可满足相关要求。

## 4.5 高压钠灯与 LED 路灯照明方案技术指标对比总结

综上所述,本工程采用高压钠灯与 LED 路灯照明方案相关技术指标对比(以机动车道为例)如表 9 所示。

表 9 　　　　　　　　　　高压钠灯与 LED 路灯照明方案相关技术指标对比汇总表

| 对比指标 | | 高压钠灯路灯 | LED 路灯 |
|---|---|---|---|
| 计算指标<br>(机动车道) | 计算平均照度(机动车道) | 32.86 lx | 33.81 lx |
| | 机动车道照明功率密度值(LPD) | 0.99 W/m² | 0.62 W/m² |
| 光源及灯<br>具参数<br>(机动车道) | 光源功率 | 400 W | 240 W |
| | 安装功率 | 约 480 W | 约 264 W |
| | 光效 | 120 lm/W | 90 lm/W |
| | 光源总光通量 | 48 000 lm | 21 600 lm |
| | 灯具效率 | 0.50 | 0.95 |
| | 灯具实际射出光通量 | 24 000 lm | 20 520 lm |
| | 显色指数 | 20 | 75 |
| | 光源寿命 | >6 000 h | >30 000 h |
| 配电系统 | 路灯照明配电线路 | YJV22-0.6/1 kV-4×25＋1×16 | YJV22-0.6/1 kV-5×16 |
| | 电压损失 | 6.88% | 6.96% |
| | 变压器容量 | 200 kVA | 160 kVA |
| | 变压器负载率 | 63% | 64% |

因此,在产品满足相关参数情况下,LED 路灯及高压钠灯光源均可满足道路照明平均照度及功率密度等要求,但由于 LED 路灯功率小于高压钠灯、效率高于高压钠灯,其计算的配电线缆截面及变压器容量等均小于高压钠灯。

# 5 高压钠灯与 LED 路灯道路照明方案经济及能耗初步对比

对于 LED 路灯取代传统高压钠灯方案,经济及能耗等初步对比如下。

## 5.1 主要设备初始投资对比

主要设备初始投资对比如表 10 所示。

表 10 　　　　　　　　高压钠灯与 LED 路灯照明方案主要设备初始投资对比表

| 序号 | 设备 | 原有设备 | 替换设备 | 原有数量 | 替换后数量 | 差价/元 | 总差价/万元 |
|---|---|---|---|---|---|---|---|
| 1 | 灯具(W) | 400＋70 | 240＋53 | 126 | 150 | 5 000 | 67.2 |
| 2 | 电缆 | YJV22-0.6/<br>1 kV-4×25<br>＋1×16 | YJV22-0.6/<br>1 kV-5×16 | 10 400 | 10 400 | －38 | －39.52 |
| 3 | 箱变 | 200 kVA | 160 kVA | 1 | 1 | －10 000 | －1.00 |
| 4 | 合计 | | | | | | 26.68 |

## 5.2　能耗初步对比

能耗初步对比如表 11 所示。

表 11　　　　　　　　　高压钠灯与 LED 路灯照明方案能耗初步对比表

| 高压钠灯功率 | 整灯功率 | 数量 | LED 路灯替换功率 | 整灯功率 | 数量 |
|---|---|---|---|---|---|
| 400 W＋70 W | 564 W | 126 | 240 W＋53 W | 308 W | 150 |
| 高压钠灯总功率/kW | 71.1 kW | | LED 灯总功率/kW | 46.2 kW | |
| 年耗电量/万度 | 23.36 | | 年耗电量/万度 | 15.18 | |
| 年照明费用/万元 | 23.36 | | 年照明费用/万元 | 15.18 | |
| LED 路灯年节电费用 | 8.18 万元 | | | | |

注：(1) 灯具设双功率调光器，每天按 6 h 全功率、6 h 半功率计算。

(2) 电费按 1 元/度计算。

根据上述结果，不考虑灯具维护影响的情况下，增加投资回收期约为：26.68/8.18＝3.26(年)，即在忽略灯具维护等影响的情况下，使用 LED 路灯替换高压钠灯初始增加的投资约为 3 年半左右可以收回成本。

## 5.3　环保效益初步对比

根据相关资料，2011 年我国火电厂供电煤耗约为 330 g/kWh，若按火电厂排放 175.4 克 $CO_2$/kWh，8 克$SO_2$/kWh 计算，每年对社会产生环保效益如表 12 所示。

表 12　　　　　　　　　高压钠灯与 LED 路灯照明方案环保效益初步对比表

| 名称 | 耗电量 | 标准煤 | $CO_2$ 排放 | $SO_2$ 排放 |
|---|---|---|---|---|
| 传统高压钠灯 | 233 600 kWh | 233 600 kWh×330<br>克标准煤/kWh＝77.09 t | 233 600 kWh×175.4<br>克标准煤/kWh＝40.97 t | 233 600 kWh×8<br>克标准煤/kWh＝1.87 t |
| LED 路灯 | 151 800 kWh | 151 800 kWh×330<br>克标准煤/kWh＝50.09 t | 151 800 kWh×175.4<br>克标准煤/kWh＝26.63 t | 151 800 kWh×8<br>克标准煤/kWh＝1.21 t |
| 节能减排 | 81 800 kWh | 20 t | 14.34 t | 0.66 t |

根据上述结果初步估算，使用 LED 路灯替换高压钠灯每年节约电能折合标准煤约 20 t，减少 $CO_2$ 排放量约 14.34 t，减少 $SO_2$ 排放量约 0.66 t。

# 6　LED 路灯应用中应注意的问题

根据项目所在地政府的要求，本项目道路照明设计采用了大功率 LED 路灯。目前本项目基本完成设计工作，准备进行实施，由于 LED 路灯目前尚处于推广阶段，暂时无统一的国家技术标准，存在光源及灯具质量参差不齐等问题。因此，在后续 LED 路灯实施中应注意以下问题：

(1) LED 灯具目前国家尚无统一标准，在设计中应选择相对技术成熟的产品，光源及灯具招标采购时应将相关技术参数提交设计单位进行复核。

(2) 应注意 LED 灯具的散热问题，目前国内一些厂家大功率 LED 芯片的散热处理上尚不完善，这就导致其随着时间的推移会产生很大的光衰，影响其寿命及道路照明照度；设备采购时应关注芯片散热的相关数据，尽可能选用进口封装的 LED 芯片，如有可能应进行实际散热试验。

(3) 项目实施后，可对照度水平及照度均匀度进行实地测量，并跟踪 LED 路灯的使用维护、光源衰减情况，为后续应用提供参考。

(4) 由于各个厂家的灯具配光曲线存在差异，建议采购时根据具体灯具的配光曲线，由厂家进行照度、均匀度及眩光限制等验算复核，以保证照明效果。

## 7 结　语

综上所述,随着近年来 LED 路灯在我国的不断应用和推广,基本具备了全面推广的条件。其在节能减排、显色性、使用寿命等方面均优于高压钠灯,在产品满足相关参数要求的情况下,使用 LED 路灯可满足道路照明设计要求,其替换高压钠灯光源是可行的。同时由于其功率小于高压钠灯,有利于减小照明电缆截面及变压器容量。从节能环保比较来看,LED 照明灯具明显较传统高压钠灯节能环保,有利于节能减排。从经济分析看,虽然照明电缆截面及变压器容量减小有利于投资降低,但其初期投资仍远高于高压钠灯;从全寿命经济分析来看,LED 路灯略优于传统高压钠灯,相信随着 LED 技术的不断发展,成本降低后其经济性将可能大大优于高压钠灯。

**参考文献**

[1] 北京照明学会照明设计专业委员会.照明设计手册[M].2 版.北京:中国电力出版社,2006.

[2] 戴瑜兴,黄铁兵,梁志超.民用建筑电气设计手册[M].2 版.北京:中国建筑工业出版社,2007.

五、勘察测绘技术

# 横琴 BT 项目测量控制

陈大刚　戴　银

（中国二十冶集团有限公司广东分公司）

**【摘　要】**在建筑市场竞争激烈的今天,如何提高项目施工管理水平是每一位企业管理者必须思考的问题。影响施工的因素方方面面。本文从工程测量的角度,详细分析测量放线工作对保证和提高施工质量的重要作用,阐述了如何加强对测量工作的管理以提高施工质量。

**【关键词】**测量管理；技术应用；控制网

## 1　项目测量管理的要点及意义

### 1.1　明确项目测量管理职责

横琴市政基础设施建设工程项目根据自身的施工特点,成立专门的测量部门,对项目部的测量业务跟踪管理,协调内外部测量事宜。本部测量人员均具备测量资质,持证上岗。测量作业前,认真审核图纸,严格贯彻"不怕苦、不怕累、坚持不懈"的精神,对现场的施工作业进行多次复核,当检查出施工有偏差或不合格时,绝不容许进入下一道工序,确保工程的施工质量。

## 2　工程测量在各施工阶段对施工质量的影响

### 2.1　建筑定位及基础施工高程控制对工程质量的作用

在工程开始施工前,首先通过测量把施工图纸上的建筑物在实地进行放样定位以及测定控制高程,为下一步的施工提供基准。这一步工作非常重要,测量精度要求非常高,关系整个工程质量的成败。假如在这一环节里面出现了差错,那将会造成重大质量事故,带来的经济损失是无法估量。

在土方开挖及底板基础施工过程中,由于设计要求,底板、承台、底梁的土方开挖是要尽量避免挠动工作面以下的土层,因此周密、细致的测量工作能控制土方开挖的深度及部位,避免超挖及乱挖。从而能保证垫层的施工质量。另外垫层及桩头标高控制测量的精度,是保证底板钢筋绑扎位置,底板混凝土施工平整度的最有效措施。

### 2.2　工程施工及运营期间的变形观测对工程质量的意义

建(构)筑物的变形观测在施工过程中有着重大的意义。通过观测取得的第一手资料,可以监测建(构)筑物的状态变化,在发生不正常现象时,及时分析原因,采取措施,防止重大质量事故的发生。变形观测具体包括基础边坡的位移观测、桥梁结构主体的沉降观测等。准确的观测成果为施工期间的工程质量、人民财产安全提供了最有效的保证。特别是在深基坑施工,填海区、地质断层构造带的工程施工中显得尤为重要。

### 2.3　工程测量对防治质量通病的积极意义

常见的质量通病有些是轴线及高程等方面的问题,与测量放线有关的分别如下:道路中心线偏位,钢筋偏位、模板平整度、混凝土表面平整度、排水井位、高程偏差等。要预防上述通病的发生,除了施工人员的主观原因之外,必须为施工人员提供准确的、周到的、详细的测量控制网。如果测量工作方面出了问题,势必会引起施工质量问题的发生。我们在施工中只要把测量工作做好,对防治质量通病就起到非常积极的作用,精确、详细的测量成果为专业质量检查人员提供参考和依据,通过现场的检查和整改,能把很多质量问题"扼杀在摇篮之中",由被动变为主动,由消极转变为积极,对防治质量通病有着非常重要的意义。

# 3 测量技术应用

本工程地处珠海市横琴岛,道路建设总里程约 71 km,建设场地东西向长约 7.5 km,南北向长约 5 km,测量控制网布设范围广,控制网联测难度较大。且本项目属横琴岛市政道路工程的首次大面积开发建设,原始地貌多为鱼塘、滩涂、山丘等,且原始地质条件不良,绝大多数区域为深厚淤泥质土,测量控制点易产生沉降和位移,故需经常对测量控制网进行恢复和校准,以保证施工测量的精度要求。而且测量控制网是后期进行现场施工的前提条件,是工程施工的眼睛,做好测量控制网的工作是项目施工中的重中之重。

## 3.1 平面控制网

3.1.1 控制测量具有速度快、精度高等特点。对比全站仪测量,基准点无需通视,测量范围广。能极大的提高工作效率,且能确保现场测量的施工精度。

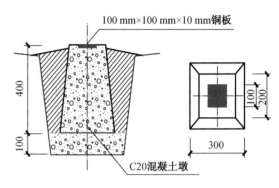

图 1 轴网控制点示意图

3.1.2 施工测量放样及测量数据采集具有效率高、数据分析精度高等特点,可减少很多工作量。

3.1.3 选点要求

(1)点位周围 ±15° 以上空间无障碍物。

(2)避免周围有强烈的无线电反射物体,如玻璃幕墙、水面、大型建筑等。

(3)远离电台、发射塔等大功率无线电发射源,距离应大于 200 m。

(4)交通便利,有利于其他测量及联测。

(5)地面基础条件稳定,便于点的稳定保护。

### 3.1.4 GPS 测量的技术规定

GPS 测量的技术规定如表 1 所示。

表 1                                                            GPS 测量的技术规定

| 级别<br>项目 | | | AA | A | B | C | D | E |
|---|---|---|---|---|---|---|---|---|
| 卫星截至高度角 | | | 10° | 10° | 10° | 10° | 10° | 10° |
| 同时观测有效卫星数 | | | ≥4 | ≥4 | ≥4 | ≥4 | ≥4 | ≥4 |
| 有效观测卫星总数 | | | ≥20 | ≥20 | ≥9 | ≥6 | ≥4 | ≥4 |
| 观测时段数 | | | ≥10 | ≥6 | ≥4 | ≥2 | ≥1.6 | ≥1.6 |
| 时段长度 | 静态 | | ≥720 | ≥540 | ≥240 | ≥60 | ≥45 | ≥40 |
| | 快速静态 | 双频＋P 码 | | | | ≥10 | ≥5 | ≥2 |
| | | 双频全波 | | | | ≥15 | ≥10 | ≥10 |
| | | 单频 | | | | ≥30 | ≥20 | ≥15 |
| 采样间隔 | 静态 | | 30 | 30 | 30 | 10～30 | 10～30 | 10～30 |
| | 快速静态 | | | | | 5～15 | 5～15 | 5～15 |
| 时段中任一卫星的有效观测时间 | 静态 | | ≥15 | ≥15 | ≥15 | ≥15 | ≥15 | ≥15 |
| | 快速静态 | 双频＋P 码 | | | | ≥1 | ≥1 | ≥1 |
| | | 双频全波 | | | | ≥3 | ≥3 | ≥3 |
| | | 单频 | | | | ≥5 | ≥5 | ≥5 |

#### 3.1.5 GPS 观测过程

基站天线安置:在控制测量中,天线应该用三脚架或强制对中装置安装在基准点中心垂直上方,对中误差小于 3 mm;

天线指北方向误差小于 3°~5°,以消除相对中位偏差;

圆水准气泡应该居中;

天线高≥1.5 m,在三个不同方向上量高差误差小于 3 mm,测量前后分别量取,去平均作为天线高。

#### 3.1.6 观测作业

检查接收机与主机连接无误后,方可开机测量。

测量过程中应严格填写测量手簿。

测量开始后及测量过程中,测量人员不得离开测站,并且应该随时检查接收卫星状态及测量信息。

测量过程中,应严防被接收机碰撞、信号遮挡等事情发生。

采用 2 台 GPS 安置在 2 稳固基准点上,安置接收机跟踪所有可见卫星,另一台接收机依次到各基站点进行测量,观测时间在 40 min 以上。

#### 3.1.7 内业数据处理

(1) 内业数据处理流程如图 2 所示。

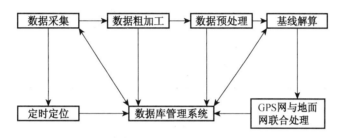

图 2  GPS 数据处理基本流程

(2) 采用宾得仪器同步数据处理软件,进行网平差,分析各项数据指标,整理出技术成果,如图 3 所示。

| 采用 | 起点 | 时段 | 终点 | 时段 | 同步时间 | 解类型 | Ratio | 整数解误差 | 斜距 | 平距 | 平差后误差 |
|---|---|---|---|---|---|---|---|---|---|---|---|
| 是 | GB07 | 2320 | GB.. | 2321 | 133分钟 | 整数解 | 6.3 | 0.0105 | 1618.4013 | 1618.4007 | 0.0020 |
| 是 | GB07 | 2320 | CF4 | 2320 | 042分钟 | 整数解 | 7.8 | 0.0146 | 3139.9432 | 3139.9426 | 0.0034 |
| 是 | GB1105 | 2321 | CF4 | 2320 | 042分钟 | 整数解 | 25.1 | 0.0087 | 1565.9474 | 1565.9474 | 0.0031 |
| 是 | GB07 | 2320 | CF5 | 2320 | 055分钟 | 整数解 | 3.1 | 0.0180 | 3436.7604 | 3436.7599 | 0.0029 |
| 是 | GB1105 | 2321 | CF5 | 2320 | 055分钟 | 整数解 | 12.7 | 0.0099 | 1845.6250 | 1845.6249 | 0.0026 |

| 点名 | 自由误差 | 三维误差 | 二维误差 | 拟合误差 | 纬度/X | 经度/Y | 正高/H |
|---|---|---|---|---|---|---|---|
| ▲ GB1105 | 0.0012 | | 固定 | | 988334.3290 | 392099.9590 | 0.0000 |
| ▲ GB07 | 0.0016 | | 固定 | | 987594.6101 | 390660.4989 | 0.0000 |
| CF4 | 0.0024 | | 0.0013 | | 989467.5788 | 393180.6700 | -104.0... |
| CF5 | 0.0021 | | 0.0018 | | 989560.0673 | 393479.7765 | -104.0... |

图 3  技术成果示意图

### 4  高程控制网的布设

(1) 根据工程施工现场的实际情况,共布设 15 个高程控制点。

(2) 采用四等水准测量进行水准观测,观测过程中,严格控制视线长度,视距累计差以及基、辅分划读数差。转站过程中,放尺垫的地面要坚硬,不能是松土,否则水准观测闭合差会超限,容易造成重复测量,观测效果不能达到预期的目的。

（3）外业观测结束后进行内业计算,求出各水准点的高程值,并编制水准测量成果表(图4)。

（4）水准点埋设要稳定、牢固,墙上水准点要涂刷锈漆。

（5）精度指标。精度指标如表2—表4所示。

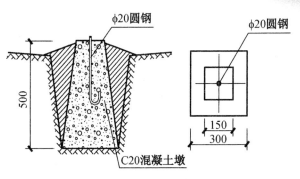

图4 水准控制点示意图

表2 四等水准测量的主要技术要求

| 等级 | 每千米高层全中误差/mm | 路线长度/km | 水准仪型号 | 水准尺 | 观测次数 | | 往返较差 | |
|---|---|---|---|---|---|---|---|---|
| | | | | | 与已知点联测 | 附合或环线 | 平地/mm | 山地/mm |
| 四等 | 10 | ≤16 | S3 | 双面 | 往返各一次 | 往一次 | 20L1/2 | 6n1/2 |

注:L为往返测段,附合或环线的水准路线长度,n为测站数。

表3 水准观测的主要技术要求

| 等级 | 水准仪型号 | 视线长度/m | 前后视较差/m | 前后高累计差/m | 视线离地面最低高度/cm | 红、黑面读数差/mm | 红、黑面所测高差之差/mm |
|---|---|---|---|---|---|---|---|
| 四等 | DS3 | 100 | 5 | 10 | 0.2 | 3.0 | 5.0 |

表4 水准平差计算成果表

| 测站 | 距离/m | 测站数 | 高差 | | | 高程 | 备注 |
|---|---|---|---|---|---|---|---|
| | | | 测值/m | 改正数/mm | 调整数/m | | |
| G102203 | | | | | | 8.064 | 测绘院提供 |
| G102204 | 217.273 | 2 | −1.337 | 1.941 | −1.339 | 6.725 | |
| Y1 | 111.896 | 1 | 0.051 | 0.971 | 0.050 | 6.775 | |
| Y2 | 268.048 | 2 | −0.485 | 1.941 | −0.487 | 6.288 | |
| Y3 | 219.04 | 2 | 0.161 | 1.941 | 0.159 | 6.447 | |
| Y4 | 62.382 | 1 | 0.627 | 0.971 | 0.626 | 7.073 | |
| Y5 | 118.781 | 1 | −0.445 | 0.971 | −0.446 | 6.627 | |
| Y6 | 69.066 | 1 | −0.194 | 0.971 | −0.195 | 6.432 | |
| Y7 | 74.251 | 1 | −0.086 | 0.971 | −0.087 | 6.345 | |
| Y8 | 182.373 | 3 | 1.974 | 2.912 | 1.971 | 8.316 | |
| Y9 | 100.736 | 1 | −0.251 | 0.971 | −0.252 | 8.064 | |
| Y10 | 208.524 | 4 | −0.744 | 3.882 | −0.748 | 7.317 | |
| Y11 | 84.841 | 1 | −0.55 | 0.971 | −0.551 | 6.766 | |
| Y12 | 185.068 | 2 | 0.959 | 1.941 | 0.957 | 7.723 | |
| Y13 | 263.79 | 4 | 2.644 | 3.882 | 2.640 | 10.363 | |

| 测站 | 距离/m | 测站数 | 高差 | | | 高程 | 备注 |
|---|---|---|---|---|---|---|---|
| | | | 测值/m | 改正数/mm | 调整数/m | | |
| Y14 | 151.15 | 2 | −3.542 | 1.941 | −3.544 | 6.819 | |
| Y15 | 104.672 | 1 | 0.611 | 0.971 | 0.610 | 7.429 | |
| G102207 | 166.561 | 1 | −0.434 | 0.971 | −0.435 | 6.990 | 测绘院提供 |
| G102206 | 354.718 | 4 | | | | | |
| $\sum$ | 2 943.17 | 34 | −1.041 | | | | |
| $H$ 闭合差 $= H(\text{G102203}) - H(\text{G102207}) + \sum$ 实测值 $= 33$ mm | | | | | | | |
| $H$ 允许 $= 6\sqrt{n} = 6 \times (\sqrt{34}) = 34.98$ mm | | $H$ 闭合差 $< H$ 允许 | | | | | |
| | | | | | | 水准路线符合规范要求 | |

## 5 结　语

　　测量工作在施工管理过程中起到了非常重要的作用。我们在实际的施工过程中必须充分认识到测量工作的重要性，科学管理，让测量工作更好地为施工质量管理服务，提高施工质量，为业主、为社会建造出优质的精品工程。

# 花岗岩风化地层中"孤石含量百分比"的确定方法

李国祥　杜坤乾　杨　勇　李志朋
（中冶集团武汉勘察研究院有限公司）

**【摘　要】**本文分析了花岗岩风化地层中的"孤石"形成的内在机理;探讨了花岗岩"孤石"的水平与垂直方向的分布规律;提出了对含有"孤石"的花岗岩地层要采取工程地质调绘与物探、钻探相结合的综合方法进行地质勘察,着重提出了可根据"土石比专项勘察"或"利用场地已有勘察资料和施工单位在现场所开挖的断面"或"孤石方量的实际计量"来测定"孤石含量百分比"的3种方法,为解决土石方工程在开挖及计价方面的问题提供了一些建设性的意见和思路,对相应类似工程具有指导意义。

**【关键词】**孤石;综合勘探;孤石含量百分比;土石比

## 0　引　言

我国花岗岩山地分布较为广泛,集中分布在南北构造带以东的第二、三级地形阶梯上。以海拔2 500 m以下的中低山和丘陵为主,其他一些山地也有分布。其中,在广东省沿海地区广泛分布着花岗岩地层。常见花岗岩地貌有花岗岩丘陵和峰林状花岗岩山地两大类型。花岗岩具有球状风化(囊状风化)的特点,其具有明显的差异风化迹象,这些"孤石"常以中风化或微风化状态埋藏于残积土、全风化花岗岩层以及强风化花岗岩层中,给一些隐蔽工程的施工带来很大难度,如桩基的施工或地铁盾构工程的开挖。同时,在土石方工程中由于"孤石"的强度高、硬度大,其开挖方式有别于包裹"孤石"的地层,常常需要通过松动爆破的方式进行开挖。其开挖方式及开挖综合单价应按石方进行计量,这样花岗岩地层中所含孤石量的多少对施工单位就显得尤为重要,一是影响工程成本的投入,二是影响整个工程的进度。因此,对花岗岩地层所含"孤石"的埋藏深度、直径大小、垂直与水平的分布规律进行较为准确的探查就十分必要,同时,通过给出花岗岩地层"孤石含量百分比"这一参数解决了土石方工程中较为敏感的、工程参与各方争执较为强烈的土石方工程计量及计价等方面的问题。

## 1　花岗岩风化地层中的"孤石"形成机理

所谓花岗岩地层中的"孤石",其实质是花岗岩球状风化体。球状风化体由于其风化程度明显区别于周围岩土体而以孤立块体的形式存在,因此习惯上常被称为"孤石",亦称"石蛋"、"石球粒"等。花岗岩球状风化是物理风化和化学风化联合作用的结果,但以化学风化起主要作用,影响风化作用的主要因素有岩石的特征、气候以及地形条件等。在花岗岩风化球的形成过程中,岩性特征是控制风化作用进行的内因,而节理、气候、地形条件等则是风化作用得以进行的外因,而花岗岩原生的三组相互正交的节理则是造成球形外观的重要原因。

花岗岩有三组相互正交的原生节理,这些节理把岩体分割成许多长方形或近似正方形的岩块。由于化学风化特别集中在三组节理相交会的棱角部位,当经过一段时间之后,棱角就逐步圆化,方形岩块逐渐变为球形岩块,这种现象称为球状风化。在球状风化进行迅速情况下,球状岩块变小、变少,而被大量风化砂泥碎屑所包围。由于花岗岩造岩矿物的抗风化能力有差异,因此那些抗风化能力较弱的矿物风化较快和彻底,抗风化能力较强的矿物风化较慢。如果花岗岩的某些部分的抗风化能力较强的矿物比较集中,节理发育程度较差,风化的过程就会大大减缓,从而形成被大量风化碎屑包围的风化程度较低的球形岩块。然后随着这些风化产物被流水强烈侵蚀搬运,地面上就残留下或大或小的球形岩块,有的散铺在地面,有的相互堆叠在一起,从而形成花岗岩球状风化体。

## 2 花岗岩"孤石"分布规律

### 2.1 花岗岩"孤石"在地表的分布规律

在地表,无论是在花岗岩丘陵或是在峰林状花岗岩山地,花岗岩风化球体均呈单个零星分布、线状分布或群体分布的特征(图1),其分布位置包括海边、河岸、农田、山脚、山腰、山顶等处。花岗岩"孤石"地表的分布特征是由于花岗岩三组相互正交的原生节理所切割的岩块在长期化学风化及物理风化的作用下,岩块球状风化的结果,这些风化产物被流水强烈侵蚀搬运,地面上残留下来的或大或小的球状石块,有的散铺在地面,有的相互堆叠在一起,这就是地表出露的花岗岩"孤石"。地表风化球体的发育程度往往意味着地下赋存花岗岩风化球体的多少。花岗岩地层钻探时所揭露的"孤石"情况与地表调绘存在着较为对应的关系,即当钻探揭示地下存在有一定量的"孤石"时,在该区域地表调绘时也能发现有一定量的"孤石"出露;而钻探未揭示有花岗岩"孤石"时,地表则没有或很少有花岗岩风化球体的出露。

图 1  花岗岩"孤石"在地表的分布特征

### 2.2 花岗岩"孤石"在地下的分布规律

花岗岩风化首先要经过崩解阶段,使矿物颗粒的比表面逐步增大,加强与水、氧、二氧化碳和生物的接触,促进分解作用。这一过程是由地表向深处渐次推进和减弱的。在不同深度,由于地下水特性和物理、化学特征的差异,使花岗岩在不同深度所受的风化作用的程度不同。形成多层具有不同组分和结构特点的风化层,构成具有多层结构的风化剖面。大量的工程勘察成果揭示,花岗岩地区地下"孤石"的分布具有离散性大、空间特性不规律、埋藏深度不确定等特征,但也存在着一定的分布规律,其在垂直风化剖面上有如下一些分布规律:

(1)残积土层一般均较薄,残积土中分布的"孤石"较少,主要分布于全风化带和强风化带中。

(2)在垂直剖面上随着深度的增加,"孤石"的密度会减小,但体积会增大,即"上多下少,上小下大"的总体规律特性(图2)。

图 2  孤石在垂直剖面上的分布规律

(3)当风化程度增强时,体积会减小,数量会增多。

（4）"孤石"的表现形式主要为全风化带中含强风化球体或中风化球体,强风化带中含中风化或微风化球体。

（5）"孤石"近似呈"球体或椭球体"形状。

（6）"孤石"的大小主要集中在 $0\sim5$ m,且此大小范围的"孤石"主要分布在全风化带中。球径大于 $5$ m 的"孤石"主要分布在强风化带中。

（7）其分布也会受到局部地质环境及岩性条件的影响,特殊情况下,全风化带中可能存在较大体积的球状风化体,强风化带中可能出现较小体积的风化体(图 3)。

图 3　花岗岩全风化带中较大体积的球状风化体

## 3　花岗岩风化地层"孤石"的勘察方法

### 3.1　工程地质调绘

对花岗岩所在区域进行详细的工程地质调绘,调绘内容包括:"孤石"的岩性、风化程度、节理裂隙的发育程度、岩层产状以及"孤石"的大小、形状、分布特征等。并按照发育和不发育两种类型对花岗岩地段进行分区;可以对花岗岩"孤石"可能发育的区域进行预判,从而指导物探和钻探工作区域的选取。即应该在地表"孤石"发育的地段重点展开钻探工作,而地表"孤石"不发育的地段则可以只选择一些代表性的地段进行钻探工作。工程地表调绘还具有对钻探分析结果以及物探结果进行辅助性分析的作用。

### 3.2　物探方法

物探方法归纳起来有重力法、磁法、电法、地震法、核磁共振法、地质雷达法和地球物理测井法等。花岗岩"孤石"的探测可以采用电法、磁法、地质雷达等物探方法。但要想解决好这项难度大、要求高的地质问题,物探方法的选择和施工工艺的确定尤为重要。只有选择行之有效的物探方法并恰当地确定施工方法和工艺,才能确保取得客观反映地质情况的信息,获取真实有效的原始资料,也才能为后续的数据处理及综合解释奠定牢固的基础。

#### 3.2.1　跨孔超高密度电阻率法

跨孔超高密度电阻率法可以用于场地、山体或高边坡花岗岩风化地层中的"孤石"的探测,该方法是通过分析"孤石"与围岩介质电阻率特征的不同来进行探查的,残积土、全风化花岗岩层、强风化花岗岩层由裂隙水充填,电法勘探中视电阻率表现非常低,而"孤石"无节理裂隙发育,视电阻率较高。较大的电阻率差异,为"孤石"的超高密度电阻率法勘探提供了良好的物性基础。

工程试验表明,跨孔超高密度电阻率法对"孤石"发育范围勘探卓有成效,"孤石"发育位置定性描述准确,定量解释存在偏差,但能满足工程勘探要求。在工程勘探上应用本方法首先应分析异常体与围岩介质的电性差异,及周围干扰因素,评价超高密度电阻率法应用可行性;其次设计合理勘探方案,从工程试验成果分析,孔深和孔间距比例大于1.5倍,异常体位于勘探孔纵向中间位置时效果较好;再者成果解析时参考钻孔资料,以电阻率等值线变化趋势推断孔间地质构造信息;最后数据处理有待采用3D反演技术,以达到异常体三维空间定位,并避免用3D空间采集的数据进行2.5D反演技术处理给二维剖面带来的假异常。

跨孔超高密度电阻率法对"孤石"发育位置勘探结果理想,能满足地质超前预报需要,勘探精度随孔深和孔间距的比例系数增大而提高。

### 3.2.2 高频高密度地震反射波法

在我国广大沿海地区,海底地层中普遍存在着花岗岩"孤石",在修建海底隧道时,花岗岩"孤石"的存在对隧道的掘进施工影响很大。因此,对"孤石"的超前探测尤为必要。在国内采用工程物探方法探查影响海底隧道施工的"孤石"较为少见。可以有针对性地选用水域走航式高频高密度地震反射波方法来进行探测。采取密点距多次CDP叠加技术,物探测线完全覆盖隧洞洞身范围,采集的地震数据信息量大,通过成果资料分析,发现了地震反射波的异常反映,对地层及地质异常体的识别清晰,达到了物探工作的预期目的。通过验证钻孔的验证,证明了解释结果可靠,物探精度满足探测要求,该方法对探测海底地层中的"孤石"是有效的。能够查清花岗岩"孤石"的分布位置,为采取有效的工程技术措施处理"孤石"提供基础数据与支持。

## 3.3 钻探

钻探是探查"孤石"最直接、最有效的手段,通过钻探可以查明"孤石"在垂直剖面上的分布规律与特征。钻探过程中对孤石的判别应从经济合理性、工程安全性、工期等多方面综合考虑,采用有效而简便的方法。根据多年的工程勘察实践,目前比较简单而有效的判别方法和控制手段有以下几种。

### 3.3.1 岩石顶板标高类比判别法

利用相邻场地和本场地各钻孔的基岩顶板高程埋深进行判别是否为孤石的方法。孤石顶面埋深标高一般都明显比周围钻孔基岩面高。首先,在勘察的外业工作中,应按工程进度作简单地质剖面图,对比各钻孔岩面标高的变化情况,对岩面标高明显比邻近钻孔高的地段,应加深钻孔深度及加密钻孔,确定岩面标高较高的钻孔孔底岩石是基岩还是孤石。

### 3.3.2 基岩风化层类比判别法

利用花岗岩基本风化带规律进行判别,即按自上而下为残积土带—全风化带—强风化带—中风化带—微风化带—未风化带的规律进行判别是否为孤石的方法。花岗岩孤石大部分分布在残积土、全风化带中,少数分布在强风化带中。花岗岩孤石顶面一般都缺失强风化岩或强风化厚度极薄;残积土或全风化下直接就是中风化岩或微风化岩。在钻孔实施过程中,若出现风化带缺失、突变等情况应予以重视,可适当加大钻孔深度进行探查是否存在花岗岩"孤石"。

### 3.3.3 岩石裂隙判别法

花岗岩孤石以微风化岩为主,岩芯完整,节理裂隙不发育,只有极少数为中风化岩。在钻孔岩芯中,进入基岩几米内都会见到裂隙,即使在完整的岩芯中,也可以见到少量裂隙。因此,若是基岩母体,就必然会有裂隙现象。而孤石没有裂隙,岩体的原裂隙面有风化现象,所在孤石周边尚能见到风化迹象。因而在钻探遇见岩石时,如果是孤石,则不会见到裂隙,是基岩时,在规范要求的钻探深度内能见到裂隙的存在,所以,可以用有无裂隙存在来判别岩石是否为"孤石"。

### 3.3.4 间接判别法

遇到有孤石的地层,在野外钻探过程中,会见到以下一些现象:钻杆跳动特别厉害;中途提钻采芯后,再次下钻,钻具无法到达原先位置;有时孤石较小,会跟着钻具滚动,钻探无法进尺,产生空转现象,一小段岩芯,往往需要钻探多次才能钻穿,钻探进度缓慢;同时钻孔可能漏水、漏砂,给施工带来很大的困难,如有这些现象,应判明孤石的存在与否。

钻探时应严格控制钻孔密度及入岩深度,通过控制钻孔密度和深度,才能较详细地反映基岩面起伏情况,为判断是否有孤石分布提供详细的地质资料,否则有可能出现孤石当基岩的情况。当桩基施工时,遇到岩面明显比周围高,或发现基岩面变化很大,可能为花岗岩孤石时,须进行补充钻探或进行超前钻探。

## 3.4 综合勘察方法

花岗岩地层中所存在的"孤石",是一种十分复杂的不良地质现象,仅仅采用单一的一种勘察手段和方法是很难完全解决这项难度大、要求高的地质问题。应采用工程地质调绘与物探、钻探相结合的综合勘察方法进行花岗岩"孤石"的探查。上述3种方法对"孤石"的勘察分别具有以下效果:工程地质调绘可以对花岗岩地下"孤石"可能发育的区域进行预判,从而指导物探和钻探工作区域的选择;钻探可以对局部地段(主要是施钻钻孔)地下"孤石"的发育情况、赋存特征、地质特征从竖向剖面上进行详细的揭示。但由于地下"孤石"的发育具有较大的离散性,宏观层面上钻探结果不能完全揭示"孤石"的特征;物探可以在宏观层面上对花岗岩的风化界面进行揭示,并为钻探布置深度提供指导,但对于局部"孤石"的地下发育特征不能准确揭示。上述3种方法各有其应用意义,因此对花岗岩"孤石"的探查可以采用以下综合勘察方法:首先,对花岗岩地段进行详细工程地质调绘,并按照发育和不发育两种类型对花岗岩地段进行分区;其次,针对地表"孤石"发育的地段,采用浅层地震、高密度电法等物探手段,从宏观上掌握测区花岗岩风化界面的深度,为钻探深度提供指导性意见;最后,根据物探的指导性深度展开钻探工作,揭示局部的球状风化体的发育情况、赋存特征、地质特征,从而为工程设计和施工提供参数和处理意见。

# 4 花岗岩地层"孤石含量百分比"及孤石含量的测定

## 4.1 土石的界定

在土石方工程中不可避免地涉及到土石的综合单价和计量问题,所以,应首先对土石进行界定,即哪些岩土可以划归到土类?哪些可以认定为石类?根据《公路工程工程量清单计量规则》,土方是指人工填土、表土、黏土、砾质土、松散坍塌体、软弱的全风化岩石,以及小于 1.0 m³ 的孤石、岩块等,无须采用爆破技术而可直接用手工工具或土方机械开挖的全部材料。而石方是指用不小于 165 kW 推土机单齿松土器无法勾动,须用爆破,钢楔或气钻方法开挖,且体积大于或等于 1.0 m³ 的孤石为石方。花岗岩地层中的"孤石"体积大多大于 1.0 m³,因此应归类到石方中。

实际工程勘察场地地层一般都较为复杂,须开挖的土方和石方没有明显的分界线。土石方开挖量较大,所涉及的工程造价也高,土方和石方的造价又相差较大,所以必须首先解决开挖过程中土方和石方的分界问题,以便分别计算造价。实际工程中基本按以下方法处理:山体开挖到挖掘机挖不动的岩层时,进行山体测绘,测绘数据经过业主、施工方和监理方三方确认认可后,已开挖的部分按土方挖运计费;剩余部分采用爆破等措施进行开挖的部分按石方挖运单价计费。

花岗岩地层一般是将残积土和全风化花岗岩层、可机械开挖的强风化花岗岩层按土方考虑,需爆破开挖的强风化花岗岩层以及中风化花岗岩层、微风化花岗岩层按石方考虑,同时,"孤石"量计入到石方中。

## 4.2 土石比专项勘察确定"孤石含量百分比"

土石比专项勘察应采用综合勘察手段,即采用工程地质调绘、物探、钻探、原位测试、土工试验等相结合的形式,尤其是花岗岩地层需通过土石比专项勘察确定"孤石含量百分比"时。由于花岗岩地层所含"孤石"的特殊性、复杂性,导致采用一种勘察方法是无法查清孤石的分布规律、特征及孤石含量的多少,必须采用多种勘察手段,互为补充、互相印证,才能查明孤石在水平向及垂直向的空间分布规律,最终确定花岗岩每一地层的孤石含量。

### 4.2.1 工程地质调绘

根据已有的区域地质资料,对勘察区的地质特征进行分析,为物探和钻探提供了地层、岩性和地质构造等信息。并对重要的地质界线、岩性分层、地质构造线进行复核。

通过工程地质调绘对花岗岩地段进行分区,根据地表花岗岩孤石的发育程度,将工程区域分成花岗岩球状风化发育区与花岗岩球状风化不发育区。对于球状风化体发育区采用以钻探为主,物探为辅的方法进行探察,而对于球状风化体不发育区采用以物探为主,钻探为辅的方法进行探察。

### 4.2.2　物探

物探方法可以在宏观层面上对花岗岩的风化界面以及埋藏孤石在横向剖面上的特征进行基本准确的揭示。物探方法应采用综合物探方法,因各种物探方法都有自身的局限性,勘察场地都存在着显示相同物理场的多种地质体并存的不利条件。用单一的物探方法解释异常是困难的,因此在同一剖面用两种以上的物探方法共同工作,相互印证,综合分析,有利于排除干扰提高物探效果。勘察区覆盖层与下伏岩层存在明显的弹性波、电性差异,具有开展高密度电法、浅层地震折射波法等勘探的地球物理条件。花岗岩地层土石比专项勘察建议采取以高密度电法为主,浅层地震折射法为辅的综合物探方法。在布设物探剖面时(一般与钻探剖面一致),可以根据钻孔间距的大小在两相邻的钻探剖面之间增布1~2条物探剖面,用于探察钻探剖面间孤石的分布特征及孤石含量百分比。

### 4.2.3　钻探

钻探可以对局部地段(主要是施钻钻孔)的地下孤石的发育情况、孤石的赋存特征、地质特征从竖向剖面上进行详细的揭示,并为后续的物理力学性质试验和岩矿微观试验提供样品。

山区或切坡地区料场的勘探线应垂直地形、地貌单元边界线及岩层的走向布置,平原或丘陵区料场的勘探线宜按网状布置。勘探点间距,应根据料场类型确定,简单的,100~200 m;中等复杂的(球状风化体不发育区),50~100 m;复杂的(球状风化体发育区),25~50 m。切方的高边坡勘察一般性钻孔的深度应达到预计的滑塌面,控制性钻孔的深度应穿过最潜在滑动面至稳定层不小于5 m(进入稳定层的深度主要以查明支护结构持力层性状为准)。道路路基挖方区勘察、取土场勘察以及机场挖方区勘察其控制性钻孔应揭穿有用层底板或超过最大开采深度以下5~10 m。

### 4.2.4　土石方量、孤石含量的计算

根据勘察场地各钻孔勘探成果以及物探解义判释结果,可以确定花岗岩地层的岩土分界面及风化界面,采用方格网计算法、横断面近似计算法以及钻孔法分别进行场地土石方量的计算,可以得出较为准确的比较接近工程实际的每一地层、每一风化层的土石方总量。

根据各勘探钻孔勘探深度范围内所揭示的孤石的埋深、层位、直径大小以及物探剖面所揭示的孤石大小形态特征,可以计算出每一横纵剖面(或物探剖面)上孤石面积所占每一岩土层面或每一岩土风化层面面积的比例,亦即为该剖面上该地层在水平面内单位延米内的孤石体积含量。依次类推,可以分别计算出横纵向每一地层或每一风化层内孤石的含量,从而可以计算出整个勘察场地的孤石总方量以及残积土层、全风化花岗岩层和强风化花岗岩层中的孤石含量百分比。

对场地进行土石比专项勘察能够较为准确的确定各岩土层的孤石含量、孤石含量百分比以及土方、石方的总量,但勘察工作量较大,造价较高,勘察作业工期较长,在国内除了大型公路、铁路、水利及机场等需进行土石方的料场专项勘察外,其他工程较为罕见。

## 4.3　利用场地已有勘察资料和施工单位在现场所开挖的断面确定"孤石含量百分比"

### 4.3.1　利用已有的场地勘察报告对土石方量进行估算

场地没有进行土石比专项勘察,业主又不想多投入资金进行土石方的专项详勘,但有相关的勘察资料可以利用,业主就要求勘察单位进行土石方量的估算。在这种情况下,只能利用场地既有的工程勘察资料,对土石方量进行较为粗略的估算。虽然不能达到用土石比专项勘察计算土石方量的精度,但估算成果可以为业主、施工单位提供参考。

利用已有勘察资料的工程地质剖面图,采用横断面近似计算法可以估算出每一岩土层的土方或石方方量。

### 4.3.2　根据施工单位在现场所开挖的断面确定"孤石含量百分比"

由于有些工程没有进行过土石比专项勘察,既有勘察资料的勘探线距和勘探点距均较大,不能对地层的高低起伏以及孤石含量进行有效的控制,不能满足土石方专项勘察的精度要求,导致现有勘察资料与实际开挖地层的岩土分界面、孤石含量百分比有较大的出入,需对现场所开挖的断面进行工程地质调查,对

原来的岩土分界面、孤石含量百分比进行调整。

珠海横琴新区非示范段一期工程中心南路高边坡现场开挖揭露在残坡积土层、全风化花岗岩层和强风化花岗岩层中含有较多的孤石,均为花岗岩球状风化、差异风化的产物,其岩性为中风化花岗岩或微风化花岗岩。为了确定残坡积土、全风化花岗岩层和强风化花岗岩层中的孤石含量百分比,我公司对现场开挖断面进行了地质调绘与统计分析;对开挖所形成的岩石堆、孤石堆进行了实测;同时对原详勘和补勘报告工程地

图 4 开挖断面 1 各地层孤石分布

质断面中的可机械开挖部分与需爆破开挖部分的地质分界线进行了现场实测;对现场所堆积的孤石方量进行了实地测量。其中,开挖断面 1 各地层的孤石分布见图 4,开挖断面 1 各地层孤石含量百分比见表 1,整个场地各地层孤石含量百分比统计见表 2。

其中,Ⅰ区为砾质黏性土和全风化花岗岩较薄的地区;Ⅱ区为砾质黏性土和全风化花岗岩较厚的地区。所统计的水平面投影区域与所开挖的断面绝大部分不在一处,在计算孤石含量百分比时均按几何空间的体积比来计算,最终的孤石含量百分比采用水平面投影孤石含量百分比和开挖断面孤石含量百分比的平均值来进行计算。

### 4.3.3 根据孤石含量百分比对土方、石方数量进行调整

根据各地层孤石含量百分比计算出各地层所含孤石方量,从而得出整个场地的孤石总量,将中风化花岗岩和微风化花岗岩的石方量加上孤石总量即为整个场地的石方量。将残积土、全风化花岗岩层和强风化花岗岩层的土石方总量减去各相应地层的孤石方量,即为整个场地的土方量。利用此种方法可以对整个场地的土方总量及石方总量进行粗略的预估,然后根据现场施工单位的开挖情况,给出各地层的孤石含量百分比,算出各地层所含孤石方量,从而可以对先前所计算的土方总量及石方总量进行调整,进而得出较为准确和符合现场实际的土石方量。其优点是不用进行专门的土石方专项勘察,省时省投资,缺点是必须等到施工作业开始后才能实施,有可能影响到工程计价及工程进度款的支付。

### 4.4 "孤石"方量的实际计量确定"孤石含量百分比"

在开挖前对原始地形标高进行测量,然后用挖掘机等机械设备对土方进行开挖,直到用重型机械不可开挖为止,所形成的界面即为土石分界面。土方挖方完成后,对形成的现有界面进行测量,用南方 CASS 地形地籍成图软件可以算出原始地面与土石分界面之间的中间工程量。在这部分工程量中含有大量的"孤石","孤石"埋藏在残积土、全风化花岗岩层和强风化花岗岩层中,其量应计入到石方中,对于直径较大的"孤石"可以采用破碎机破除,对于体积较大的"孤石"堆(球状风化体)可以采用浅眼控制爆破的方式进行解体。挖除的"孤石"可以堆积到一较大的场坪进行计量,或通过土方运输车按车数及每车所运方量直接进行计量。现场对孤石方量进行实际计量,能够较为准确的测得孤石方量,但程序较为繁琐,需业主、施工单位、监理单位、地勘单位及造价审计单位等工程参与方多方现场确认,实际工程中也有采用这种计量方式的。

表 1 开挖断面 1 各地层孤石含量百分比

| 分类 | 地层 | 相应地层中的孤石面积/m² | 开挖断面中相应地层的面积/m² | 孤石含量百分比/% |
|---|---|---|---|---|
| 开挖断面 1 | 砾质黏性土 | 3.8 | 28.0 | 14 |
|  | 全风化 | 15.0 | 71.0 | 21 |
|  | 强风化 | 18.6 | 43.0 | 43 |
|  | 合计 | 37.4 | 142.0 | 26 |

**表2　整个场地各地层孤石含量百分比统计**

| 分区 | 分类 | 地层 | 相应地层中的孤石面积/m² | 开挖断面中相应地层的面积/m² | 孤石含量百分比/% | 分区各地层中孤石含量百分比平均值/% | | 整个边坡场地孤石含量百分比/% | |
|---|---|---|---|---|---|---|---|---|---|
| Ⅰ区 | 水平面投影 | 全风化 | 2 816.0 | 22 894.0 | 12 | | | 砾质黏性土 | 15 |
| | 开挖断面1 | 砾质黏性土 | 3.8 | 28.0 | 14 | 砾质黏性土 | 15 | | |
| | | 全风化 | 15.0 | 71.0 | 21 | | | | |
| | | 强风化 | 14.0 | 43.0 | 33 | 全风化 | 21 | | |
| | 开挖断面2 | 砾质黏性土 | 4.5 | 26.0 | 17 | | | | |
| | | 全风化 | 20.4 | 66.0 | 31 | 强风化 | 33 | | |
| | | 强风化 | 13.0 | 39.6 | 33 | | | 全风化 | 20 |
| Ⅱ区 | 水平面投影 | 全风化 | 2 275.0 | 14 230.0 | 16 | | | | |
| | 开挖断面3 | 砾质黏性土 | 5.0 | 40.0 | 13 | 砾质黏性土 | 14 | | |
| | | 全风化 | 16.0 | 77.0 | 21 | | | | |
| | | 强风化 | 20.0 | 55.0 | 36 | 全风化 | 19 | | |
| | 开挖断面4 | 砾质黏性土 | 17.0 | 104.0 | 16 | | | 强风化 | 35 |
| | | 全风化 | 110.0 | 520.0 | 21 | 强风化 | 38 | | |
| | | 强风化 | 80.0 | 203.0 | 39 | | | | |

## 5　结　论

(1) 由于花岗岩地层有大量的孤石存在,在进行工程地质勘察时应采用综合勘察方法与手段,首先,进行工程地质调绘确定花岗岩球状风化发育区与不发育区;其次,采用浅层地震、高密度电法等物探手段,从宏观上掌握测区花岗岩风化界面的深度、各岩土层埋藏孤石的大概分布规律,为钻探提供指导性意见;最后,运用钻探手段揭示局部球状风化体的发育情况、赋存特征、地质特征,从而为工程设计和施工提供参数和处理意见。

(2) 提出了在勘察钻探过程中,对孤石进行鉴别、分析的几种方法,在实际工程中,可以加以综合运用,互为补充与印证。

(3) 确定土方总量、石方总量以及孤石含量百分比时有3种途径,一是可以进行土石比专项勘察;二是利用场地已有勘察资料和施工单位在工程区所开挖的断面;三是土石方的实际计量。3种方法各有利弊,可以根据地方特点以及工程实际酌情进行选取与考虑。

(4) 通过引进"孤石含量百分比"这一参数对土方总量以及石方总量进行调整,基本解决了土石比的合理性问题,为工程计价提供了基本的理论尺度与依据。

**参考文献**

[1] 夏邦栋.普通地质学[M].北京:地质出版社,1995.

[2] 李建强.武广客运专线韶关至花都段球状风化花岗岩综合勘查方法及勘探技术研究[D].成都:西南交通大学,2006.

[3] 李红立,张华,汪传斌.跨孔超高密度电阻率法在花岗岩球状风化体勘察中的试验研究[J].工程勘察,2010(8):88-92.

[4] 刘宏岳.地震发射波CDP叠加技术在海域花岗岩孤石探测中的应用[J].工程地球物理学报,2010,7(6):714-718.

[5] 交通部公路工程定额站,湖南省交通厅.公路工程工程量清单计量规则[M].北京:人民交通出版社,2005.

[6] 中国有色金属工业昆明勘察设计研究院.天然建筑材料勘探规程YS5 207—2000[M].北京:中国计划出版社,2001.

［7］水电水利规划设计总院.水利水电工程天然建筑材料勘察规程 DL/T 5388—2007［M］.北京:中华人民共和国国家发展
与改革委员会,2007.

［8］余翔,李正才.钻孔法计算土石方比例［J］.天然气与石油,2010,28(6):71-72.

［9］夏泽林.用 CASS 软件进行土石方数量计算的方法初探［J］.重庆工商大学学报,2010,27(6):638-639.

# 六、
# 海堤及隧道
# 施工技术

# 浅议海堤工程堤前排水板、抛石软基质量控制要点

杨　飞[1]　周　梅[2]

（1. 中国二十冶集团有限公司广东分公司；2. 珠海中冶基础设施建设投资有限公司）

【摘　要】本文主要以海堤工程堤前排水板、抛石堆载预压软基处理工艺质量控制要点为论述重点，从水下施工作业测量控制、施工材料、施工工艺、卸载标准等方面详细阐述水下施工作业如何控制工程质量。

【关键词】排水板施工；抛石堆载及卸载；水下施工测量控制

## 1　工程概况

横琴新区市政基础设施 BT 项目示范区内的堤岸及景观工程项目起于横琴大桥桥头，顺马骝洲水道南岸往西，至磨刀门水道分叉处往南顺磨刀门水道东岸向南，至中心沟位置止。堤岸全长 13.48 km。

本工程主要建设全长 13.975 8 km 的堤岸，配以 8 m 宽的防潮抢险通道，景观用地为堤岸到滨海次干路红线之间范围的吹填用地。软基处理区域为堤岸前方的排水板堆载预压软基处理区域和堤岸后方真空预压区域、水泥搅拌桩复合地基区域。本文重点探讨堤前排水板、抛石堆载预压软基处理工艺的质量控制要点。

## 2　海堤堤前软基处理施工工艺

堤前软基处理施工内容主要包括水下基槽挖泥、水下抛填块石、水上插设塑料排水板、水上抛石及卸载等分部分项，具体施工工艺如图 1 所示。

## 3　堤前软基处理质量控制要点

水上作业施工受水流及天气情况影响较大，因此，本文主要从水下测量控制及水下排水板和抛石施工两个方面重点论述海堤堤前软基处理的质量控制。

### 3.1　水下测量控制

**3.1.1　水下基槽挖泥测量控制**

GPS 引导挖泥船进行预定挖泥水域定位，挖泥船顺堤轴线停泊作业，泥驳停靠在挖泥船旁边，挖泥采用分段横挖法施工，每段挖泥完成后，由测量船配带 RTK-GPS 自动测深系统对挖泥效果进行检测验收，符合要求后，移船进入下一施工段挖泥。

**3.1.2　水下抛石棱体抛放测量控制**

水下抛石棱体采用 400 t 平板驳加反铲将石料抛填在堤堤前软基处理范围内。方驳上已装有 GPS 系统，采用平行于堤轴线停泊作业，用 GPS 引导定位船定位。定位船舷布设纵向轨道，RTK-GPS 数字化自动测深系统指示标安装在纵向滑轨上移动定距打点测量，反铲挖掘机按测量打点指示区格所需方量逐点抛放。一排区格抛放完成后，用 RTK-GPS 自动测深系统进行复测，符合误差要求后，移动船位进入下一区格重复上述抛放作业。

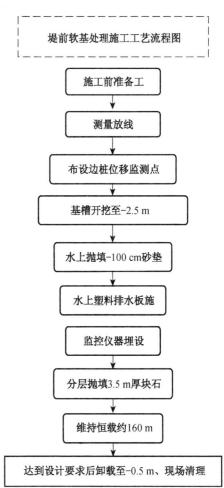

图 1　施工工艺流程图

### 3.1.3 水下插排水板测量控制

水下插排水板采用 500 t 平板驳上放置 2 台插板机进行施工。方驳上已装有 GPS 系统,采用垂直于堤轴线停泊作业,用 GPS 引导定位船定位。插板时,板位的确定,通过插板船上的平面坐标系统,按照 1.0 m 的间距在两台 GPS 间的船甲板边缘上画出板位,将插板机移至施打板位上。纵向移船定位控制同样采用置于前方船首、船尾的双 GPS 进行控制,移位时,放松后方船首、船尾钢丝绳,同时收紧前方船首、船尾的钢丝绳,使船体整体向前平移 1.0 m,同时使电脑上的船体模型前沿线与事先绘制好的排水板横向控制线重合(图 2)。以此重复上述工序即可完成水上排水板的插设施工。平面位置误差达到规范要求的精度(平面位置偏差≤100 mm)。

图 2　水下插排水板测量控制

## 3.2　水下排水板及抛石施工质量控制

### 3.2.1　水下排水板材料及施工质量控制

本工程采用 SPB-B 型(插深在 25 m 以下)塑料排水板,在塑料排水板进场前,需检查其厂家产品合格证及质量检测报告,并按《水运工程塑料排水板应用技术规程》(JTS 206-1—2009)第 3.0.5 条的规定,同批次产品按每 20 万米(少于此数额也应抽验一组)抽样一组送监理工程师认可的质检单位进行质量检验。待检验合格并报监理工程师审批同意后,订货并组织运往现场。排水板均按正方形布置,间距 1.0 m,排水板的外露长度要求不小于 20 cm,排水板施插垂直度控制在 1.5% 以内,施工时回带长度不可超过 0.5 m,否则在该板位旁 450 mm 内重新补插一根,回带排水板根数不超过打设总根数的 5%。塑料排水板接长时先将待接排水板的滤膜剥开,将板芯对插搭接,将滤膜包好、裹紧后,用大号钉书钉钉接,搭接长度不小于 200 mm。

### 3.2.2　堤前抛石棱体施工

本工程堤前抛石材料采用 50～350 kg 块石,其中 200～300 kg 块石的含量应不小于 60%。本工程堤前抛石拟采用水陆结合的方法进行抛填,水上、陆上各抛一半工程量的抛填方法。即首先水上抛石船挖掘机抛至 0.0 m(1956 年黄海高程),然后陆上推填至 +2.0 m(不计沉降量)。抛石以厚度 3.5 m 控制,完成面标高按埋设的沉降盘所测沉降量进行推算。

考虑到现场的施工条件、堤前块石的

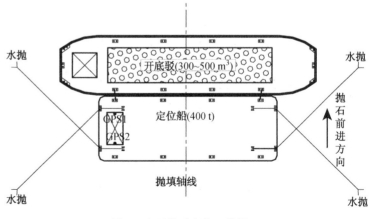

图 3　水下抛石定位工艺图

分布特点、船机的合理使用和确保抛填厚度的均匀性,水下 $50\sim350$ kg 抛石棱体抛石采用 $2\,000$ m³ 驳船过驳至小型驳船,采用 400 t 驳船和摆放于 400 t 驳船上的 PC400 挖掘机通过辅助航道进行抛填。

在水上抛填块石时,根据水深、水流和波浪等自然条件对产生漂流的影响,确定抛石船的驻位。为了保证方驳的抛填精度,采用定位船定位工艺,定位船上装有 GPS 卫星定位仪。

## 3.3 水上抛石卸载控制

堤前地基抛石处理满载预压期 130 d,固结度不小于 90%,130 d 左右时 10 d 平均沉降速率小于 2 mm/d可以进行卸载。

现场主要通过沉降监测、测斜管监测、十字板剪切监测、钻孔取土监测等方法计算出沉降量、位移量、土体抗剪强度等重要指标。满足条件方可进行卸载。

以 K4＋450 重点监测断面为例,根据如表 1 所示。

表 1　　　　　　　　　　　　　　　　　　　**K4＋450 重点监测断面**

| 节点日期 | 2011.5.30 | 2011.7.15 | | | 2011.9.3 | | | 2011.10.23 | | | 2011.10.14—2011.10.23（最后 10 d） | |
|---|---|---|---|---|---|---|---|---|---|---|---|---|
| 点号 | 满载（第 0 d）沉降量/mm | 满载（第 47 d） | | | 满载（第 97 d） | | | 满载（第 147 d） | | | 共计沉降量/mm | 沉降速率 |
| | | 沉降量/mm | 固结度/% | 沉降速率 | 沉降量/mm | 固结度/% | 沉降速率 | 沉降量/mm | 固结度/% | 沉降速率 | | |
| K4＋450 CJPB | −481 | −824 | 74 | −7.3 | −1 045 | 94% | −4.42 | −1 075 | 96 | −0.6 | −3 | −0.3 |
| 平均值 | −481 | −824 | 74 | −7.3 | −1 045 | 94% | −4.42 | −1 075 | 96 | −0.6 | −3 | −0.3 |

根据观测数据汇总分析:各沉降盘沉降变形正常,沉降-荷载-时间曲线图平缓有规律,未出现异常情况。最后十天沉降速率平均值为−0.3 mm/d,满足小于 2 mm/d 的设计要求。根据实测沉降量按双曲线法推算最终沉降量,计算节点固结度平均值为 96%,满足固结度大于 90% 的设计要求。

**参考文献**

[1] 堤岸抛石的影响因素分析[J].山西建筑,2012(8).

# 不良地质条件下隧道洞口设计方案优化与施工技术

段双林[1]　苏亚鹏[2]　杨　飞[2]

（1. 葛洲坝集团第二工程有限公司，2. 中国二十冶集团有限公司广东分公司）

**【摘　要】** 根据隧道洞口围岩特点，针对隧道洞口施工中需要决的主要问题，简述了有关设计方案优化与施工技术方法，通过洞口边仰坡加固措施，提高了围岩的自稳性，保证了隧道施工安全。

**【关键词】** 隧道；预应力锚索；注浆；超前管棚

## 1　工程概况

本工程长隆隧道为双向 4 车道，路幅宽度 40 m。出洞口边仰坡原始地形较为陡峻，自然边坡 35°～60°，沿线冲沟发育。洞口边仰坡表层分布 1～3 m 厚的坡残积土，钾长花岗岩局部出露，卸荷裂隙发育，掩体强风化-弱风化，走向 SN 倾向 W 的中倾结构面与走向 NE 倾 SE 倾角约 60° 的结构面发育，该两组结构面与坡面组合形成楔形结构体，同时存在 NW，中陡倾 SW（坡外）的卸荷裂隙，将掩体切割成镶嵌结构，部分已成碎裂结构，地质条件差。雨季，雨水渗入坡体后降低了岩体间的摩擦系数，对边坡稳定产生较大影响，易发生坍塌。

## 2　洞口设计情况

设计上，边仰坡坡脚 15 m 上采用主动防护网，坡脚上 5～15 m 范围内采用锚喷支护，锚杆为砂浆锚杆 $\Phi25$，$L=4.5$ m 与 $L=6$ m 交错梅花型布置，喷 C20 混凝土，厚 10 cm，边坡下部结合现场地形施作 M10 浆砌片石护面墙 $h=5$ m。洞口设 3 m 明洞，洞门型式为仰斜式端墙结构，采用 C20 混凝土浇筑。洞口段 15 m 范围采用 $\Phi42$ 超前小导管预支护，长度为 6 m，设置在拱部 120° 范围内，环向间距为 40 cm。开挖采用 CRD 法开挖，初期支护工字钢、锚喷、网联合支护。

## 3　设计优化

在洞口边仰坡开挖过程中坡面出现表土剥落，强风化花岗岩扰动块体（大小几十厘米到几米）处于临界状态，若继续开挖，可能诱发连锁反应，导致更大规模崩塌失稳。在开挖过程中对 k41＋375—41＋395 段地表进行下沉监测，共进行了两个断面的下沉监测，监测结果见图 1。针对该边仰坡结构和状态，经综合分析和充分论证，有必要加强边仰坡加固措施和超前预支护。

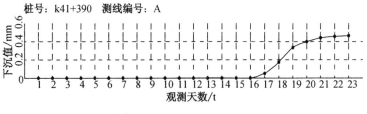

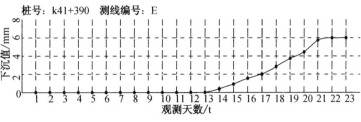

图 1　地表下沉时间-位移分析图

## 4　施工方案

为保证隧道洞口施工安全，整个隧道出洞口按照先加固支护好边仰坡，后进洞开挖的原则进行施工。

k41＋360—k41＋400 洞口段边坡、临时洞脸坡面、仰坡、侧坡及陡岩体从坡脚向上 20 m 范围坡面均采用（$\Phi25$ $L=4.5$ m 与 $L=6$ m）自进式中空锚杆交错布置，并铺挂 $\Phi8@20\times20$ cm 钢筋网，喷 C20 混凝土厚

12 cm。

为防止风化破碎岩体整体滑动,k41+385—k41+400 段卸荷陡岩体隧道右侧 20 m 以上范围内施作 600 kN 级,40 m 长预应力锚索锚固卸荷陡岩体,锚索间排距 4 m×4 m,锚索首先采用根管钻进,当跟管不能钻进时,采用注浆护壁法继续钻进。锚索配合框格梁混凝土施工,施工顺序是先施工锚索,后施工框格梁,详见图 2。

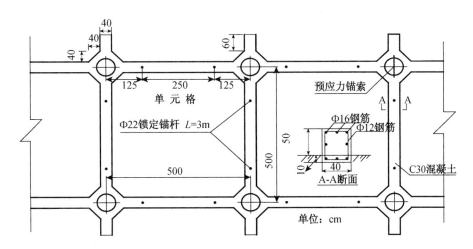

图 2   锚索框格梁坡面展开图

预应力锚索施工时应按照以下要求进行施工。

1）预应力锚索施工工艺

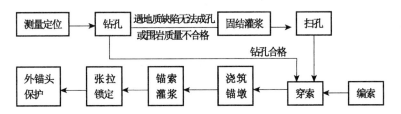

2）孔壁固结灌浆

(1) 在钻孔过程中,如遇岩体破碎、洞穴、地下水渗漏严重或掉钻等难以钻进时,应先进行固结灌浆处理,而后继续钻进。

(2) 固结灌浆采用纯压式,灌浆压力 0.1～0.2 MPa,采用全孔一段灌浆,特殊情况下可适当缩减或加长,但不得大于 10 m。灌浆水泥采用 P.O42.5R 硅酸盐水泥,浆液采用水泥浆或水泥砂浆,按照《水工建筑物水泥灌浆施工技术规范》进行施工。

(3) 如果在灌浆过程中发现严重串孔、冒浆、漏浆不起压,应根据具体情况采取嵌缝、低压、浓浆、限流、限量、间歇灌浆、灌水泥砂浆等处理办法。

(4) 扫孔作业宜在灌浆后 2 天进行,扫孔不得破坏缝内充填的水泥结石;扫空后应清洗干净,孔内不得残留废渣、岩芯。

3）孔壁固结灌浆浆液变换原则

(1) 当灌浆压力保持不变,注入率持续减少时,或注入率不变而压力持续升高时,应改变水灰比。

(2) 当某级浆液注入量达到 300 L 以上,或灌浆时间已达到 30 min,而灌浆压力和注入率均无改变或改变不显著时,应改浓一级水灰比。

(3) 当注入率大于 30 L/min 时,可根据具体情况越级变浓。

4）灌浆结束条件

待出浆浓度与进浆浓度一致时停止注浆,或在该灌浆段最大设计压力下,当注入率不大于 1 L/min

时,继续灌浆 30 min 后可以结束。

k41+375—k41+380 段施作明洞,明洞右侧墙基础由于处于松散堆积体上,为保证地基承载力符合要求,对基础进行注浆固结,加固采用 108 钢管 $L=1$ m,管壁预留注浆孔(孔径间距 20 cm,梅花型布置),压注水泥浆(水灰比 1:1,注浆压力为 0.6~1.0 MPa)。

从 k41+380 开始采用大管棚进洞,要求在隧道拱部 150°范围设置 $\Phi108\times8$,$L=15$ m 超前大管棚进洞。超前大管棚环向间距 40 cm,12 m/排,共施工两排。由于岩体风化松散、破碎,在施工过程中采用 $\Phi146$ 套管跟进,考虑到套管可能无法拔出,在套管跟进前,管壁上留注浆孔(间距 20 cm,孔径 20 mm)。

洞口及受边仰坡不良地质影响段隧道部开挖采用"分三台阶,侧壁导坑施工",即采用上中下台阶,上台阶超前下台阶 5 m,隧道拱部上台阶采用侧壁导坑法进行开挖支护,左侧导洞超前右侧导洞不小于 5 m,中部台阶施工采用中部拉槽超前,两侧边墙预留顶宽不小于 1.5 m 的岩体土,再先左侧后右侧边墙开挖支护,左侧超前右侧不小于 5 m,下台阶开挖支护亦采用先左后右施工。每循环进尺不超过 0.8 m,提高光面爆破,减少围岩扰动,支护紧跟开挖掌子面。

## 5  监控量测

现场监控量测是设计施工的重要依据,施工中加强监控量测对准确判断围岩的安全状态、合理的确定设计支护参数或施工方案非常重要。同时通过监测数据的反馈分析,可验证施工设计的科学性和合理性,优化设计方案,修正施工程序,确保施工安全。在该隧道洞口施工过程中,根据围岩特点,本着量测简单、结果可靠、陈本低廉、便于采用的原则,选择以下必测项目:①地质和支护状况观察;②周边位移拱顶下沉;③地表下沉;④锚杆抗拔力。

## 6  体  会

结合该隧道洞口设计和施工方案,得出以下几点体会:

(1)隧道洞口施工必须坚持先加固支护好边仰坡,后进洞开挖的原则进行施工。

(2)隧道施工中必须对地质情况进行认真分析,密切注意围岩变化,根据变化情况及时调整施工方案。

(3)高度重视隧道监控量测,是施工安全和质量的保证。

**参考文献**

[1] 中华人民共和国交通部.公路隧道设计规范:JTJ 026—90[S].北京:人民交通出版社,1990.

[2] 中华人民共和国交通部.公路隧道施工技术规范:JTJ 024—94[S].北京:人民交通出版社,1995.

[3] 关宝树.隧道工程施工要点集[M].北京:人民交通出版社,2003.

[4] 中华人民共和国电力行业标准.水工建筑物水泥灌浆施工技术规范:DL/T 5148—2001[S].北京:中国水利水电工程局,2001.

[5] 水电水利工程预应力锚索施工规范:DL/T 5083—2010[S].北京:中国水利水电工程局,2010.

七、
项目历程
与建设成果

# 艰难的历程

## ——珠海横琴市政基础设施 BT 项目建设始末

王占东

（中国二十冶集团有限公司）

5 年前的横琴岛，蕉林、蚝塘密布，农庄寥落，106 km² 的岛屿只有唯一一条主干道，每当入夜时，一片漆黑冷清，与一河之隔的澳门形成非常强烈的对比，可谓一边是荒草鱼塘，一边是金碧辉煌；5 年后的今天，横琴岛上道路宽广、管廊纵横，双向十车道的环岛东路车流顺畅，"两横一纵一环"的主次干路交通网络骨架纵横东西，贯通南北。昔日在国家 GDP 版图上被忽略的小岛，如今成为中国发展最快、最具活力的南端热土，一座具有"活力、智能、生态"的现代化宜居新城正在拔地而起。横琴岛的巨变伴随着 5 年市政基础设施 BT 项目建设的艰难历程。

## 应机遇而生

2009 年，国务院会议原则上通过了《横琴总体发展规划》。但此前横琴岛的开发因种种原由曾多次遭遇搁浅，因此当规划通过时多数投资者顾虑重重。作为世界 500 强之一的中国中冶率先开启了与横琴新区管委会和珠海市政府的有关横琴开发投资事项的接触洽谈，以中央企业的社会责任感承担起了支持政府开发建设横琴的历史使命，成为横琴岛开发的先遣军。当时的横琴岛，市政基础设施严重落后，乡间小路处处坑洼不平，市区往来岛上交通也只有唯一一部公交车，横琴新区政府的财政收入为三千多万元。中冶集团领导和谈判小组面对诸多不确定因素，坚信横琴开发在未来具有美好的前景，坚信横琴开发特殊的战略意义，坚信横琴市政基础设施建设开发所带来的示范作用。2009 年 9 月 29 日，中国中冶与横琴新区政府方代表珠海大横琴投资有限公司签订了《珠海市横琴区市政基础设施（BT）项目投资建设总体协议》。协议约定，项目回购期限为 5 年，建设期为 3 年（从竖向规划批准之日即 2010 年 4 月 19 日起算）。项目建设内容主要包括道路工程、海堤工程、隧道工程、桥涵工程、污水工程、雨水工程、给水工程、综合管廊工程、道路照明工程、绿化景观工程及交通安监工程等。项目主要分为市政道路及管网工程和堤岸工程，其中主干道约 43 km，次干道约 21 km，快速路约 7 km，堤岸工程约 14 km，下穿地道 5 处，隧道 3 座（最长为 2.32 km），人行地道 24 座，桥梁 2 座，综合管廊约 33.4 km。整个项目按启动时间又分为示范段和非示范段两部分，其中，示范段由主、次干路市政道路工程和堤岸工程两部分组成，非示范段由主、次干路市政建设工程和非示范段堤岸工程两部分组成。项目采用 BT（建设—移交）模式进行融资、建设，横琴新区管理委员会委托珠海大横琴投资有限公司为项目发起人，负责项目的监管、回购；中国冶金科工股份有限公司为项目投资人，委托中国二十冶集团有限公司成立珠海中冶基础设施建设投资有限公司为项目执行人。这种融资模式为横琴新区政府解决了一百多亿的资金需求，也为新区下一步招商引资带来了信心。

珠海中冶基础设施建设投资有限公司应机遇而生（以下简称珠海中冶投资公司），承担起了中国最大的 BT 项目的运作管理。

## 先行先试开路先锋

项目启动之初，规划尚未最终确定，横琴开发刻不容缓，中冶人整装待发。如何快速启动工程建设成为中冶人开好局的首要目标。中国中冶、大横琴投资公司、横琴新区管委会三方多次努力探索、沟通、协商,为了给横琴整体开发抢占先机,最终达成共识,果断决定先行先试,先上车后买票,同意在具体规划确定前先进行勘测、场地平整及吹填砂的施工。

2010年春节,中冶人放弃了与家人团聚的传统佳节,在昔日的边陲小岛上开始了拓荒之战,投入300多人和73套勘察设备,高质量地完成了阶段性勘察任务,及时为专家论证和后续设计提供了宝贵资料,为下一步提高横琴开发的热度赢取了宝贵时间。期间,珠海多家新闻媒体也都做了相关报道。

当勘察工作完成后,中冶人还没来得及松口气,就被罕见的复杂地质情况所困扰。他们发现横琴岛的软土有"三高一低"的特点——高含水率、高孔隙比、高灵敏度、低强度。通过固结实验,横琴的实际地基处理沉降量平均达到2.5~3 m,最大超过4 m,超出经验数据2倍以上;同时在旧有路基范围有2~10 m不同深度的抛填块石填筑层。这支曾南征北战过的铁军,在面对地下淤泥平均深度25 m,最深达41.5 m,含水率高达60%~80%全国甚至全世界罕见的深厚淤泥地质情况时踌躇了。由于该项工程包含大量地下施工结构,而在如此深淤泥上建设地下工程,这无异于在"豆腐"里做工程。本着对质量高度负责的使命感,以铸百年基业为目标的态度,为给珠海市人民交一份满意的答卷,先期组织技术研讨会数次,为确保找到最佳软基处理方案,又先后组织了两次专家论证会。国家工程院院士、国内岩土工程领域专家龚晓南、勘察大师顾国荣等13名国家级专家出席了会议。提出了三种解决方案——真空联合堆载预压法、爆破和复合地基法,为下一步项目的实施提出了可行性技术支持。

横琴新区环岛北片区主次干路基础处理专家论证会

## 突破融资瓶颈

2009年11月,珠海中冶投资公司正式成立,注册资金20亿人民币。经过数月艰苦谈判,于2010年10月与中国银行珠海市分行、交通银行北京市分行、进出口银行广东省分行等银行组成的银团签署横琴市政BT项目94.5亿融资合同。本合同签订时,国内金融政策正处于货币政策宽松时期。然而,受国际金融危机影响,2011年度国内金融政策宏观调控压力不断增大,到7月份时已出现银团三家银行因额度紧张而无法放贷的情况。在这样的大环境下,一旦资金链断裂,横琴市政BT项目将面临停工的惨淡局面,所造成的混乱和损失将难以估量。

**横琴新区市政基础设施 BT 项目银团贷款签约仪式**

在此危机时刻,珠海中冶投资公司多次往返于横琴新区与各大银行间,从国家政策大力支持新区建设、未来发展前景到市政基础设施项目社会影响等方面做了大量沟通协调工作。最终,银团合作方决定同意全力保障项目建设资金投入。横琴市政 BT 项目的参建各方顾全大局,为了新区大开发的共同目标,各自做出巨大的努力,共同应对了来势汹汹的金融危机。

同年 6 月,BT 项目非示范段启动建设后,项目运作的资金需求量越来越大,原预付款的支付比例已远远满足不了需求。眼看年底临近,除了材料设备的投入,还有近 6 000 参建人员的薪酬支出,急需大额资金注入,形势迫在眉睫。珠海中冶投资公司经过精心策划,科学合理确定流程,通过提高预付款比例让条件允许的银行先行放贷,确保了 6.45 亿元的贷款年底如期到账,满足了 BT 项目资金需求。

珠海中冶投资公司在项目建设过程中所展现的诚信品质获得了各方的高度认可。项目的巨额建设资金每月都严格按照审批程序准时放贷,从未发生一起恶意克扣、拖欠工程款的行为,以最大的资金投入保障项目建设稳步推进。即使是在金融危机的严峻环境里,也未发生一起因拖欠工程款引发的农民工集体讨薪或停工事件。

## 解决资源调配难题

横琴市政基础设施 BT 项目体量大,建设中所需材料种类众多。珠海中冶投资公司提前根据施工计划,详细编制了进度计划。每种材料均需经过招标、评标、定标,最终确定材料单价。此间做了大量细致的准备工作。其中软基处理约 440 万 $m^2$,施工 CFG 桩、PHC 管桩等 800 万 m 以上,填筑土方约 1 800 万 $m^3$,吹填砂约 600 万 $m^3$,中粗砂约 200 万 $m^3$,浇筑混凝土约 50 万 $m^3$。由于当地土石资源紧缺,软基处理的中粗砂,真空联合堆载预压的堆载土,水稳、级配碎石和路基填土等,需要大量的土石资源,但是珠海当地及周边的土石资源无法满足 BT 项目的需求。同时大量的土石方运输也是一大难题,单靠现有的施工便道、临时道路和途经横琴大桥进行陆路运输,远不能满足供应要求。珠海中冶投资公司因地制宜,将大芒洲山和小横琴山山体爆破的石料,用于施工便道的填筑,减少了运距,节约了成本,实现了资源的合理调配利用。同时为了加大运输能力,加快施工供给,并充分利用横琴优势的水上资源,在本项目磨刀门建设 3 个临时中转场地和临时码头。大大地缓解陆路运输的压力。

# 构筑地下完美宫殿

横琴市政 BT 项目的综合管廊设计,按照国际化、智能化、低碳化思路布局,主要分布在全岛主要干道下,整体呈"日"字形,全长 33 km。根据各条主干路收纳管线的种类和数量,考虑敷设空间、维修空间、安全运行空间,将综合管廊分为一舱式、二舱式和三舱式;内部纳入电力、通讯、给水、中水、垃圾真空管、冷凝水管等六种管线实行统一规划、管理。充分体现了新区打造"生态岛",发展低碳化布局的长远战略眼光,也展现了新区区委区政府领导、珠海市委市政府领导践行科学发展、从容建设的理念,将 33 km 的政绩"潜"于地下的卓有远见的眼光和气魄。

2010 年 5 月,横琴市政 BT 项目示范段环岛北路打下了综合管廊第一根基础桩,中冶人真正迈开了艰难长征的第一步。当时国内综合管廊的建设尚无统一的设计和施工规范。在开始实施过程中,多次组织设计单位认真梳理横琴各项市政基础设施建设布局、规模等基本数据,综合考虑横琴未来发展空间,并结合入廊管线的特殊要求,从管廊断面大小、覆土深度、平面位置、竖向布置到舱体分割、管线排列、维护检修、通风、消防以及监控等多方考察,不断优化、细化设计方案,并因地制宜兼顾管廊实施的科学性;同时,积极与管线产权使用单位进行沟通,听取他们对入廊管线建设的建议,尽量满足使用及后期管养需求。

待方案落定后,建设实施再遇新难题。针对淤泥地质基础承载力差的问题,为了保证埋藏于地下的综合管廊稳定安全,决定在路基全面软基处理的基础上,综合采用预应力高强混凝土管桩、灌注桩、高压旋喷桩等各类各种措施进行基础加固。为保障基坑安全开挖,避免塌方,分别在基坑两侧打下 15～40 m 深度不等的支护桩。其中在 33 km 长的综合管廊建设中,有两块"硬骨头"始终困扰着参建者。其中一处位于环岛东路与环岛北路交汇处。环岛东路作为出入横琴岛唯一一条主干道,自 2012 年 7 月份开始施工,历时近 5 个月,是横琴市政 BT 项目复杂软土基下高难度施工的一个缩影。三舱式地下管廊与环岛北路两舱式管廊在此叠加汇合。作为在全岛最重要的交通枢纽地段施工,高强度的交通组织与疏导压力对施工造成很大干扰;且各种进出横琴的车辆形成巨大的荷载,累加流塑淤泥强大的侧向力,对深基坑支护工程破坏非常明显;同时在南面小横琴山,地质情况尤为复杂,高流塑性、高灵敏度、触变性的淤泥平均厚度达 22 m,最深处达 41.5 m,且许多区段含有大量抛石,给软基处理及深基坑支护施工带来巨大挑战。面对在深厚抛石淤泥区域深基坑建设的困境,再到综合管廊舱体内的大型设备以及大口径管道安装的障碍,中冶人多次组织专业技术人员优化方案。经过精心组织,在确保主干道安全畅通的情况下,秉承高质量、高标准、高要求的建设理念如期胜利实现了两舱式综合管廊与三舱式综合管廊的连接。综合管廊的另一个难点位于环岛西路中心沟上的入海口。为满足该出口通航与排水的规划要求,管廊主体埋深为海平面以下 12 m。从 2013 年 6 月开始攻坚,其中经过改造临时水道、吹填造陆、软基处理、支护、开挖、建设,到 11 月 19 日,这段宽 18 m、长 208 m、埋深 12.2 m 的下穿式综合管廊终于顺利合拢。至此,横琴市政 BT 项目 33 km 管廊全面贯通。

建成后的横琴市政 BT 项目综合管廊是广州大学城的 2 倍、上海世博园的 5 倍、广州亚运城的 6 倍,提供的服务覆盖横琴新区 106 km² 的土地。它的建成杜绝了"拉链路"和"城市上空蜘蛛网"的浪费和混乱,展示了横琴发展理念:决不以牺牲环境品质为代价,决不用向后代借资源的方式求取局部利益和眼前发展。投资大,回报周期长,建设难度高,横琴新区政府敢于将政绩"潜"入地下,需要的是长远的眼光和坚持科学发展的魄力。在中冶人眼里,这是一项百年不落伍的基业,最终他们用心、用智慧、用汗水铸成了这座城市的大动脉。该项工程建设,节约了近 0.4 km² 城市建设用地。2012 年 12 月,我国第一部指导和规范城市管廊工程建设的《城市综合管廊工程技术规范》出台,而横琴综合管廊的建设全部符合该规范要求。国家建设部及各地新建及改建的市政项目多次来横琴参观,为类似城市规划建设提供了成功典范。

# 隧道改变生活

横琴市政 BT 项目有隧道 3 座,其中最长大横琴山隧道(长隆隧道)位于珠海市横琴新区大横琴山,长约 2 320 m。2011 年 3 月 19 日正式启动施工。根据地质条件分别采用"新奥法"、全断面开挖法、上下台阶开挖法及单侧壁导坑法相结合的施工方法。在施工过程中严格遵循"短进尺、弱爆破"的原则。洞身土石方爆破约 43 万 m³，钢筋量约 2 500 t。根据区域地质资料，长隆隧道址区共有 14 个断裂带，隧道经过的山体，山顶有望天台水库，常年有水且水量较大；隧道进口端还有 1 条蜿蜒曲折的溪沟，宽 2～5 m，深 3～7 m，雨季水量较大。特殊的地质因素造成隧道在施工过程中，难度加大，危险性增强。根据以上地质情况在施工过程中，初期支护主要采用超前锚杆、布设钢筋网、喷射混凝土，同时用工字钢加筋，并采取超前大管棚、超前导管施工。在安全措施方面，严格管控施工安全，建立健全安全保证体系，不同围岩采用不同施工措施，确保人员安全。经过精心策划、合理安排工序组织施工，最终长隆隧道与 2012 年 8 月 8 日顺利贯通。期间克服了工期短、地质情况复杂、危险系数大等给工程带来的不利因素。

长隆隧道的贯通，为长隆国际度假区提供了重要的市政基础设施配套，并且将富祥湾片区与深井片区在空间上连成一体，曾经需要几个小时的盘山路出行，现在仅仅缩短为 5 分钟车程，极大方便了居民出行和生活便利。横琴市政 BT 项目的隧道工程充分体现了横琴新区"绿色市政"的规划理念，最大限度地保护了横琴岛上山体植被的自然环境，将"山脉田园、水脉都市"理念演绎在开发建设的过程之中。

## 敢担当有所为

横琴新区基础设施建设 BT 项目自开工以来，影响 BT 项目施工最大"瓶颈"当属征地。由于市政 BT 项目牵扯面广、范围大、工期紧迫，导致了征地拆迁工作的难度系数加大。2010 年 12 月，为期九个月的征地拆迁工作时限已过去七个月，然而征地拆迁任务仅仅完成 13%。此时，各参建单位大量的人员、设备、材料已经进场，若无法按时施工，工期将无法保证，BT 项目也会遭受巨额损失，更严重的是影响到新区下一步的顺利开发。在此紧急关头，珠海中冶投资公司以中央企业高度的社会责任感主动配合大横琴投资公司，全力协助横琴新区政府各部门加快完成征地拆迁任务。

2010 年，新闻媒体频频曝光因征地拆迁引发的大规模群体性上访事件。国务院办公厅下发紧急通知，将严加惩办造成恶劣后果的强拆强征。由于牵涉各方的利益博弈，征地拆迁极易产生分歧冲突，一旦处理不妥甚至升级至社会矛盾，一直以来是工程建设中的重大难题。据统计，横琴市政 BT 项目拆迁户超过 400 户，土地征收及管线搬迁面积达 3.5 万亩，拆迁对象成分也很复杂，有一般村民、澳门居民、香港居民、台湾居民、军区、企业等。根据客观情况，珠海中冶投资公司迅速成立拆迁小组，配合新区政府职能部门一起深入到每条路、每个村、每一户、每一家单位进行摸排调研，针对可能出现的新情况、新问题，提前制定预案并采取两种以上应对方案。对配合理解的居民给予照顾，提前安排人力车辆帮助他们搬到临时安置房。2011 年 3 月，在横琴新区政府的大力支持下，征地拆迁工作取得重大进展。经谈判共签署合同 2 000 余份，约占整个征地拆迁工作的 90%。同时拆迁领导小组为下一步剩余拆迁工作缜密斟酌。多个夜晚他们反复推演，做出了一系列的应对方案。在剩余拆迁点提前安装视频监控，防止不法分子利用网络蛊惑人心，并精心组织人力分 6 个小组同时遍地开花，不给居心叵测分子聚众闹事喘息之机。2013 年 5 月，配合横琴新区政府累计完成征地任务上升至 98%，为 BT 项目的勘察、设计，以及全面启动展开施工奠定了重要基础。

2012 年 1 月，广州军区石料场征地完成；2012 年 4 月，澳门人的顺景农庄征地完成；2012 年 6 月，由于规划调整新增加的环岛西路鱼塘征地完成。此时现场具备了大规模施工的条件，参建单位随即集结大量的作业人员、机械设备投入建设，现场快速呈现出多点开花、汇聚成片的施工大干局面。在涉及范围广、谈判对象多且社会成分复杂的情况下，没有发生一起影响社会稳定的拆迁事件。

## 创新科技成果

珠海中冶投资公司在全力推进项目建设之余，公司技术骨干牢牢抓住横琴市政项目的施工中的难题，以惊人的毅力，废寝忘食地进行技术攻关和技术创新，获得了一批丰硕的技术成果。

截至目前,本项目共获授权专利 38 件,其中发明专利 12 件,实用新型专利 26 件,对外发表技术论文 11 篇,获得省部级工法 4 项。其中《塑料排水板堆载预压法在软基处理中的应用》《真空联合堆载预压法的影响深度和插板深度的关系研究》等共计 5 篇技术论文在国家核心刊物上发表;研发的课题项目《复杂山体高边坡防护综合技术的研究与应用》经中冶集团科技成果鉴定,达到国内领先水平;珠海市科技立项项目《市政超厚软土路基综合处理技术的研究与应用》经珠海市科技工贸和信息化局验收,达到国际先进水平,获得珠海市科技进步三等奖;《欠固结淤泥路基处理技术的试验研究与应用》课题项目经中冶集团科技成果鉴定,达到国际先进水平,分别获得中国二十冶集团科技进步奖一等奖、中冶集团科技进步奖二等奖;《珠海横琴城市综合管廊全寿命周期关键技术研究与应用》获得 2015 年度中国施工企业管理协会科学技术创新成果一等奖;《复杂地貌条件下市政道路及综合管廊建造成套技术研究与应用》获得中冶集团科技进步一等奖。项目管理成果《贯彻过程风险管理理念促进横琴 BT 项目建设》荣获 2012 年第七届全国建设工程优秀项目管理成果一等奖、项目管理成果《创新综合管廊模式,打造地下"生命线"工程》荣获 2016 年第十一届全国建设工程优秀项目管理成果一等奖。

鉴于横琴市政 BT 项目的特殊性,创新科研成果也是我司的重大战略目标之一。除了为集团公司自身的发展积累经验,从造福社会的角度来看,横琴市政 BT 项目的技术创新也为横琴、珠海乃至广东省基础建设积累了诸多宝贵经验。

# 承担央企社会责任

自参与新区开发建设以来,珠海中冶投资公司全力推进项目建设不单单是一句口号,更是实实在在的高效行动。项目实施过程中,珠海中投已不仅仅如约信守自己的承诺,更是以高度的责任感,在新区建设中担当了广泛的社会责任。

2009 年 9 月,在规划设计及资金尚未落实的情况下,新区政府提出能否在 3 个月内建成一座配合澳门回归十周年并向世界展示横琴未来规划的展示厅及 5 km 长的柏油马路。中冶人没有丝毫犹豫,即刻承诺按时完工。中冶人把横琴窗口的建设视作一项重要政治任务部署。从规划设计、资金落实到施工建成仅仅用了 64 天,在一片蕉林池塘中一座充满时代感的展示横琴未来发展的现代展示厅拔地而起,比计划工期整整提前了 26 天。该展示厅从 2009 年 12 月落成启用至今,共接待从国家领导人到省、市级领导,港澳台及外籍人士,各界考察以及普通参观市民数万人次,已然成为新区对外形象展示的一个重要平台和窗口。横琴新区展厅的高速高质建成,彰显了未来横琴的开发速度。此举得到了新区政府的不断首肯,更重要的是对中冶人高度的社会责任感、强大的综合实力及大局意识给与了认同。

2011 年在对澳燃气管线改造工程,超前 18 天完成了供澳管廊的爆破及防护,提前具备了对澳供气条件,用实际行动在国际窗口展现了"横琴速度",更进一步增强了澳门政府、企业对横琴未来的投资信心。

习近平总书记南巡广东莅临横琴新区,广大建设者白天拼抢项目建设,晚上连夜组织数百人清扫路障至天明。环岛东路综合管廊在建设施工中,为积极配合新区政府接待视察参观管廊建设的中央、省、市级领导及媒体记者达 13 次,投入了众多的人力、物力。对于其中耽搁的工期,中冶人用仅有的一点休息时间拼抢回来。

珠海地区气候多台风暴雨。每次台风大暴雨过后,横琴岛上抗洪救灾的先锋部队总会出现中冶人的身影,尤其是珠海历史上最大台风"韦森特"侵袭横琴时,从公司领导到现场责任人员始终恪职尽守、彻夜未眠,并在灾后迅速组织人力机械投入横琴新区政府组织的抗洪救灾行动,与新区领导一同坚持保障人民生命财产安全。

每年广东省的"扶贫济困日",我司全体员工都会为社会弱势群体献出爱心、送去温暖,自 2010 年 6 月 30 日起至 2014 年 6 月 30 日,累计捐出善款约 56 万元,以实际行动弘扬中华民族"乐善好施、助人为乐"的传统美德。对于新区政府组织的拔河比赛、篮球比赛、歌唱比赛等多项文体活动,都积极响应参加。

每年的"八一"建军节,我司都会组织慰问团对驻地官兵进行慰问,给他们送去节日的问候和敬意,为继续发扬"军爱民，民爱军"的军民共建优良传统，在共建横琴新区、维护横琴稳定中同心协力、互帮互助。

为了积极配合横琴新区"一年有变化，两年见成效，三年大变化，五年成规模"的目标要求，共临时拼抢完成了21项新增应急工程，为澳门大学如期剪彩、长隆海洋公园盛大开业铺平了道路，更为横琴新区新的产业进入，提供了重要的硬件条件。期间还为岛上村民、学童出行修建了大量便道。特别值得欣慰的是，我们采取"5＋2""白＋黑"不计投入的全力攻坚，2012年12月，奇迹般确保了环岛东路及其延线提前一年半全幅通车，为横琴新区"三年大变化"做出了特殊贡献，获得了广东省委省政府、珠海市委市政府在"横琴三年大变化工作会议上"的高度赞誉。

**环岛东路通车仪式**

中冶人在横琴度过了五个不平凡的春节。五年来，横琴市政BT项目建设过程中的点点滴滴，已经超出了一个项目运作的范畴。回顾合作初期，BT项目的运作模式，无论对于中冶集团还是横琴新区政府，既无成功经验可参考，也无失败经验可借鉴，双方都是摸着石头过河。面对如此巨大的施工体量；极度匮乏的材料资源；不断变更完善的规划设计；以及迫在眉睫的紧张工期；中冶人用他们的大智慧，大气魄，敢担当，提前实现了一个又一个节点。他们根据珠海天气的特点，科学合理安排施工计划，在项目施工最高峰时投入人力高达9 000余人；各类机械设备超过2 000套；组织人员每天轮班24小时连续施工；为高标准"建设精品工程打造世界一流横琴"，对珠海市人民负责，对横琴新区政府负责，珠海中冶投资公司主动联合监理人员每月对施工项目进行安全、质量、进度、文明施工的"横琴杯"大考核，内容覆盖面达到136项。根据考核结果奖惩分明，并对整改措施及时跟进以确保施工质量。为了拼抢工期保节点，珠海中冶投资公司组织了多次劳动竞赛，掀起一次又一次的大干高潮，在横琴岛上创造了一个又一个奇迹。我们在深至几十米的淤泥里建成了全国最长的地下综合管廊；用最短的时间在"果冻"般的土质中建成了双向十车道的环岛东路。我们庆幸横琴新区最终选择了中冶人做开路先锋，让中冶集团打造这个城市中心区的地上交通和地下综合管廊；更庆幸在建设横琴BT项目的数千个日夜里，有一支踏实敬业、一心谋发展的横琴创新团队始终支持着我们。他们不惧酷暑、台风与危险，不计得失地在夜里12点出现在现场协调会上，陪我们一起度过无数个不眠之夜。我们没有辜负横琴新区政府的期盼；没有辜负珠海人民的期盼；更没有辜负珠海市委市政府的期盼。珠海中冶投资公司和中国二十冶人所做的一切始终与"选择二十冶就是选择放心"的企业理念高度契合；与横琴新区大开发所需要的创新精神高度契合；与现代社会需要的"正能量"高度契合。

# 项目荣获多项荣誉

横琴市政 BT 项目建设过程远远没有想象的那么轻松,然而有心人,天不负。珠海中冶投资公司力保的一系列重大节点,得到了珠海市委市政府、横琴新区区委区政府的一致认可,获得诸多荣誉,如 2011 年横琴新区颁发的"突出贡献奖";2012 年横琴新区颁发的"横琴新区先进集体";2012 年中国建筑协会颁发的"全国建设工程优秀项目管理成果一等奖";2012 年上海市交通部颁发的"上海市建设交通系统效能监察示范项目";2012 年珠海市人民政府颁发的"珠海横琴新区三年开发建设突出贡献单位";2013 年中共珠海市委/珠海市人民政府颁发的"珠海市先进集体"称号;2013 年横琴新区颁发的"'三防'先进集体";2013 年横琴新区颁发的"建设横琴市政项目,树起一座辉煌丰碑"纪念奖杯;2013 年广州军区 75706 部队颁发的"横琴军民共建先进单位";2014 年中华全国总工会授予的"全国工人先锋号"等。

五年来,横琴岛发生了翻天覆地的变化,世界的眼光,一次又一次聚焦横琴。作为中冶人,能成为横琴新区发展变化的见证者和开路先锋深感幸运和欣慰。

# 工程质量创奖

工程自开工至竣工期间,分别获得了多项国家、省级、地方颁发的质量奖项,获得一致好评:

| 序号 | 获奖名称 | 发放单位 |
| --- | --- | --- |
| 1 | 中国市政金杯示范工程 | 中国市政工程协会 |
| 2 | 中国安装之星 | 中国安装协会 |
| 3 | 广东省土木工程詹天佑故乡杯 | 广东省土木建筑学会 |
| 4 | 冶金行业优质工程奖 | 中国冶金建设协会 |
| 5 | 广东市政金奖 | 广东省市政行业协会 |
| 6 | 广东省市政优良样板工程 | 广东省市政行业协会 |
| 7 | 上海市申安杯优质安装工程奖 | 上海市安装行业协会 |
| 8 | 珠海市市政优良样板工程 | 珠海市市政工程协会 |

获奖证书:

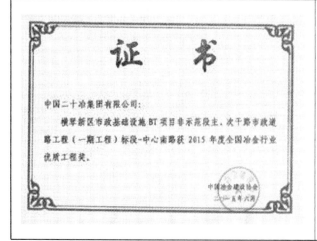

# 荣誉证书

中国二十冶集团有限公司：

　　贵单位承建的横琴新区市政基础设施BT项目非示范段主、次干路市政道路工程（一期工程）Ⅰ标段-中心南路，评定为二○一五年度广东省市政优良样板工程。

　　特发此证。

二○一□年□月

# 荣誉证书

中国二十冶集团有限公司：

　　贵单位承建的横琴新区市政基础设施 BT 项目非示范段主、次干路市政道路工程（一期工程）Ⅰ标段-中心南路，荣获2015年度广东市政金奖。

　　特发此证

二○一六年三月

# 证　书
## CERTIFICATE

中国二十冶集团有限公司
　你单位申报的珠海横琴新区市政基础设施BT项目中心南路及环岛东路机电安装工程

**荣获2014年度上海市"申安杯"优质安装工程奖**

上海市安装行业协会
二○一五年□月

# 荣誉证书

中国二十冶集团有限公司：

　　你公司承建的横琴新区市政基础设施BT项目非示范段主、次干路市政道路工程（一期工程）Ⅰ标段-中心南路，被评为2015年度珠海市市政优良样板工程。

珠海市市政工程协会
二○一五年六月二十三日

# 科 研 成 果

　　自项目实施以来,中国二十冶集团不断提出新工艺、新技术应用到施工中,在多个施工领域中得到实践和推广。课题《欠固结淤泥路基处理技术的试验研究与应用》《市政超厚软土路基处理综合技术的研究与应用》《大型综合管沟管线施工关键技术》先后获得中冶集团科技进步奖,形成了 8 项科学技术成果、38 项专利、4 项省部级工法,部分成果达到国际先进水平。

1. 科学技术成果鉴定证书

| 序号 | 成果名称 | 水平 |
|---|---|---|
| 1 | 欠固结淤泥路基处理技术的试验研究与应用 | 国际先进水平 |
| 2 | 市政超厚软土路基处理综合技术的研究与应用验收书 | 国际先进水平 |
| 3 | 海漫滩复杂地层深基坑综合处理关键技术 | 国际先进水平 |
| 4 | 大型综合管沟管线施工关键技术 | 国际先进水平 |
| 5 | 海漫滩排水固结法地基处理关键技术 | 国际先进水平 |
| 6 | 软土地基现浇综合管廊施工关键技术 | 国内领先水平 |
| 7 | 复杂山体高边坡防护综合技术的研究与应用 | 国内领先水平 |
| 8 | 市政穿山隧道建造技术研究与应用 | 国内领先水平 |

2. 科技进步获奖情况

| 序号 | 名称 | 获奖 | 发放单位 |
|---|---|---|---|
| 1 | 《欠固结淤泥路基处理技术的试验研究与应用》 | 中冶集团科技进步二等奖 | 中冶科工集团有限公司 |
| 2 | 《市政超厚软土路基处理综合技术的研究与应用》 | 珠海市科学技术进步三等奖 | 珠海市人民政府 |
| 3 | 《深厚软土地基市政工程建设综合技术研究与应用》 | 科学技术奖科学科技创新成果一等奖 | 中国施工企业管理协会 |
| 4 | 《软土路基复杂深基坑群阶梯式组合支护技术》 | 科学技术奖科技创新成果奖一等奖 | 中国施工企业管理协会 |
| 5 | 《珠海横琴城市综合管廊全寿命周期关键技术研究与应用》 | 科学技术奖科技创新成果奖一等奖 | 中国施工企业管理协会 |
| 6 | 《复杂地貌条件下市政道路及综合管廊建造成套技术研究与应用》 | 中冶集团科学技术奖科技进步奖一等奖 | 中国冶金科工集团有限公司 |

证书：

3. 专利成果

| 序号 | 名称 | 授权专利号 | 授权时间 |
|---|---|---|---|
| 1 | 软土路基土层滑移破坏正空系统的局部再造、修复方法 | ZL201210368899.3 | 2016.01.20 |
| 2 | 临水深厚淤泥区域的吹填施工场界围堰加固方法 | ZL201110247851.2 | 2015.09.30 |
| 3 | 一种先筑冠梁的支护桩施工方法 | ZL201310089861.7 | 2013.03.21 |
| 4 | 软土地基复杂深基坑阶梯式组合支护方法 | ZL201010211466.8 | 2013.09.25 |
| 5 | 吊脚嵌岩灌注桩维护基坑开挖方法 | ZL201410172213.2 | 2017.02.15 |
| 6 | 地下管廊控制斜坡段滑移的施工方法 | ZL201310208744.8 | 2016.02.03 |
| 7 | 桩网复合路基桩顶差异沉降控制方法 | ZL201410121522.7 | 2017.04.19 |
| 8 | 冲孔灌注桩排桩支护桩间引流止水方法 | ZL201210497647.0 | 2016.12.21 |
| 9 | 砂井堆载预压后注浆封闭加固方法 | ZL201410121625.3 | 2016.09.28 |
| 10 | 深厚软土地区桥梁灌注桩纠偏方法 | ZL201410236310.3 | 2017.06.30 |
| 11 | 一种边坡复绿美化装置及美化方法 | ZL201310422436.5 | 2016.08.17 |
| 12 | 一种沥青混凝土路面反射裂缝处理方法 | ZL201410569113.3 | 2016.09.28 |
| 13 | 牛皮砂吹填上层的井点管网装置 | ZL201220091549.2 | 2012.12.05 |
| 14 | 真空表控制装置 | ZL201220091552.4 | 2012.12.05 |
| 15 | 真空联合堆载预压真空系统出膜管自密封装置 | ZL201220112331.0 | 2012.12.19 |
| 16 | 一种排水固结法真空度自动保持装置 | ZL201220495357.8 | 2013.05.01 |
| 17 | 软基处理中塑料排水板的锚固装置 | ZL201320139610.0 | 2013.10.30 |
| 18 | 插板机机头缝隙封闭装置 | ZL201220091551.X | 2012.12.05 |
| 19 | 一种顶棚室内固定施工系统 | ZL201421352018.3 | 2014.12.17 |
| 20 | 一种管沟内管道运输安装装置 | ZL201520112761.6 | 2015.09.02 |
| 21 | 一种管沟卸料口管道运输装置 | ZL201520112787.0 | 2015.09.02 |
| 22 | 一种钢筋保护层的塑料垫块 | ZL201320241108.0 | 2013.10.30 |
| 23 | 用于封堵地下空间渗透的内撑止水装置 | ZL201320511690.8 | 2014.03.12 |
| 24 | 预埋铁件外拉固定装置 | ZL201320805904.2 | 2014.06.25 |
| 25 | 电缆隧道斜坡段的抗滑移装置 | ZL201220091549.2 | 2013.03.13 |
| 26 | 冲孔灌注桩垂直成孔的冲锤导向装置 | ZL201420353071.5 | 2014.12.17 |
| 27 | 用于基坑的组合式楼梯 | ZL201320142801.2 | 2013.09.25 |
| 28 | 一种砂石桩加固坑底的淤泥质基坑 | ZL201320136347.X | 2013.09.25 |
| 29 | 构件帮扶器 | ZL201320305208.5 | 2013.12.25 |
| 30 | 桩径及桩位中心点的测量尺 | ZL201320305274.2 | 2013.12.25 |
| 31 | 灌注桩桩顶标高测量装置 | ZL201320280959.6 | 2013.12.04 |
| 32 | 钻机成孔角度和深度的测控装置 | ZL201320210234.X | 2013.10.30 |
| 33 | 深厚高压缩性软土夹抛石层地基沉桩引孔施工机械 | ZL201220418246.7 | 2013.03.27 |
| 34 | 管沟运输管道承接装置 | ZL201520112783.2 | 2015.9.30 |
| 35 | 一种方便砼运输车卸料的斜坡 | ZL201320280940.1 | 2013.12.04 |
| 36 | 山体高边坡施工材料运输装置 | ZL201220061653.7 | 2012.11.23 |
| 37 | 自进式中空锚杆 | ZL201320139607.9 | 2013.09.25 |
| 38 | 一种综合管廊卸料仓防盗逃生盖门 | ZL201521101725.6 | 2016.08.10 |

发明专利证书：

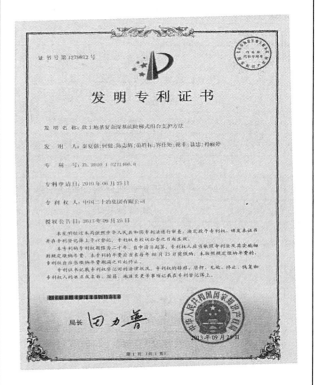

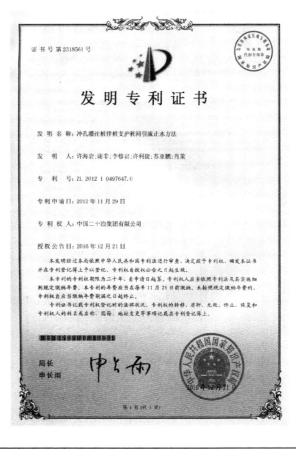

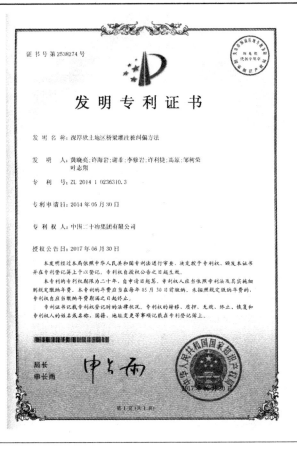

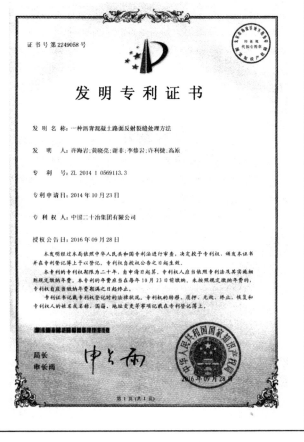

4. 工法

| 序号 | 工法名称 | 发放时间 |
|------|----------|----------|
| 1 | 复杂周边环境下高边坡爆破施工工法 | 2014.10.27 |
| 2 | 嵌岩悬臂桩支护与静力破碎开挖施工工法 | 2015.11.20 |
| 3 | 软土地基深基坑阶梯式组合支护施工工法 | 2014.10.27 |
| 4 | 大型综合管廊管线施工工法 | 2015.11.20 |

工法证书：

# 项目管理成果及荣誉

## 1. 项目管理成果

本项目在项目的施工过程中，通过科学的管理手段和思路，使项目有序、高效实施，得到了社会、协会的肯定：

| 序号 | 获奖名称 | 发放单位 |
|---|---|---|
| 1 | 2011 年度全国建设工程优秀项目管理成果一等奖 | 中国建筑业协会 |
| 2 | 2016 年度全国建设工程优秀项目管理成果一等奖 | 中国建筑业协会 |
| 3 | 2015 年中国人居环境奖 | 中华人民共和国住房城乡建设部 |

获奖证书：

## 2. 工程荣誉

工程自开工至竣工期间,通过实践和应用,获得了多项实质性的工程荣誉:

| 序号 | 获奖名称 | 发放单位 |
| --- | --- | --- |
| 1 | 2014 年度广东省市政工程安全文明施工示范工地 | 广东省市政行业协会 |
| 2 | 上海市建设交通系统效能监察示范项目 | 上海市监察局 |
| 3 | 2011 年度横琴新区先进集体 | 横琴新区管理委员会 |
| 4 | 突出贡献奖 | 横琴新区管委会 |
| 5 | 珠海市先进集体 | 中共珠海市委珠海人民政府 |
| 6 | 横琴新区 2010 年度安全生产工作先进企业 | 珠海市横琴新区管理委员会 |
| 7 | 工人先锋号 | 中华全国总工会 |

证书: